U0516971

聊城大学著作出版基金资助项目
聊城大学博士科研启动基金项目

李渔生活审美思想研究

刘玉梅◎著

中国社会科学出版社

图书在版编目（CIP）数据

李渔生活审美思想研究／刘玉梅著 . —北京：中国社会科学出版社，
2017.12

ISBN 978 - 7 - 5203 - 1159 - 5

Ⅰ.①李…　Ⅱ.①刘…　Ⅲ.①李渔(1611—约1679)—美学思想—
研究　Ⅳ.①B83 - 092

中国版本图书馆 CIP 数据核字(2017)第 244783 号

出 版 人	赵剑英
责任编辑	刘志兵
特约编辑	张翠萍等
责任校对	季　静
责任印制	李寡寡

出　　版	中国社会科学出版社
社　　址	北京鼓楼西大街甲 158 号
邮　　编	100720
网　　址	http://www.csspw.cn
发 行 部	010 - 84083685
门 市 部	010 - 84029450
经　　销	新华书店及其他书店

印刷装订	北京明恒达印务有限公司
版　　次	2017 年 12 月第 1 版
印　　次	2017 年 12 月第 1 次印刷

开　　本	710×1000　1/16
印　　张	17.25
插　　页	2
字　　数	270 千字
定　　价	75.00 元

凡购买中国社会科学出版社图书，如有质量问题请与本社营销中心联系调换
电话:010 - 84083683
版权所有　侵权必究

序

　　李渔乃清初绝妙文人，其学养、才情、见识与阅历均堪称上乘。文人而讲究生活享受，除极少数固守"孔颜之乐"者外，恐亦乃文人圈内恒久、普遍之传统。然而，李渔之绝妙处却在于：他不甘于独享其乐，而是兴味盎然地全盘总结了自己全方位地享受人生的各色经验：饮馔、居室、颐养、种植，乃至如何欣赏女人的小脚、富人与穷人各自如何行乐等，不一而足。于是乎，便成全了一部天下妙书——《闲情偶寄》。李渔之精彩处当实不在于他有如斯丰富、细腻的人生享受艺术，古典时代精于此道之文人绝不在少数；而在于他居然乐于认真总结这些饮食男女之世俗经验，勇于将它们行诸文字，且自认为真正能让他不朽的，正是这些人生闲情，而非载道文字，可谓卓识。李氏虽生于古典末世，然实具"现代精神"。他身为文人而坦然混迹于演艺界（其时之世风与当今大不类，与戏子为伍会遭全民歧视），以禅者之达观圆智优游于艺术与生活两界，以艺术之精致趣味濡染生活，以生活之广阔舞台滋养艺术，可谓善于"诗意地栖居"者。

　　数年前，"生活美学"曾是美学界一大热点。受此影响，刘玉梅欲以此视野认真梳理李渔的《闲情偶寄》，本人欣然同意，且以为得其要旨。从一定意义上说，我们可将李渔此著理解为中国古典美学史上关于"生活美学"，即艺术化生活或审美化人生的一本百科全书。刘玉梅立足美学基础理论立场，紧紧抓住"生活美学"这一核心概念，对李渔的《闲情偶寄》作了较为系统、深入的理论解读。她将李渔的"生活美学"体系解析为"主体审美""环境审美"与"对象审美"三大领域，进而又着意提炼李氏关于"生活美学"之审美观念，诸如时时、事事与处处可以审美，以及实用与审美结合、自然与创新统一、通俗与高雅共赏等。这些理论分析工作让读者对李氏"生活美学"有了较为明晰、到位的理解。这些核心学术收获，应当是作者这一博士学位论文对中国美学史研究的重要贡献，得到评审专家们的肯定。

本著的核心工作乃是对《闲情偶寄》这一文本之观念性分析，可谓成功。然而，若理想地期许之，以之为对李渔生活美学思想之完善总结，则嫌单薄。也许，作者在今后进一步的深化研究中，需兼及李氏其他文字——其戏剧、小说等，较全面地梳理明清两朝文人之相关文字，方可让我们对李氏生活审美趣味、《闲情偶寄》这部妙著出现之理由，有更完善之理解。

审美化人生绝非一人、一时之趣，如何正确处理审美与人生之关系亦非一时之学术热点，相反，它们当是恒久之趣味、恒久之哲学与现实问题。故而"生活美学"不会过时，正可成为时代之显学。如何以审美趣味丰富与提升自己的生活品质，如何警惕日常生活审美化时尚中的一些浅俗趣味，均需学者用心研究。

刘玉梅好学深思，已入学林。很高兴见到她这本博士学位论文以学术处女作的形式面世。希望这对她是一个极好的学术示范与激励，让她能在今后的学术道路上充满信心与趣味地不断前行。

薛富兴

2017 年 7 月 10 日

目　　录

第一章

导　论

　　李渔在世时就是个备受争议的特殊人物，当今学界对其仍是褒贬不一，他一直是学界关注的热点。他是一个百科全书式的人物，学界对他的研究涉及诸多方面，从生平到思想品格、戏剧理论、文学作品，甚至日常生活中的衣食住行、吃喝玩乐。李渔研究从整体上看，可谓是面面俱到，有些问题研究也很彻底，如其生平、其戏剧理论等。一些细节问题研究也很深入，如对李渔人品的认识。沈新林依据事实分析了李渔遭非议的原因，指出其妻妾众多和打抽风是社会和环境使然，并由此提出应全面、客观地来评价历史人物，而不应以道德的评价来代替文学和艺术的评价①；冈晴夫指出李渔的作品甚至李渔的人品所表现出的所谓"情趣低下""趣味庸俗"是由李渔的反叛性格造成的，李渔的作品之所以被指责为"情趣低下""趣味庸俗""欠缺雅致"等，是因为"它是根据中国文人、士大夫崇尚高雅，否定世俗的传统观念与习俗，来要求戏曲的"，而"从李渔的角度看来，正是那些成为众矢之的的和出格越轨的地方，倒是他煞费苦心、着意经营的所在"，因为他"强烈地反对并无视中国文人对虚构戏剧忧心忡忡的感觉，以及崇尚高雅、否认世俗的文学传统"②；此外，李梅还对李渔品格研究作了综述③，如此等等，这些成果

---

　　① 参见沈新林《李渔品格评议》，《南京师大学报》（社会科学版）1991 年第 10 期。

　　② ［日］冈晴夫、仰文渊：《李渔的戏曲及其评价》，《复旦学报》（社会科学版）1986 年第 6 期。

　　③ 参见李梅《近十年李渔品格研究述评》，《攀枝花学院学报》2009 年第 2 期。

都为后续研究打下了牢固的基础。但是，真理应该存在于认识的过程中，所以对李渔的认识也在不断深化，前人的认识不一定都是定论。如过去有研究者曾经认为李渔是"理论上的巨人，行动上的矮子"①，而今有研究者认为"这是研究者多注重李渔戏剧理论忽视其小说戏曲创作而对李渔产生的误解"②。笔者在仔细梳理前人李渔研究成果的基础上，对李渔生活审美问题提出一些自己的看法，以期引起学界对此问题的新思考。

在对李渔生活审美展开阐述之前，首先说明李渔研究现状、此书选题意义、生活与生活审美关系三个基础问题。

第一节 李渔研究综述

此书首先对李渔国内外研究现状作了梳理，在此基础上打破国内与国外之界限，从整体上对李渔研究进行分析，理出李渔研究、李渔美学研究和李渔生活审美研究三个层次，并对前两个层次作简单介绍，以明确李渔生活审美研究在李渔研究及李渔美学研究中的位置，重点分析李渔生活审美研究现状及存在问题。

一 李渔研究现状

（一）国内李渔研究现状

目前关于李渔及其作品的各种文章有800多篇，除去部分对李渔及其作品进行简单介绍的文章，还余六七百篇，出版专著20多部。

从宏观上看，李渔研究内容可以分为两类：一是李渔生平、人格、思想；二是李渔作品。对李渔其人研究包括他的生平经历、家庭概况、生活方式、思想及其变化、人物品格与人们对他的评价甚至还有一些奇闻逸事，这类文章有80多篇，约占总数的1/7。对李渔作品进行研究的论文有五六百篇，这些论文主要分为两类：一是其文学作品，主要是

---

① 吴国钦:《理论上的巨人，行动上的矮子》，《戏剧艺术资料》1981 年第 4 期。

② 胡元翎:《李渔小说戏曲研究》，中华书局 2004 年版，第 10 页。

戏剧和小说，研究问题涉及作品版本及其嬗变、版权归属等，有的则是探讨戏剧小说的内容、人物思想性格特点、艺术手法、创作思想及其成因、戏剧的结构声律、李渔对前人的继承和发展及他对古今中外创作实践和理论的影响等，这类论文约 200 篇，占总数的 1/3；二是其理论作品，主要是《闲情偶寄》，论述李渔戏剧和园林建筑及其生活理论的内容、对李渔理论的理解、用李渔的理论去解读一些作品等，这类文章约 300 篇，其中戏剧理论部分约有 200 篇，占总数的 1/3，其他生活审美、女性审美、休闲、设计等约有 100 篇，占总数的 1/6。另有谈饮食养生保健的三四十篇，谈艺术教育理论及实践的 10 余篇，谈语言学修辞学的六七篇，谈李渔诗、词、散文、楹联等问题的三四十篇。还有 40 多篇论文采用比较的方法，从多个角度把李渔和古今中外的作家、理论家进行对比，从而使我们对李渔有一个更加全面、立体的认识。

李渔研究专著有 20 多部，按内容分为两类：一是针对某一问题，如杜书瀛的《论李渔的戏剧美学》、崔子恩的《李渔小说论稿》等，这类著作 10 部，其中针对小说戏剧问题的有 8 部，美学的 2 部；二是综合类的传记评传研究，有的传记是人物生平经历，如万晴川的《风流道学——李渔传》，有的评传既包括人物传记也包括作品分析等，如俞为民的《李渔评传》等，这类专著内容丰富，包括人物生平经历、思想性格、作品分析、社会文化等，有十几部。

其他还有一些戏曲史、文学史、文学批评、美学史等专门著作中论及李渔。如吴国钦的《中国戏曲史漫话》、赵景深的《曲论初探》、周勋初的《中国文学批评小史》、张文勋的《中国古代文学理论论稿》、敏泽的《中国美学思想史》、叶朗的《中国美学史大纲》等。

（二）国外研究现状

国内研究者们自身的政治、文化、审美趣味等因素对李渔及其作品的认识和评价既有有利影响，也有一些不利影响，比如他们对李渔的认识不够客观，对李渔的评价欠公允，有时甚至会对同一个问题产生完全不同的认识，因为"不识庐山真面目，只缘身在此山中"。如埃里克·亨利所说："生活在某一文化里的成员观察另一文化的艺术时，其所见，与被观察文化里的成员之所见，迥然有别"①，因此，参考国外学者研究成果也是很有必要的。国外李渔研究的一手资料非常有限，从现有的一手资料来看，对李渔研究较多的是日本的冈晴夫。冈晴夫在《明清戏曲界中的李渔之特异性》中说："关于李渔，我迄今作有十余篇文章考评过他"②，但是目前比较常见的只有《李笠翁与日本的"戏作者"》③《李渔的戏曲与歌舞伎》④《李渔的戏曲及其评价》⑤ 和《明清戏曲界中的李渔之特异性》四篇文章。其他的研究还有日本伊藤漱平的《李渔戏曲小说的成立与刊刻——以移居南京前后为中心》⑥、美国埃里克·亨利的《李渔：站在中西喜剧的交叉点上》⑦、美国韩南的《创造一个自我》⑧、美国张春树与骆雪伦的《明清时代之社会经济巨变与新文化——李渔时代的社会与文化及其"现代性"》和德国马汉茂的《〈李渔全集〉弁言》⑨ 等。

其他还有一些论文或专著间接谈到李渔国外研究状况。羽离子介绍了李渔作品在国外的传播情况和研究情况⑩，但这篇文章只是一个资料汇

---

① ［美］埃里克·亨利：《李渔：站在中西喜剧的交叉点上》，徐慧风译，《戏剧艺术》1989 年第 3 期。

② ［日］冈晴夫：《明清戏曲界中的李渔之特异性》，季林根、郁刊、敏浩译，《中国比较文学》1998 年第 8 期。

③ 参见 ［日］冈晴夫《李笠翁与日本的"戏作者"》，郁朵、敏洁译，《中国典籍与文化》1995 年第 8 期。

④ 参见 ［日］冈晴夫《李渔的戏曲与歌舞伎》，《文艺研究》1987 年第 8 期。

⑤ 参见 ［日］冈晴夫、仰文渊《李渔的戏曲及其评价》，《复旦学报》（社会科学版）1986 年第 6 期。

⑥ 参见 ［日］伊藤漱平《李渔戏曲小说的成立与刊刻——以移居南京前后为中心》，姜群星译，载《李渔全集》第 20 卷，浙江古籍出版社 1991 年版。

⑦ 参见 ［美］埃里克·亨利《李渔：站在中西喜剧的交叉点上》，徐慧风译，《戏剧艺术》1989 年第 3 期。

⑧ 参见 ［美］韩南《创造一个自我》，单小青译，郁飞校订，载《李渔全集》第二十卷，浙江古籍出版社 1991 年版。

⑨ 参见 ［德］马汉茂《〈李渔全集〉弁言》，载《李渔全集》第 20 卷，浙江古籍出版社 1991 年版。

⑩ 参见羽离子《李渔作品在海外的传播及海外的有关研究》，《四川大学学报》（哲学社会科学版）2001 年第 3 期。

编，多传播情况，少研究情况，研究情况只是存目，这些论文、专著及某些专著部分章节的具体内容、主要观点却不得而知。张春树与骆雪伦的《明清时代之社会经济巨变与新文化——李渔时代的社会与文化及其"现代性"》比较详细地介绍了国外李渔研究的状况，此书对李渔研究的介绍包括李渔作品的译介情况、对李渔作品及李渔其人的研究等。与欧洲相比，日本的李渔研究更丰富更深入，李渔对日本的影响也更为广泛。笹川种郎的《李渔传》和《支那文学史》、久保天随的《支那文学史》、盐谷温的《支那文学概论讲话》都对李渔的戏曲和小说给予了很高的评价。笹川种郎的《支那小说戏曲史》十分赞赏李渔的剧作《十种曲》与小说《十二楼》的情节、主题以及李渔那通俗流畅、明晰生动的语言。盐谷温更是将李渔的《十二楼》列为清朝最受欢迎的七部小说之一，与不朽之作如曹雪芹的《红楼梦》、吴敬梓的《儒林外史》等其他六部并列。青木正儿在赞赏李渔的艺术和戏曲理论的同时，还谈到李渔在日本大受欢迎的情景：幕府时期，日本人只要谈论起中国的戏曲，立刻就会提到李渔。日本研究中国文学史的主要权威，如长泽规矩也、内田全之助、前野直彬等，都承认李渔在戏曲理论、艺术及小说方面取得的成就。而欧洲多是对李渔作品的译介，欧洲对李渔作品的关注始于1815年，李渔的部分小说先后被翻译成英、法、德等国文字。到19世纪中叶，《十二楼》中有八九篇小说被译介到欧洲各国，同时，李渔的《十种曲》及其戏曲批评也通过部分的翻译与分析研究在欧洲得到介绍①。另外《李渔全集》的附录《海外李渔研究部分论著及评本目录索引》部分也有一些国外李渔研究论文或专著目录。

　　综合以上资料，国外李渔研究也多集中在李渔作品与李渔其人两方面。首先是对李渔作品的研究，国外李渔作品研究也主要是针对他的戏曲和小说。冈晴夫指出李渔戏曲的突出特点是娱乐第一、雅俗共赏，同时他还把李渔的这种风格特点放在世界范围来考察，指出李渔这种对传统的反叛并不是绝无仅有的，"与李渔的剧本及构思相同的戏剧演出，在世界各国早已存在"，他把这种风格称为"巴洛克式的构思"（非古典主

---

　　① 参见［美］张春树、骆雪伦《明清时代之社会经济巨变与新文化——李渔时代的社会与文化及其"现代性"》，王湘云译，上海古籍出版社2008年版，第7页。

义的构思）的戏剧①。他还把李渔的作品与其他国家的剧作，如莎士比亚的剧作、日本的歌舞伎，以及其他的南戏传奇相对比，使我们对李渔有一个更加立体的认识②。张春树、骆雪伦对国外李渔研究的介绍也说明了李渔在日本大受欢迎的原因是他突出的小说、戏剧成就。

其次是对李渔其人的研究。埃里克·亨利谈到别人对李渔或褒或贬的评价、中国文人和西方文人的分类，但是"李渔的作品，既不是正统的，也不是非正统的，而是属于第三种类型，带有民众的、通俗的、中等阶层的、琐碎的、实用的或喜剧的特征，这就依观察者的阶级和文化差异而定"③。对李渔其人的评价有时是与他的作品结合在一起进行评判的。韩南详细分析了李渔和他的作品之间的关系，"他坚持让我们看的自我或角色的概要形成了他艺术中的一个基本要素"。不管是李渔的《闲情偶寄》还是他的论说性著作、小说、戏剧，都或多或少地表现李渔的"自我"，李渔表现的是他"创造出来的自我"——聪明人、耐心顺从留恋乡村生活和遁世的角色、苦行者、享乐主义者、相对于观众而存在的艺人等④。另外，张春树、骆雪伦的《明清时代之社会经济巨变与新文化——李渔时代的社会与文化及其"现代性"》让我们更清晰地认识了李渔及其生活的时代状况，在此书导言中，作者指出此书的主题即围绕 17 世纪后半期中国的社会、文化和国家这三个领域之间的相互作用而爆发出的巨变，这在李渔的生活和作品中都有所反映，李渔在求生存、做学问和创事业等方面的各种亲身经历恰恰是他那个时代政治、社会、经济、文化和文学等变革的生动写照⑤。其他还有冈晴夫的《李渔的戏曲与歌舞

---

① 参见［日］冈晴夫《明清戏曲界中的李渔之特异性》，季林根、郁刊、敏浩译，《中国比较文学》1998 年第 8 期。

② 参见［日］冈晴夫、仰文渊《李渔的戏曲及其评价》，《复旦学报》（社会科学版）1986 年第 6 期。

③ ［美］埃里克·亨利：《李渔：站在中西喜剧的交叉点上》，徐慧风译，《戏剧艺术》1989 年第 3 期。

④ 参见［美］韩南《创造一个自我》，单小青译，郁飞校订，载《李渔全集》第 20 卷，浙江古籍出版社 1991 年版。

⑤ 参见［美］张春树、骆雪伦《明清时代之社会经济巨变与新文化——李渔时代的社会与文化及其"现代性"》，王湘云译，上海古籍出版社 2008 年版，第 1 页。

伎》讨论了李渔的作品在日本的影响、伊藤漱平讨论了李渔戏曲小说的刊刻情况、马汉茂谈论了他编辑《李渔全集》的情况等。

从以上李渔研究现状可知，国内外李渔研究有一个显著的区别，即国内首先关注的是李渔的戏剧理论，然后才是他的作品，而国外恰恰相反，国外的李渔研究是从他的小说、戏剧作品的译介开始然后逐步扩展到戏剧理论、园林思想等。这说明在国外李渔文学作品的价值更受到重视，国外对李渔人品、作品的评价较少甚至没有受到政治、经济、道德等因素的影响。国内外李渔研究也有一个明显的共同点，那就是多集中于对其戏曲、小说的研究，少数涉及其思想、作品的版本及其他问题。从整体上看国外李渔研究为国内李渔研究对相同问题提供了不同认识，但在所关注的问题范围上并没有超出国内，所以本书突破国内外的界限，对李渔研究从整体上加以总结。

二 李渔美学研究与生活审美研究概况

（一）李渔美学研究概况

李渔美学研究论文约 100 篇，从美学角度探讨其戏剧的约有 40 篇；探讨园林、环境、自然的约有 20 篇；探讨工艺设计、居室审美的有 10 多篇；从各个角度探讨生活审美的有 10 多篇；探讨女性审美的有 8 篇；还有 10 多篇论文涉及李渔的饮食审美、审美趣味、音乐思想等。如谢柏梁从笠翁的忧患主调与审美追求、笠翁的戏曲创作学、李渔的戏曲演出学等方面对李渔的戏曲美学作了系统化的探讨①。张长青认为李渔在对戏曲艺术的综合性、系统性和完整有机性特点深刻理解的基础上，根据他丰富的创作和演出的实践经验，探讨了戏曲的创作规律、戏曲的表演规律、戏曲的导演规律，形成了他具有民族特色的，从观众出发的编、演、导三合一的戏曲美学理论体系②。岳毅平探讨了李渔的园林美学思想，指出李渔的造园思想是：（1）率性纯真，妙肖自然；（2）张扬个性，突出审

---

① 参见谢柏梁《李渔的戏曲美学体系（上、中、下）》，《戏曲艺术》1993 年第 10、12 期，1994 年第 2 期。

② 参见张长青《李渔的戏曲美学理论体系》，《中国文学研究》1987 年第 10 期。

美个体；（3）雅俗相互抗衡，互相融合①。冯杰分析了李渔的工艺美学思想，指出工艺美的鉴赏情趣在于变、雅、化；工艺美的意匠观念在于因地制宜、借景营造；工艺美的工艺装饰在于因材施艺、利身巧饰；工艺美的创造原则在于适用、工省、致韵②。杨岚指出李渔自然审美的特点是：花木社会，人情世理；草木人格，花卉性情；花木知己，藤草伯乐；艺人匠心，天地文章③。探讨李渔美学思想的专著有两部：杜书瀛的《论李渔的戏剧美学》和《李渔美学思想研究》。杜先生的《论李渔的戏剧美学》主要探讨了李渔对戏剧的真实性、戏剧的审美特性、戏剧结构、戏剧语言、戏剧导演等方面的问题。他的《李渔美学思想研究》则全面探讨了李渔的美学思想，包括戏剧美学、园林美学、仪容美学三个方面，探讨深入细致，是李渔美学研究的重要资料。在李渔美学研究的论文和专著中，戏剧美学几乎占了一半的内容，也就是说李渔的戏剧美学思想最早、也是最多为学界所肯定，然后逐步扩展到园林审美、女性审美等方面，这就给人一种假象，即他的戏剧美学思想是他美学思想的主要部分甚至是全部。

除上述论文和专著外，中国美学史方面的一些著作对李渔美学思想的介绍也主要集中在其戏剧美学方面，对他的园林美学思想偶有涉及。敏泽认为"《闲情偶寄》一书，是论述戏曲创作、演出及园亭、建筑等方面的杂著，集中体现了李渔的美学思想，并且都有一些精到的见解。他关于戏曲美学的论述是中国古典戏曲美学史上最为重要的著作"④。同时，他还指出李渔的戏曲美学理论条理清晰、层次清楚，"李渔的戏曲美学理论体系，包括戏曲创作及演出两个组成部分，每一组成部分又按其重要性，依次列出许多项目，每一项目又分若干个条款来说明。项目与项目，及项目与条款之间，都有着密切的内在联系，共同组成了一个条理分明、轻重得体的完整的理论体系"⑤。

---

① 参见岳毅平《李渔的园林美学思想探析》，《学术界》2004 年第 6 期。
② 参见冯杰《浅论李渔的工艺美学思想》，《山东社会科学》1989 年第 6 期。
③ 参见杨岚《李渔对自然的审美》，《美与时代》（下半月）2009 年第 12 期。
④ 敏泽：《中国美学思想史》，齐鲁书社 1989 年版，第 211 页。
⑤ 同上书，第 212 页。

　　叶朗认为李渔是"中国戏剧史和中国美学史上的一个杰出人物"①，"元代和明代的这些戏剧理论家的戏剧论著，或多或少地包含有一些戏剧美学方面的见解，但都比较零散，缺乏系统性，比较具有系统性的戏剧美学著作，是清代初年李渔的《闲情偶寄》"②。陈望衡也说："清代曲论之盛胜过小说评点。其中成就最大者应属李渔。"③ 他认为李渔的戏曲美学从构思开始，到文字表达，再到舞台演出，构成一个周详严密的理论体系。同时，陈先生对李渔园林美学的"借景"思想更是推崇备至，李渔的"借景""随着视点的转移或置换（以内视外、从外视内），舟内之人不仅是风景的鉴赏者，而且也融入整个风景中成为风景的一部分，成为别人的审美对象。反之亦然"。陈先生认为"这一对借景所作动态的、双向式的审美考察，是李渔的一个创见。比起计成把借景静态化、单向式地分为'远借'、'邻借'、'俯借'、'应时而借'要高明得多"④。

　　张法则指出了李渔思想的独特性，他认为从金圣叹到郑板桥、袁枚、李渔，一方面是对传统批判的继续，另一方面是调和传统与现实，从而形成了一种亦新亦旧、亦雅亦俗的新趣味，即明代的性灵到清代的性灵，从公安三袁到袁枚、李渔⑤。他还说："《闲情偶寄》可以说是宋代以来感受趣味的一大总结，在内容上也与晚清狂情多有重合。但是，它不是像晚明思潮那样与主流思想对立，而是竭力与之调合。感性、感官、感受是人情，但人情又是与王道一致的，而且是王道的基础。"⑥ 张法还在《中国美学史上的体系性著作研究》⑦ 一书中，用了一节的内容来探讨《闲情偶寄》的体系问题。祁志祥的《中国美学通史》⑧ 也分别对李渔的戏曲美学和园林美学进行了介绍。这些著作的部分章节对李渔的研究也

---

① 叶朗：《中国美学史大纲》，上海人民出版社2005年版，第413页。

② 同上书，第412页。

③ 陈望衡：《中国古典美学史》（第二版），武汉大学出版社2007年版，第352页。

④ 同上书，第394页。

⑤ 参见张法《中国美学史》，上海人民出版社2000年版，第274页。

⑥ 同上书，第294页。

⑦ 参见张法《中国美学史上的体系性著作研究》，北京大学出版社2008年版。

⑧ 参见祁志祥《中国美学通史》，人民出版社2008年版。

是集中在戏曲美学和园林美学两个方面，张法从比较新颖的角度关注到李渔所代表的新的审美趣味。

（二）李渔生活审美研究概况

综述李渔美学研究现状可知，戏剧美学占其美学研究的一半，另一半包括女性、园林、家居、器物、饮食、养生等生活的诸多方面，这些内容总括为生活审美研究。

李渔生活审美研究包括三个方面：一是李渔生活审美对象，或总体论述，或选一二；二是李渔生活审美思想；三是李渔生活审美之现实意义。

首先是李渔生活审美对象研究。李渔生活审美对象研究有总体论述与选其一二具体论述两种思路。王意如的《生活美的审视和构建——论李渔〈闲情偶寄〉中的审美理论》① 认为李渔的生活审美是以自我为圆心，根据自己的生活轨迹画出的一个美满的圆。他是从女性审美、居室审美、园艺审美三个方面来构建生活美的。王淑萍的《试论李渔的生活美学》② 从园林、仪容、养生这三个方面对李渔生活美学思想进行详细阐述。这类文章从总体上概述了李渔生活审美包括哪些方面、各有什么特点等。有些文章虽然表述略有不同，但是实质大同小异。另有一类文章选择李渔生活审美的某个方面，或女性，或家居等，根据所选对象的不同，它们大致可以分为女子审美、家居审美、园林审美和饮食审美四类。

其一是女性审美。《闲情偶寄·声容部》对于女演员"选姿""修容"等的论述，既适用于演员，也适用于非演员，所以李渔的女性审美也是他生活审美的一个重要内容。赵洪涛的《"秀外慧中"：李渔的女性审美观》③ 和金伍德的《李渔论女性美》④ 探讨了李渔的女性审美标准，主张女性应该注重外在修饰，另一方面又把才艺培养看作女性魅力的一

---

① 参见王意如《生活美的审视和构建——论李渔〈闲情偶寄〉中的审美理论》，《西藏民族学院学报》（社会科学版）1997 年第 8 期。

② 参见王淑萍《试论李渔的生活美学》，硕士学位论文，暨南大学，2004 年。

③ 参见赵洪涛《"秀外慧中"：李渔的女性审美观》，《商业文化》（学术版）2007 年第 9 期。

④ 参见金伍德《李渔论女性美》，《湖南涉外经济学院学报》2008 年第 4 期。

个重要体现，形成了李渔"秀外慧中"的女性审美观。王红梅的《李渔的妇女观》认为李渔主张男女"同情"、贞节随性、"才无牝牡"等，在一定程度上背离了男尊女卑、从一而终、女子无才便是德等封建闺范。① 司敬雪的《李渔的妇女观》认为李渔的妇女观倡导"尤物可爱"论、"女子教育"论、"美容美饰"论，是对"尤物有害"论、"女子无才便是德"等错误思想的反叛。② 杜书瀛的《李渔美学思想研究》系统地论述了李渔的仪容美学，详细阐述了李渔的人体美、修容美、首饰美和服装美。③ 对李渔女性审美的研究表明，李渔的女性审美观还是比较全面的，从外貌到品德性情内外兼顾，而李渔的妇女观则是他的女性审美观的思想基础。

其二是家居审美。探讨其家居设计思想的文章有张智艳的《诗意地栖居——李渔〈闲情偶寄〉中的家居设计思想》④、孙福轩的《论李渔的装饰美学》⑤、罗筠筠的《李渔工艺思想四题》⑥ 等，这些文章有的具体谈论家居的某一方面如窗栏、家具等，有的谈论总的设计技术手段，有的谈论家居设计的理念等，它们从不同角度探讨了李渔的家居设计思想。它们分析了李渔家居设计手段或家居设计理念以及从这些理念出发通过一些手段所达到的审美效果。赵洪涛的《李渔的家居美学观》论述了李渔家居美学思想产生的原因、李渔家居美学思想的核心——"以人为本，注重和谐"、李渔的家居闲情观、李渔的技艺创造等内容。杨岚的《土木之事，最忌奢靡——李渔的居室美学》⑦ 提出李渔居室审美有"夫房舍与人，欲其相称""居室风格贵雅素而新奇"等特点，她还把李渔的居室美

---

① 参见王红梅《李渔的妇女观》，《大舞台》2003 年第 10 期。

② 参见司敬雪《李渔的妇女观》，《首都师范大学学报》（社会科学版）2000 年第 12 期。

③ 参见杜书瀛《李渔美学思想研究》，中国社会科学出版社 1998 年版。

④ 参见张智艳《诗意地栖居——李渔〈闲情偶寄〉中的家居设计思想》，《襄樊职业技术学院学报》2007 年第 9 期。

⑤ 参见孙福轩《论李渔的装饰美学》，《装饰》2004 年第 3 期。

⑥ 参见罗筠筠《李渔工艺思想四题》，《装饰》1994 年第 2 期。

⑦ 参见杨岚《土木之事，最忌奢靡——李渔的居室美学》，《美与时代》（上半月）2009 年第 12 期。

学与修身治世之道联系起来，对李渔居室审美思想进行了深度挖掘。

其三是园林审美。沈新林的《李渔园林美学思想探微》对李渔的园林艺术实践活动作了简要勾勒，通过对兰溪伊山别业、金陵芥子园、杭州层园等园林规模、结构和格局的考证，并结合其园林居室理论，论述了李渔以人为本、求新贵巧、崇尚自然、经济实用的园林美学思想；对其园林美学思想的意义和影响也作了初步探索。① 杜书瀛《李渔美学思想研究》的园林美学部分论述了李渔论造园的规则——因地制宜、妙肖自然和园林的山石花木窗栏的审美价值。② 杨岚的《李渔对自然的审美》主要论述了李渔对花草树木的审美特点，他通过花草树木看到了人情世理、艺人匠心。③ 这些研究都为我们认识李渔的家居园林审美提供了坚实的基础。

其四是饮食审美。探讨李渔饮食、养生思想的文章有三四十篇，这些文章多数是从饮食养生的技术层面去探讨的，也有几篇文章是从哲学、饮食文化或者美学角度对李渔的饮食养生思想进行研究的。张成全的《李渔养生思想与杨朱哲学》探讨了李渔养生思想的哲学基础，认为李渔养生学说与杨朱学派养生思想在一些基本原则上具有相似性，李渔对古代养生思想作了大幅度的扬弃与整合，形成了一个以道家化的杨朱学派的养生思想为主、杂取儒道养生合理成分和后世养生精华的驳杂的混合体。④ 朱希祥的《有点特别的世俗美食品味——李渔随笔中的饮食文化》指出李渔的《闲情偶寄》和其他一些随笔中的饮馔、颐养、食品赋部分，较集中地体现出了一种世俗的美食品味，我们从中看到的都是日常生活和普通百姓的蔬菜、谷食、肉食和水果，以及与此相关的烧煮调制原则、方法、技巧，但是在这世俗的美食品味中又有很多"特别"的地方，如"渐进自然""珍惜生命""品食如品人"等。⑤ 孙福轩的《李渔饮食文化

---

① 参见沈新林《李渔园林美学思想探微》，《艺术百家》2007年第2期。

② 参见杜书瀛《李渔美学思想研究》，中国社会科学出版社1998年版。

③ 参见杨岚《李渔对自然的审美》，《美与时代》（下半月）2009年第12期。

④ 参见张成全《李渔养生思想与杨朱哲学》，《河南师范大学学报》（哲学社会科学版）2006年第3期。

⑤ 参见朱希祥《有点特别的世俗美食品味——李渔随笔中的饮食文化》，《食品与生活》1999年第4期。

略论》认为李渔的饮食文化中融入了更多的诗情与雅意，表现出浓厚的文化色彩与美学意蕴，作为明清之际风流名教兼而有之的文人，李渔的饮食文化具有崇尚自然、富于审美与文化内蕴的特点，尤其是注重养生之道。① 赵洪涛的《"以心为乐"：李渔的养生美学观》认为李渔把"以心为乐"作为他养生的美学观，这既是李渔人生观的一种表现，又是他修身养性的方法，"以心为乐"的养生美学观中，包含着中国文化中许多传统的哲学思想，李渔既延承着前人的思想，又融会贯通，将自己的生活经验融会其中，因此形成了他独特的养生方法。②

另有一类是休闲审美，从表面上看这部分文章是谈李渔休闲审美思想的。严格来说休闲与生活、审美有着复杂的关系，并不能简单等同，但是从内容上看，这些文章也都是从李渔的居室、饮食、器玩等方面着手，所选对象和所谈特点并没有超出生活审美的范围，所以它们完全可以被归入到生活审美中。卢长怀、于晓言的《由〈闲情偶寄〉想到的中国古代休闲观》认为李渔的家居生活休闲观集中在"居室部""饮馔部""器玩部""种植部"中，文章从三个方面进行论了论述：（1）居室装潢、赏玩器具、匾联的制作；（2）园林休闲观；（3）饮食休闲观。③ 肖巧朋的《论〈闲情偶寄〉的休闲思想》主要论述了《闲情偶寄》休闲思想产生的渊源、《闲情偶寄》的具体休闲观（包括戏曲美学中的文艺休闲观、女性休闲观和家居生活休闲观）、《闲情偶寄》休闲思想对现代生活的启示。④ 施新的《论李渔的休闲美学思想》谈到李渔的休闲美学思想有两个重要内容，即以人为本的生活审美和顺应时势的自适人生观。以人为本的审美观，主要表现在三个方面：独特的女性审美观、求雅避俗的居室审美观、"取景在借"的园林审美观；以"顺"为中心的自适人生观

① 参见孙福轩《李渔饮食文化略论》，《山东社会科学》2002 年第 10 期。

② 参见赵洪涛《"以心为乐"：李渔的养生美学观》，《湖南科技学院学报》2006 年第 7 期。

③ 参见卢长怀、于晓言《由〈闲情偶寄〉想到的中国古代休闲观》，《世纪桥》2008 年第 11 期。

④ 参见肖巧朋《论〈闲情偶寄〉的休闲思想》，硕士学位论文，湖南师范大学，2003 年。

包括顺应人之本性、顺应自然之情、顺应时势。① 其他几篇文章也是如此。

潘立勇、胡伊娜的《生活细节的审美与休闲品味——李渔审美与休闲思想的当代启示》把审美与休闲并列使用，对《闲情偶寄》"闲""适"本质进行了透彻分析，它认为《闲情偶寄》的"闲""适"人生目标不同于庄子的"逍遥游"、老子的"无为"等，这些中国传统的美学大家游弋于精神世界中的美，关注的往往只是一种精神的寄托与心的体验，形而上的色彩非常浓厚；而《闲情偶寄》更多地表现为对世俗生活本身的关注与执着，将艺术依附在日常细微且琐碎的生活细节中。它认为《闲情偶寄》在审美与休闲上的另一大特色在于人与自然的相得益彰。《闲情偶寄》着重体现中国审美文化中的"雅"，化繁为简，去粗取精，力求在简练明朗的形式中表现出深厚的文化意蕴，不在于消费至上，不在于铺张豪华，同时又不背离一定的道德规范，最终达到返璞归真的自然之美。它还认为李渔的审美与休闲思想在当代还可以给我们许多启示：休闲和审美应该结合起来，我们的美学也可以超越过多的书卷气的局限，现实地切入生活，关注实际人生，在普通人的日常生活中更好地发挥其应有的现世人文功能。②

其次是李渔生活审美思想。李渔生活审美思想内容丰富，研究也相对深入。学界从李渔生活审美思想形成原因、思想实质、思想根基等多个角度对李渔的生活审美思想进行了探讨。钱水悦的《李渔〈闲情偶寄〉生活美学思想初探》探讨了李渔生活美学思想形成的原因，论述了《闲情偶寄》中独特而具有现实意义的生活美学思想及休闲智慧，包括以心为乐的生活美学态度，俭简适用和雅致新美相统一的生活美学观念，移情于物、巧思巧艺的生活美学方式，以及所达到的以人为本、自然和谐的生活美学理想。③ 曾婷婷的《试析李渔生活美学的精神主旨——以〈闲

---

① 参见施新《论李渔的休闲美学思想》，《名作欣赏》2006 年第 11 期。

② 参见潘立勇、胡伊娜《生活细节的审美与休闲品味——李渔审美与休闲思想的当代启示》，《浙江师范大学学报》（社会科学版）2008 年第 7 期。

③ 参见钱水悦《李渔〈闲情偶寄〉生活美学思想初探》，硕士学位论文，浙江大学，2008 年。

情偶寄〉为线索》一文认为，李渔生活美学的精神主旨是贵新、活变、独创，突出审美主体，强调艺术作品的个性与独创则是李渔思想的精髓，这实质上体现了当时文人对自我价值的体认。①

　　钱晓田的《简评李渔"生活美学"观》②和姜仁达的《李渔生活美学思想述评》③基本上表述了同样的观点，即李渔生活审美思想的特质是以人为本的生活审美、顺时而变的创新为美、简朴实用的雅中求美。赵勤、邓少海的《一切从"自我需要"出发——浅析〈闲情偶寄〉以人为本的生活美学思维》从满足作为个体的人在生活中不同层次的（生理、心理、文化和精神）审美需要出发，李渔提出了他独树一帜的生活美学观点，李渔的生活美学思想是建立在以人为本的基础上的。④刘辉成的《建立在死亡意识上的生活美学——〈闲情偶寄〉新释》则认为李渔生活美学建立之根基是人的死亡意识，人们对死亡的关怀态度不同，生成的死亡意识就会不一样，关乎人的生存状态和精神个性也会不一样。《闲情偶寄》启示我们：生活美学是根植于死亡的呵护意识之中的。只有呵护死亡，才能形成审美心境，才能发现人生之美和享受生活之美，以利于生命的健康。⑤这些文章对李渔生活审美思想的理解都是非常深刻的。

　　最后是李渔生活审美之现实意义。李渔生活审美的现实意义也是李渔生活审美研究的一个重要维度。王淑萍的《试论李渔的生活美学》认为李渔的生活美学，对于我们今天的生活仍然有一定的启示意义，它不仅以具体的审美实践指导我们的日常生活，而且能帮助我们确立积极的

---

　　①　参见曾婷婷《试析李渔生活美学的精神主旨——以〈闲情偶寄〉为线索》，《名作欣赏》2009 年第 1 期。

　　②　参见钱晓田《简评李渔"生活美学"观》，《五邑大学学报》（社会科学版）2005 年第 1 期。

　　③　参见姜仁达《李渔生活美学思想述评》，《蒙自师范高等专科学校学报》1994 年第 9 期。

　　④　参见赵勤、邓少海《一切从"自我需要"出发——浅析〈闲情偶寄〉以人为本的生活美学思维》，《江西师范大学学报》2005 年第 10 期。

　　⑤　参见刘辉成《建立在死亡意识上的生活美学——〈闲情偶寄〉新释》，《柳州师专学报》2007 年第 9 期。

生活美学观，努力去拥有一种富有意趣、充满福气、享受快乐的生存形式。① 钱水悦的《李渔〈闲情偶寄〉生活美学思想初探》对《闲情偶寄》生活美学思想作现代观照，就生存与审美的关系而言，李渔《闲情偶寄》中生活美学思想的最大价值在于它告诉了我们一种可能性的审美化生存方式，对于现代生活美学而言，李渔对生活细节的雅致品味可以给我们许多借鉴和启发。② 孙兴香的《李渔世俗美学思想研究》从世俗审美的视角关注李渔的人生观、生活观、文学观，从这三方面全面阐释李渔的世俗美学，并且论述李渔世俗美学思想意义，它不仅展示了李渔不断完善的世俗化审美心理结构，而且对现代生活具有启示意义。③

在现实语境下审视李渔的生活审美思想也颇具研究意义。张筱园的《〈闲情偶寄〉与日常生活审美化》把李渔的生活审美和当下的日常生活审美化对比来看，认为李渔的《闲情偶寄》反映了明代文人对于生活审美的关注，与当下中国日常生活审美化热潮具有许多相似的地方，但是二者又具有明显的区别。④ 李娟的《消费文化视野下的〈闲情偶寄〉研究》在当今消费文化语境下对《闲情偶寄》重新审视，通过对李渔这个身份特殊的晚明文士及其作品的个案分析，研究他从戏剧到日常生活，从艺术美到生活美，是如何形成自身特有的消费文化观，从而揭示中国古代文人士大夫历来所提倡的一种审美化的生活方式，研究他们如何把日常生活方式作为自己的理想生存状态和个体体验的最高境界。⑤

三 李渔生活审美研究之不足

由上述李渔研究、李渔美学研究与李渔生活审美研究概况可知，李

---

① 参见王淑萍《试论李渔的生活美学》，硕士学位论文，暨南大学，2004 年。

② 参见钱水悦《李渔〈闲情偶寄〉生活美学思想初探》，硕士学位论文，浙江大学，2008 年。

③ 参见孙兴香《李渔世俗美学思想研究》，硕士学位论文，曲阜师范大学，2009 年。

④ 参见张筱园《〈闲情偶寄〉与日常生活审美化》，《社会科学家》2005 年第 12 期。

⑤ 参见李娟《消费文化视野下的〈闲情偶寄〉研究》，硕士学位论文，湖南师范大学，2009 年。

渔生活审美研究在整个李渔美学研究中所占比重还很小，而这一问题的研究对于认识李渔美学与整个生活审美发展都具有重要意义。总结来看，李渔生活审美研究还有以下不足：

其一，概念混乱。由上文综述可知，谈李渔审美的论文或专著都是从女性、园林、居室、养生等几个方面，王意如谈生活美谈的是女性审美、居室审美、园艺审美三个方面，王淑萍谈生活美学谈的是园林美学、仪容美学、养生美学三个方面，卢长怀、于晓言、肖巧朋、施新等谈李渔休闲美学谈的也是园林休闲、女子休闲、饮食休闲等，杜书瀛谈李渔美学思想也是从戏剧美学、园林美学、仪容美学三个方面，如此等等。谈的内容也多是大同小异。看到这种情况不能不让人产生疑问，生活美与生活美学、生活审美与生活美学、生活美学与休闲美学等这些词能否等同，它们有什么区别和联系？李渔的园林美学已经成了一个约定俗成的说法，但是这一说法在多大程度上是合理的？他到底为园林美学贡献了多少新东西？"因地制宜""借景"等园林美学思想能不能归到他的名下？他到底有多少东西是在谈园林艺术的？虽然园林艺术在明末清初已经发展得非常成熟，但它对于普通百姓来说却是可望而不可即的，从生活美学的角度看，他对园林美学并没有什么新发展，确切地说应该是他把园林建筑思想用在了普通百姓的家居建设中，尤其是通过窗户把园林中的"借景"思想发挥到了极致。

其二，重复率高。上文概念使用的混乱也反映出重复、雷同研究的问题。有的研究是换汤不换药，换个名词表达的是相同意思，如对生活审美和休闲审美的论述。更有甚者，有的文章内容基本雷同，如冯焘、冯熹的《论李渔的工艺美学思想》[①] 和冯杰的《浅论李渔的工艺美学思想》[②]、钱晓田的《简评李渔"生活美学"观》[③] 和姜仁达的《李渔生活

---

① 参见冯焘、冯熹《论李渔的工艺美学思想》，《临沂师专学报》1989 年第 6 期。

② 参见冯杰《浅论李渔的工艺美学思想》，《山东社会科学》1989 年第 6 期。

③ 参见钱晓田《简评李渔"生活美学"观》，《五邑大学学报》（社会科学版）2005 年第 1 期。

美学思想述评》①基本上表述了同样的思想，即都认为李渔生活审美思想的特质是以人为本的生活审美、顺时而变的创新为美、简朴实用的雅中求美。

其三，多局部细节研究。李渔美学思想中的很多局部问题、细节问题研究、分析都比较到位，但是立足整体、把握全局的归纳总结还不够。如杜书瀛对李渔论首饰美的论述就很细致，但是《李渔美学思想研究》有四章内容：戏剧美学、园林美学、仪容美学和一些札记，只是这几部分内容的并列，看不出各部分之间有什么联系。其他对李渔生活审美的研究也多是如此，都是对女性、家居、园林、养生等内容的分析，而不是它们和生活是什么关系及它们之间有什么内在联系，所以研究有些表面化，不够系统、深入。另外在这些李渔生活审美研究的文章中只有三四篇文章把李渔生活审美思想和现实相联系，或作比较，或分析其现实意义，但是这些分析还不够充分。不论是从美学研究的学理意义上，还是从现实审美实践的意义上，李渔生活审美研究都值得进一步深入。

总之，从整体上看虽然李渔研究已经非常全面而深入，但是李渔美学思想研究只占全部李渔研究的七分之一。在全部李渔美学思想研究中又有约一半内容都集中于其戏曲美学，虽然李渔戏曲美学在整个戏曲美学史上也占有重要地位，但是他的生活审美实践及理论在美学史上的地位和价值更重要，只是其重要性还未能为学界充分认识。明清美学是中国古典美学的总结时期，与此同时，明清美学中还出现了一股新的审美思潮，它就是生活审美，而李渔正是这股思潮的典型代表。他不仅身体力行，而且把自己的实践记录下来供别人借鉴。最重要的是，他的审美观念不仅是明清生活审美思潮中的突出代表，即使在"日常生活审美化"的今天也很有借鉴意义。所以李渔生活审美研究更能突出李渔在中国美学史上的地位，这是对李渔美学思想的一个价值重估。另外李渔生活审美还具有突出的现实意义。目前我们正面临着"日常生活审美化"的生活审美大发展的好形势，生活审美实践取得了空前的成绩，获得了"量"的极大提高，但是从"质"的方面说，当前生活审美还需要更内在的审

---

① 参见姜仁达《李渔生活美学思想述评》，《蒙自师范高等专科学校学报》1994年第 9 期。

美精神加以提升，而李渔作为生活审美的典型个案，对他的生活审美实践及观念的研究，对于促进当前生活审美的发展不无裨益。

第二节　生活与生活审美

在此书展开论述之前有必要厘清一些基础概念，因此本节主要说明什么是生活、审美与生活之关系以及什么是生活审美等相关问题。

一　何谓生活

生活一词与其他看似简单的名词一样，每个人都对它有所了解，但要想给出一个恰当的定义，却并不是件容易的事。而何为生活美、生活审美、生活美学等相关问题又是必须探讨的，因为不谈生活的生活美、生活审美、生活美学无异于空中楼阁，是没有根基、站不住脚的，所以笔者首先阐述什么是生活。

（一）学界对生活的理解

何谓生活是探讨生活美、生活美学及生活审美等相关问题的基础。不过有些学者把这一问题看成是自明的，或忽视了这个问题，对生活这一名词作专门研究或探讨生活美、生活审美、生活美学问题对它进行附带说明的资料并不多。

美学上对生活的探讨是和对生活美、生活审美、生活美学等问题的研究结合在一起的。对这些问题的研究，从 20 世纪 80 年代就已经开始。吴世常的《生活美学研究的几个问题》认为，"生活美学研究的对象有广义、狭义之分。广义的，研究文艺美学以外的一切美学问题，包括自然美、社会美和日常生活美……生活美学研究的狭义对象，就是研究人们日常生活中的美学问题，它涉及劳动美、环境美、行为美和装饰美等领域"①。即使是狭义的生活美学，其研究对象也是很丰富的，因为"劳动美"中的"劳动"就有物质劳动和精神劳动之分，同时这一"劳动美"也把休闲生活之外的丰富的"劳动"生活囊括在了生活美学范围之内；

---

① 参见吴世常《生活美学研究的几个问题》，《上海师范大学学报》1987 年第 2 期。

其广义的生活美学是"研究文艺美学以外的一切美学问题",此生活美学范围更广,它把全部美学一分为二,即文艺美学和生活美学,除文艺美学之外的一切美学都可以归结为生活美学。

傅其三的《生活美学》一书认为生活美是指社会生活领域中的美,它是美的主要形态之一;生活美广泛地存在于社会生活、社会事物和自然事物中,是人类最重要、最普遍、最直接同时也是最基本的美的实体,它构成人类审美对象的重要方面;生活美也叫现实美,包括自然美和社会美。① 他的《生活美学的理论构架》一文还对生活美学进行了详细的分类,他把生活美学分为自然美学和社会美学两大部分。自然美学包括山水美学、园林美学、人体美学三个分支学科。社会美学包括工艺美学、建筑美学、技术美学、服饰美学、烹调美学、精神文明美学六个分支学科。其中技术美学又分为设计美学、劳动美学和商品美学三个分支学科,精神文明美学分为心灵美学、语言美学、行为美学、风度美学、人情美学、伦理美学和爱情美学七个分支学科。② 傅先生虽然指出生活美是指社会生活领域中的美,但是后文又明确表示生活美也存在于自然事物中,生活美包括自然美和社会美,生活美学也包括自然美学和社会美学,他对自然美学和社会美学进一步的分类更是表明,他生活美学中的生活也是包括人类生活中的各个方面、内涵十分丰富的一个概念。此二人把生活美学理解为除艺术美学之外的一切美学,包括自然美学在内。

王佑夫的《西施与生活美学》把"生活美"定义为"指人在物质活动和精神活动过程中所创造的美,生活美的构成因素主要是人自身及其衣、食、住、行等方面的生活方式所展现的美"③。他的生活包括人的"物质活动"和"精神活动"两个方面,但是他认为生活美是人所创造的美,这也就把自然美学排除在外了。其他还有王佑夫的《生活美学》将生活美分为形体美、心灵美、演讲美、交际美、服饰美、饮食美、居室

---

① 参见傅其三《生活美学》,知识出版社1993年版,第1页。

② 参见傅其三《生活美学的理论构架》,《湘潭大学学报》(社会科学版) 1993年第2期。

③ 王佑夫:《西施与生活美学》,《新疆师范大学学报》(哲学社会科学版) 1996年第2期。

美、旅游美八个部分①；俞正山的《应用美学》把生活美学分为人物美、服装居室美学、爱情美学、交际美学、旅游美学②；吴旭光的《美学导论》把现实生活美学分为自然美学、饮食美学、商业美学（包括商品美学、广告美学、营销美学）、科技美学（包括科学美学、技术美学、劳动美学）四部分③。这些都不是对生活这一名词的直接阐释，但是我们也可以从他们对生活美、生活美学的认识中窥探他们所理解的生活的内涵。他们对生活美、生活美学的分类五花八门、大同小异，他们认为生活包括自然和社会、劳动和休闲等日常生活，或者说生活是指人们的具体生活中（包括物质活动和精神活动）所涉及的方方面面。总之这些生活都是指人们具体的、当下的生活，是对生活形而下的理解。

进入 21 世纪，日常生活审美化和生活美学成了热点问题，尤其是日常生活审美化问题。即便如此，学界对何谓生活的探讨也不多。谈到何谓生活而且观点比较鲜明的有仪平策。他所理解的生活指的是"人类在历史的时空中感性具体地展现出来的所有真实存在和实际活动。它既包括人的物质的、感性的、自然的生活，也包括人的精神的、理性的、社会的生活，是人作为'人'所历史地敞开的一切生存状态和生命行为的总和。因此，它不是脱离了人的'此在'状态的抽象一般的生活，而是每一个人都被抛入其中的感性具体寻常实在的生活"。④ 他的生活基本上也是指人类当下的、具体的活动，包括人类的一切活动，不管是物质的还是精神的，是感性的还是理性的，不过仪先生没有对生活作进一步的分类，这使得读者不能更清楚地了解他的生活的具体内容。

当代美学界对生活美学研究最多的是刘悦笛。他对生活美学的研究也最有特点，他认为"在对于生活美学的关注当中，还有另一种倾向就是仅仅囿于现象的描述，无论是国内对于所谓'感性化生存'的文化学深描，还是欧美学者对于'日常生活审美化'的社会学描述，都似乎没有进入到哲学的层面来言说问题"，"美学的'新构'，还最终要依赖于哲

---

① 参见王佑夫《生活美学》，新疆人民出版社 1997 年版。
② 参见俞正山《应用美学》，华中师范大学出版社 1990 年版。
③ 参见吴旭光《美学导论》，人民交通出版社 2000 年版。
④ 仪平策：《生活美学：21 世纪的新美学形态》，《文史哲》2003 年第 2 期。

学范式的基本转换，生活美学的提出，就是根基于某种作为'生活方式'的哲学的新趋向。笔者在本文当中拟采取'哲学溯源'的方法来为生活美学的建构提供一种合法性的证明。但必须指出，这种溯源仍是着眼于未来的，为'大陆美学'、'分析美学'和中国传统美学的会通提供一道津梁正是笔者构想的一个初衷"。① 由此可见，他对生活美学的研究是致力于突破"现象的描述"，"进入到哲学的层面"，力求使生活美学的建构获得哲学层面上的合法性，甚至通过这种合法性的证明来打通中西美学。从哲学的层面研究生活美学是他的方向和目标，何谓"生活"的基础问题并不是他研究的重点，为此王江松还建议他"对生活的本质有一个较为明确的定义"，王先生说："各派美学都对自己的标志性范畴有一个界说，'生活美学'当然也不能例外。遗憾的是，'生活美学'的作者却没有做出这种界说，而是一开始就把生活区分为日常生活与非日常生活、本真生活与非本真生活，从而把美或美的活动界定为介于日常生活与非日常生活之间的本真生活。那么，何谓本真生活？作者界定为具体的自由；何谓具体的自由？作者界定为人的本质力量的丰富性。但什么是人的本质、人的本质力量呢？作者没有再做界说。可见，'生活美学'缺乏一种人学本体论或人性论基础。"② 王江松指出了刘悦笛生活美学的致命性不足，刘悦笛为了把审美与生活联系起来并给予"美"或"美的活动"一个解释，他把"美"或"美的活动"定位为"介于日常生活与非日常生活之间的本真生活"，为此他还把生活分类为"日常生活与非日常生活、本真生活与非本真生活"，且不说这种"美的活动"的定位与生活分类方法是否合理，他企图从哲学层面建立生活美学的根基，却没有对"生活的本质"作出一个合理的解释，对生活美学的解释也不够到位，只此一点，他的生活美学的基础就是不牢固的。

事实上刘悦笛在其他一些文章中，也曾对生活的概念作出解释，但是这种解释还存在一些问题。早在 2005 年《生活美学：现代性批判与重构审美精神》一书中，他就系统地提出了他的生活美学思想，包括生活

---

① 刘悦笛：《"生活美学"建构的中西源泉》，《学术月刊》2009 年第 5 期。

② 王江松：《"生活美学"是这样可能的——评刘悦笛的〈生活美学〉》，《贵州社会科学》2009 年第 2 期。

美学建构的合法性与何谓生活美学。在解释"美的活动"时，他也谈了他对"生活"的认识，他把"生活"一分为二，包括"日常生活"与"非日常生活"。"所谓'日常'的生活，顾名思义，就是一日复一日的、普普通通的、个体享有的'平日生活'。每个人都必定有每个人的日常生活，它是人们得以生存和消费的根本基础。"① 他还进一步解释说，"日常生活不仅包括这些基础的方面，而且，还包括在个体消费、家庭生活、私人空间内进行的主体间性的人际活动，还包括日常的从无意识到有意识的各种精神活动。"② 刘悦笛的"日常生活"的突出特点是个人的、私人的，既包括无意识的活动，也包括有意识的活动。他还借鉴了海德格尔的思想，用大量的篇幅解释何谓"非日常生活"："如果说，日常生活状态大致相当于马丁·海德格尔（Martin Heidegger）所谓的'当下的'、'上到手头的'的'上手'（Zuhanden）状态的话，那么，非日常生活则保持着一种'现成的'、'摆在手头的'的'在手'（Vorhan-den）状态。"③ 海德格尔的这段话有些晦涩，作者对此还进行了解释，"质言之，日常生活就是一种'无意为之'的'自在'生活，比较而言，非日常生活则是一种'有意为之'的'自觉'生活。"④ 作者没有明确给出"非日常生活"包括哪些范围，不过也有所提示，"政治、经济、文化的公共生活，科学、哲学、宗教的社会化精神生产"⑤ 就是"非日常生活"。作者对"日常生活"与"非日常生活"的解释，都是为后文解释"美的活动"张本的："总而言之，作为一种特殊的生活，美的活动虽然属于日常生活，但却是与非日常生活最为切近的日常生活；它虽然是一种非日常生活，但却在非日常生活中与日常生活离得最切近、最亲密。美的活动，正是位于日常生活与非日常生活之间的特殊领域，毋宁说，美的活动介于日常生活与非日常生活之间，并在二者之间形成了一种必要的张力。"⑥

---

① 　刘悦笛：《生活美学：现代性批判与重构审美精神》，安徽教育出版社 2005 年版，第 182 页。

② 　同上。

③ 　同上书，第 184 页。

④ 　同上书，第 185 页。

⑤ 　同上。

⑥ 　同上书，第 189 页。

以上是刘悦笛关于"生活"与"美"的主要观点。

为了给"美的活动"或者艺术活动一个合理定位,作者把"生活"分为"日常生活"与"非日常生活",同时也附带解决了"艺术否定生活论"与"艺术生活同一论"的矛盾。但是笔者以为这些解释还存在一些隐患:

其一,对"艺术否定生活论"与"艺术生活同一论"的批判。刘悦笛认为"'艺术否定生活论'将艺术对日常生活的否定,扩大为艺术对整个生活世界的否定;而'艺术与生活同一论'则将艺术与日常生活的同一,或与非日常生活的同一,泛化为与整个生活的等同"①。按照刘悦笛的理解,艺术对"日常生活"是否定的,只要不扩大为整个生活世界的否定,就是正确合理的;但是对于"艺术与生活同一"就理应是"艺术"与"非日常生活"的"同一"了,作者却说"艺术与日常生活的同一,或与非日常生活的同一",可能是作者自己也觉得这种说法不太合适,作者在本书的其他地方以及别的一些文章中也并不是对日常生活持批判态度的,艺术生活化与生活艺术化、日常生活审美化与审美日常生活化可以说是他提出生活美学的实践与理论基础,他还充分论证了日常生活审美化对康德美学的反驳②等,所以在生活美学中艺术对于"日常生活"的否定是站不住脚的,这种通过把"生活"一分为二,从而对"艺术否定生活论"与"艺术生活同一论"各打五十大板的做法在理论上也是行不通的。

其二,对"美的活动"的定位。作者对"美的活动"的定位可以用三句话来概括:一是"美的活动"属于"日常生活";二是"美的活动"属于"非日常生活";三是"美的活动"在"日常生活"与"非日常生活"之间,并形成一种必要的张力。这就牵涉"日常生活""非日常生活"与"美的活动"三者之间的关系。

首先,由于"美的活动"既属于"日常生活"又属于"非日常生

---

① 刘悦笛:《生活美学:现代性批判与重构审美精神》,安徽教育出版社 2005 年版,第 186 页。

② 参见刘悦笛《"生活美学"的兴起与康德美学的黄昏》,《文艺争鸣》2010 年第 3 期。

活"，那么"日常生活"与"非日常生活"就有一个交集，也就是"美的活动"，但是从前文作者对"日常生活"与"非日常生活"的解释来看，"日常生活"与"非日常生活"虽然有着密不可分的关系，但是二者还是有明显的界限的。"在日常生活世界的边界之外，还存在有另外一个世界，它与日常生活恰恰成为了相对物。这便是'非日常生活'世界。"① "日常生活中的人们由于其'无意'性并不能返观自身，而只有在其时间被阻断后才能'有意'观之，从而尽显其平日性和日常性。日常生活与非日常生活的相互分化，正是在这种撞击中划分出边际的，'无意'要由'有意'来区隔和显现。"② "但一旦人们'有意地'打断这种熟知的生活……这也就是日常生活过程的中断与非日常生活的凸现。"③ 这也就是说"非日常生活"与"日常生活"是相对存在，只有"日常生活"结束的地方，才是"非日常生活"开始的地方，如此以来，二者是没有交集的。

其次，"美的活动"在"日常生活"与"非日常生活"之间，并形成一种必要的张力。也就是说，从"日常生活"到"美的活动"到"非日常生活"之间依次存在着递进关系。由于"非日常生活"是对人们自身的反观，那么"非日常生活"与"日常生活"之间有一种张力是理所当然，"美的活动"与"日常生活"之间存在一种张力也合情合理，但是"美的活动"与其他的"非日常生活"，包括科学、哲学、宗教等一样都是人们把握世界的方式，各种方式之间是并列关系，各种方式各有所长，都是人们把握世界必不可少的，不能说孰优孰劣④，它们之间怎样形成一种张力，就让人费解了。

---

① 刘悦笛：《生活美学：现代性批判与重构审美精神》，安徽教育出版社 2005 年版，第 184 页。

② 同上书，第 184—185 页。

③ 同上书，第 184 页。

④ 刘悦笛先生认为：与科学的量化世界、哲学的概念世界、宗教的超升世界不同，美的活动与日常生活是最具亲密关系的。试想，无论是用冷冰冰的科学范畴去"区分"和"计量"世界，还是用思辨概念去"抽象"世界、用宗教体验去与神明"交流"，都不如美的活动那样"活生生"地把握现实世界。参见刘悦笛《"生活美学"的兴起与康德美学的黄昏》，《文艺争鸣》2010 年第 3 期。

（二）生活美学语境中的"生活"

"生活"一词在不同的学科中有不同的解释，即使在美学中，也是仁者见仁智者见智。笔者在参考前人认识的基础上，试着对本文要探讨的生活美学语境中的"生活"概念加以解释。

美学上谈到对"生活"的认识，不能不谈车尔尼雪夫斯基。他是第一个明确地把美和"生活"联系起来的人，同时他的观点也很有争议。他的"美是生活"把"美"从虚幻的"理念"拉入现实生活，这一点是为学界所广泛认可的，但是对于他的"美是生活"的说法有各种理解，同时对于他对"生活"的认识也有很多不同意见。车氏主要谈的是"艺术与现实的审美关系"，侧重"关系"，所以他的"美是生活"的定义也主要是从美和生活的关系方面去说的，他并没有给何谓"生活"作出明确的界定，只是附带加以说明。车氏在给出"美是生活"的定义之前指出："在人觉得可爱的一切东西中最有一般性的，他觉得世界上最可爱的，就是生活；首先是他所愿意过、他所喜欢的那种生活；其次是任何一种生活，因为活着到底比不活好：但凡活的东西在本性上就恐惧死亡，恐惧不存在，而爱生活。"[1]

这是他对"生活"的理解，也是他的美学思想中最有争议的地方。如朱光潜就认为："俄文'Жизнь'兼有'生活'和'生命'两个意义，车尔尼雪夫斯基对这两个不同的意义不加区别，有时指带有社会意义的'生活'，有时指只有生理学意义的'生命'，在用作'生命'时，他就只从'人类学的原理'出发，例如说美由于健康，丑由于疾病，植物茂盛就美，凋萎就丑，鱼游泳很美，蛙和死尸一样冰冷，所以丑，如此等等。"[2]杨恩寰也认为："车尔尼雪夫斯基对生活的理解，是很不确定的，有时指生命活动，有时指日常饮食起居，有时指劳动，有时又指理智的心灵的活动。但是在这些不确定的看法中，把生活理解为'生活力'，也就是一切生物的生命活动，则是他对生活的最一般的观点。凡是活的东西，'有生的意味'、'有生的现象'的一切东西，都是有生活力的，都是

---

[1] ［俄］车尔尼雪夫斯基：《艺术与现实的审美关系》，周扬译，人民文学出版社 1979 年版。

[2] 朱光潜：《车尔尼雪夫斯基的美学思想》，《北京大学学报》1963 年第 4 期。

有生活的，都是可爱的。人作为'活的东西'，在本性上也就爱生活。本着这一看法，他下了'美是生活'这样一个定义。他甚至说出'活着到底比不活好'这样同一个革命民主主义者很不相称的话。这实际就是把人看作自然的一部分，把人和一切有机自然的生命活动，都看作生活，根本没有抓住人类生活的本质。"①

其实所有对车氏的"人类学""人本主义"的指责归根结底都是因为他"生活"与"生命"不分，但是既然朱光潜指出"俄文'Жизнь'兼有'生活'和'生命'两个意义"，这就不是车氏"生活""生命"不分的问题，而是翻译的问题了，或者是我们对车氏的误解。"在人觉得可爱的一切东西中最有一般性的，他觉得世界上最可爱的，就是生活；首先是他所愿意过、他所喜欢的那种生活；其次是任何一种生活，因为活着到底比不活好；但凡活的东西在本性上就恐惧死亡，恐惧不存在，而爱生活。"这句话照这样的翻译显然是说不通的，有人甚至认为这句话不符合作者的身份，难以置信作者会犯这样低级的错误，但是若是把第二个分句的"生活"翻译为"生命"是不是更恰当些呢？人们由热爱生活而热爱生命，也只有在"生命"的意义上，才能说"活着到底比不活好"，"但凡活的东西"（不论是人还是一般动物）在本性上就恐惧死亡，恐惧不存在，而爱生命。所以所谓"作者'生活'、'生命'的不分"，并不是作者不分，而是我们的误解。另外作者主要论证"美"与"生活"的关系而延及"生命"并无不妥，"生命"是"生活"的基础，没有"生命"就无法去谈"生活"，由人类的"生活"进一步扩大到万事万物的"生命"也是顺理成章的，同时这也是和中国传统美学上的"重生"思想相一致的。还有人指出车氏对"生活"的理解是生理学的、人类学的，没有看到"生活"的阶级性、社会性，这种指责也是有失公允的。他也看到了"普通人民""农民""上流社会"等有不同的"生活观"，因而也有不同的"审美观"。所以他的"美"和"生活"的关键问题是如何在这各种各样的"生活"中，区分出哪是"美"的"生活"，哪是"不美"的"生活"，这才是他的致命伤。

---

① 杨恩寰：《评车尔尼雪夫斯基的"美是生活"说——兼与蔡仪同志商榷》，《河北师范大学学报》1981 年第 4 期。

　　要解决上述问题，就要清楚"人"与"动物"、"生活"与"生命"的区别，人是有目的有意识的动物，动物只是存在，只有人才能意识到自己的存在；动物是自在生命，人是有意识的自为生命，有意识的自为生命才是生活，所以动物只有生命，只有人才有生活。车氏把人的"生活"扩大到自然界的"生命"，看到了生活的层次性，意识到"生活"与"生命"的不同，但是很遗憾他没有看到二者质的区别，如朱光潜所说，"他没有足够地注意到黑格尔所作的自在阶段的生命（自然）和自为阶段的生命（人）的区别"[1]，他甚至错误地认为这种目的、意图、意识或者倾向性无足轻重，"这种倾向的无意图性，无意识性，毫不妨碍它的现实性，正如蜜蜂之毫无几何倾向的意识性……毫不妨碍蜂房的正六角形的建筑"[2]。而马克思在《1844 年经济学哲学手稿》中则指出本领最坏的建筑师和本领最好的蜜蜂从一开始就有所不同，这就在于人在用蜡制造蜂巢之前，先已在头脑里把蜂巢制造好。劳动所要达到的结果先以观念的形式存在于劳动者的想象里。劳动者之所以不同于蜜蜂，不仅在于他改变了自然物的形式，而且在于他同时实现了他自己的自觉的目的。在马克思看来，这种"想象""自觉的目的"是人和动物的本质区别。要想正确地区分什么是"美"的"生活"，什么是"不美"的"生活"，有必要引入马克思的"生活观"。

　　马克思从费尔巴哈的哲学中借鉴了"类生活"的概念，并对这一概念进行了新的界定。他认为人是"类存在物"，不仅因为人在实践上和理论上都把类——自身的类以及其他物的类——当作自己的对象，而且因为——这只是同一件事情的另一种说法——人把自身当作现有的、有生命的类来对待，当作普遍的因而也是自由的存在物来对待[3]。类生活就是人自觉变革自然的活动。他说："正是在改造对象世界中，人才真正地证明自己是类存在物。这种生产是人的能动的类生活。"[4] 他还说："劳动这种生命活动、这种生产生活本身对人说来不过是满足他的需要即维持肉

①　朱光潜：《车尔尼雪夫斯基的美学思想》，《北京大学学报》1963 年第 4 期。
②　同上。
③　参见《马克思恩格斯全集》第 42 卷，人民出版社 1979 年版，第 95 页。
④　同上书，第 97 页。

体生存的需要的手段。而生产生活本来就是类生活。这是产生生命的生活。一个种的全部特性、种的类特性就在于生命活动的性质，而人的类特性恰恰就是自由的自觉的活动。"① 马克思又指出，类生活是有意识的生命活动。他说："有意识的生命活动把人同动物的生命活动直接区别开来。正是由于这一点，人才是类存在物。或者说，正因为人是类存在物，他才是有意识的存在物，也就是说，他自己的生活对他是对象。"② 人与动物的活动都是有生命的，但是人的生命活动与动物的生命活动有着质的区别，这个区别就是人是有意识的生命活动，人能有意识地去认识事物，人能有意识地遵循自然规律改造自然，人能有意识地根据社会需要形成自己的目的，人能有意识地制造和使用工具，人能有意识地遵循一定的规则和方法制造产品，等等，而动物的活动则是无意识的、本能的。

马克思还指出，类生活是充满乐趣的生活。他说："我的劳动是自由的生命表现，因此是生活的乐趣。"③ 因为类生活是自觉自愿的，是发展人的个性的，是展现人的生命的，是人的体力和智力的自由发挥，所以人在类生活中感到幸福，感到快乐，类生活成了人不可或缺的东西。正是在这种通过人的类生活所形成的人与产品、人与人、人与自己的关系中，人才产生了美感，发现了美。在马克思看来，除生产劳动外，为生产劳动所决定了的其他活动如科学研究、艺术创作等也是类生活，与生产劳动相联系的吃、穿、住、用、修饰打扮等活动也是类生活。任何一种类生活都具有变革自然的性质，任何一种类生活都不是被迫的，而是自由的，任何一种类生活都不是被动的，而是自觉的。④ 这种自由的自觉的类生活就是美的生活，相反被动的不自觉的生活就不是美的生活。例如异化劳动可以创造美，但是异化劳动本身绝不是美的。

另外，要想对"生活"这一概念作出一个明确的界定，首先要对

① 《马克思恩格斯全集》第 42 卷，人民出版社 1979 年版，第 96 页。

② 同上。

③ 同上书，第 38 页。

④ 参见杨景祥《论马克思的"生活观"——兼评车尔尼雪夫斯基的"美是生活"说》，《河北师范大学学报》1982 年第 3 期。

"人"作出一个明确的界定，因为"生活"是"人"的生活，界定"人"是界定"生活"的基础，如王江松所说："生活当然是人的生活，因此，要界说生活的本质，当然首先要界说人的本质。"① 人类自身的特点也决定了人类"生活"的特点。人是世界上最复杂的动物，人作为动物的一种，具有与其他动物一样的动物性，但是人又不是一般的动物，所以又具备其他一般动物所不具备的特点。首先，人是物质与精神的统一体。人和其他动物一样，拥有肉身，具有物质性，但是人还有精神，还有灵魂，人不仅是作为肉体存在，也是作为肉体与精神的统一体而存在。其次，人是自然与社会的统一体。人和世界上的任何一个植物或者动物一样，首先是作为自然个体而存在，但是个人要想更好地存在，又必须与他人结合，形成一定的社会关系，而且这种社会关系与动物所自然形成的"群"是有着本质的区别的，这是因为人是有意识的、自为的存在。再次，人是无意识与有意识的统一体。有无意识是人和其他动物的区别之一，其他动物的存在都是无意识的、自在的，而人的存在则是有意识的、自为的，人不但存在，还能清楚地意识到自己的存在，并能对自己的存在作出反思，所以马克思在《资本论》中说最蹩脚的建筑师从一开始就比最高明的蜜蜂高出了许多，是因为他在用蜂蜡建筑蜂房之前已经在自己的头脑中把它建成了。最后，人是感性与理性的统一体。人是感性的动物，有七情六欲，但是人的理性可以节制感性，而不是任凭感性泛滥，所以人既有感性又有理性，是感性与理性的统一体。以上所述都是人类不同于动物的特点，正是因为人类与动物不同，所以人类的生活也与动物的生命不同。

人类这些复杂的特点也决定了人类"生活"的复杂性：人类的"生活"既包括物质生活，也包括精神生活，是物质生活与精神生活的统一体；既包括个人生活，也包括社会生活，是个人生活与社会生活的统一体；既包括无意识的活动，也包括有意识的活动，是无意识活动与有意识活动的统一体；既包括感性活动，也包括理性活动，是感性活动与理性活动的统一体。如仪平策所说"生活"是指"人类在历史的时空中感

---

① 王江松：《"生活美学"是这样可能的——评刘悦笛的〈生活美学〉》，《贵州社会科学》2009 年第 2 期。

性具体地展现出来的所有真实存在和实际活动"（着重号为笔者添加，下文同），是"人作为'人'所历史地敞开的一切生存状态和生命行为的总和"。总之，人类一切具体的、当下的生活，物质生活与精神生活、个人生活与社会生活、无意识活动与有意识活动、感性活动与理性活动，以及劳动生活与休闲生活等都可以成为生活美学关注与研究的对象，也就是说生活美学语境中的生活是指人类具体、当下的全部生活。人类全部生活得以实现的条件也就是生活的构成要素，简言之，生活的构成要素包括三部分：生活主体、生活对象与生活环境。生活主体是人类生命活动的发出者、执行者，即是人的因素；生活对象是人类生命活动得以发生、实施的对象，即是物的因素；而生活环境则是人类生命活动实现、发生的环境，它包括与人类生命活动密切相关的自然环境和社会环境。换言之，生活美学的研究对象包括除艺术美学之外的一切美学，这只是因为艺术活动是一种非常特殊、非常复杂的活动，艺术与生活有着复杂的关系。因此，从对象上看，生活美学研究对象非常广泛，包括人类生活的全部内容，不过从性质上看却有质的区别，并不是所有的生活都是美的生活，只有体现出人的本质的、自由的、自觉的生活才是美的生活，否则，就不是美的生活。

二 审美与生活

审美经验从生活经验中产生，审美活动是生活的一部分。审美活动与生活活动原初是统一的。在远古时期，人们边劳动边喊着整齐协调的号子，这号子既是他们的劳动口号也是他们的诗歌创作。原始先民在打猎之前先在岩石上画上动物中箭的壁画，这既是他们祈祷打猎成功的祭祀活动，也是最初的绘画艺术。甚至中世纪的一些绘画（如宗教题材的作品）起初也不是作为艺术品放在展览馆、博物馆，而是作为宣传宗教、启示人们心灵的工具放在教堂，所以在很长一段时期生活与审美之间并没有明确的界限。审美对象包括生活中的自然、工艺、艺术等多种形态。而且那时的艺术概念也不是现在的狭义的艺术概念，而是几乎囊括生活中的一切技艺。随着社会的发展与劳动分工的精细，审美与艺术越来越"纯粹"，也越来越脱离生活，以至最终走向死胡同而不得不再次寻求向生活的复归。总之，从审美意识产生之初到美学学科形成再到如今，这些审美实践和美学理论表明审美与生活走出了一段"合久必分、分久必合"的历史轨迹。具体来说，中、西审美发展又表现出不同的特点，通过梳理审美与生活的关系可以为审美的健康发展提供一个参照。

（一）现代西方美学中审美、艺术与生活的分离

西方审美、艺术与生活的关系经历了由"合"走向"分"的过程。按照时间顺序分为三个时期，其一是古希腊、古罗马及其之前的一段"合"的时期。古希腊古罗马及其之前的很长时间，审美活动与艺术活动在人们生活中广泛存在，同时并存、浑然一体。审美活动是生产劳动、祭祀活动等，生产劳动、祭祀活动等同时也是审美活动。朱光潜说："希腊人所了解的'艺术'（tekhne）和我们所了解的'艺术'不同。凡是可凭专门知识来学会的工作都叫做'艺术'，音乐，雕刻，图画，诗歌之类是'艺术'，手工业，农业，医药，骑射，烹调之类也还是'艺术'，我们只把'艺术'限于前一类事物，至于后一类事物我们则把它们叫做'手艺'，'技艺'或'技巧'。希腊人却不作这种分别。这个历史事实说明了希腊人离艺术起源时代不远，还见出所谓'美的艺术'和'应用艺术'或手工艺的密切关系。"[①] 同样，中国古代的"艺"也和我们现在所说的"艺"有很大不同。中国古代有"六艺"之说，《周礼·保氏》云："养国子以道，乃教之六艺：一曰五礼，二曰六乐，三曰五射，四曰五驭，五曰六书，六曰九数。"这也就是古人所常说的"通五经贯六艺"，此"六艺"是指古代儒家要求学生掌握的礼、乐、射、御、书、数六种基本技能，并不是狭义的美的艺术。由此可知不论在西方还是在中国，在艺术的起源时期，它都是和人们的日常生活紧密相连的。

其二是中世纪的"分"的时期。中世纪的美学和艺术由关注与表现人们的全部生活而演化为关注与表现人们的宗教生活。中世纪基督教的出现，使得宗教思想成了人们头脑中占绝对统治地位的重要思想，宗教活动成了人们生活中占绝对统治地位的重要活动，人们的一切思想和行为都服从于基督教思想，都服务于基督教的统治。基督教思想渗透进了

---

① 朱光潜：《西方美学史》，人民文学出版社 2002 年版，第 47 页。

生活中的方方面面。美学和艺术也不例外。美学中，上帝的美是绝对的美、唯一的美，其他世间的万事万物只有分得了上帝的光辉才能是美的。中世纪的艺术也都是表现上帝的荣耀、天国的美好，除此之外的艺术都是异端，是不允许存在的。人成了上帝的奴隶，审美与艺术也成了宗教统治的工具。审美与艺术只钟情于宗教而脱离了人们的世俗生活。

其三是文艺复兴以后直到近现代进一步"分"的时期。文艺复兴以后，审美和艺术进一步与生活相脱离，到近现代分离更为明显。这种分离首先出现在西方，西方最先为之准备了社会、文化、经济、政治以及观念与制度上的条件。随着人类的逐步觉醒，人类要求摆脱上帝的控制，人类相信凭借自己的能力可以建立世界。在与宗教世界的斗争中，世俗世界获得了肯定，审美与艺术也从宗教的羁绊中挣脱出来。但是随着自然科学的巨大发展，摆脱了上帝控制的现实生活世界又建立在了人类的"理性"基础之上，所以人类的理性获得了肯定，感性却遭到了拒绝。自然、社会、人文等各种科学，功利主义道德、市场经济制度、民主政治制度等理性成果构成了生活世界的支柱，艺术作为一种非理性活动被排除在现代生活世界的边缘。西方对艺术曾经有两种不同的认识：一是把艺术家看作不正常的人，甚至是"疯子"、精神病患者，把艺术活动看作对现有秩序的破坏；二是把艺术家看作"天才"，把艺术活动看作一种非同寻常的甚至神圣的感性自由活动，因维护艺术世界的自主权利而拒绝生活世界的干预。这两种认识都导致了艺术世界与生活世界的分离，而现代民主政治又为这种分离提供了反抗和脱离理性化的生活世界的政治权利和制度保障，比如信仰与言论自由。到了19世纪的唯美主义，这种分离表现得更为极端。王尔德甚至认为不能从艺术作品的内容是否产生善恶的道德后果来判断艺术作品的好坏，评价艺术的标准只能是形式技巧而非内容。也就是说，艺术的目的不是以内容来促进善而是以技巧来生产美，对艺术来说，无所谓道德与不道德，对艺术家来说，他不对内容的善恶承担道德责任，只对形式的美丑承担美学责任。在此意义上，艺术家可以不受生活世界的道德法律约束，他有权利生活在善恶之彼岸。此外，现代社会中的艺术与生活的对立不仅仅表现在王尔德所谓的艺术形式与内容的分离上，还表现在感性与理性的冲突上。丹尼尔·贝尔在分析现代生活世界的分裂时说现代人在白天是"清教徒"，晚上是"花花公子";白天在工作中严守理性化的工作伦理和社会秩序,晚上在休闲中放纵自己而醉生梦死。现代生活世界这种白天与夜晚、工作与休闲的对立也就是理性化生活与感性化艺术的对立。

在现代西方,随着艺术自律意识的加强,开始追求一种所谓"纯粹"的艺术,艺术和生活的距离越来越远。随着"审美无功利"和"纯粹美"的强调,美学也逐渐远离了生活,走向了"艺术中心论",审美基本上等同于艺术,美学就是艺术哲学,艺术成了审美的代名词。但是这种理性与感性的分离终归不能成为人类存在的常态,它也不是人类存在的理想状态,所以从逻辑上看审美和艺术最终必然会走向生活,而且当前生活美学的发展也已经证明了这一点。当代西方美学和艺术意识到艺术与生活、感性与理性分离的弊端,开始尝试着使审美与艺术向生活回归,如所谓的现成品艺术、行为艺术、装置艺术等前卫艺术实验。但是这种"艺术走向生活"仍只是一种观念、一种理想,这些所谓的现成品艺术、行为艺术、装置艺术等也只是前卫艺术家在艺术领域内的试验,它们还是少数人定义、命名特权的体现,在大众现实的审美实践中它们并不是审美对象,当前艺术走向生活的理念到艺术真正地融入大众的现实生活实践还有一段距离。

(二) 中国古典美学中审美与生活的统一

生活审美传统在中国古典美学中历史悠久,并且贯穿于整个中国古典美学时期。儒家对"暮春者,春服既成,冠者五六人,童子六七人,浴乎沂,风乎舞雩,咏而归"的现世生活之乐的赞美,道家从"庖丁解牛"的日常生活中体验到的自由,都是生活审美的体现。生活、审美一体化在一些文人士大夫的日常生活中也得到了很好的体现,他们通过审美和艺术来修身养性、陶冶情操,琴棋书画、饮酒品茗是他们的生活方式。虽然中国古典美学对艺术审美也有所侧重,但是此艺术审美也是侧重表现生活的,因为中国的文学艺术传统强调的"独抒性情"抒发的是对现实生活的感受之情,"文以载道"所载之"道"也是现实生活之"道",所以在中国古典美学中,审美不仅仅存在于艺术中,而是艺术也在表现生活。除用艺术表现生活之外,中国古代还非常重视直接对生活的审美。人类对内认识自身,对外认识世界,两个维度同时展开,人们的审美对象也在这两个维度出现,中国古代对生活的审美主要表现在生活主体、生活对象与生活环境三个方面。

首先，中国古代存在着悠久的生活主体审美传统。考古发现，三四万年前就已经出现了装饰品，大汶口文化时期，装饰品就已经极为丰富了，不但种类齐全，而且样式繁多。这就表明此时已经有了对生活主体的审美，如果没有对生活主体的审美，人们就不会用各种各样的装饰品来美化自己。在文学艺术中，我国第一部诗歌总集《诗经》里就有了大量对人物的刻画，《诗经》中的女性形象有的大胆率直，有的娇羞矜持，有的热情似火，有的温婉含蓄，令君子"寤寐求之"的"窈窕淑女"更是兼具内外之美。李中建以《诗经·国风》为例"探求西周初到春秋中叶这四百年时间里对女性的审美标准"，他认为这段时期女性审美的标准有三点：形体美、品德美和神韵美。[①] 形体美指女性的外在美，品德美指女性的内在美，而神韵美则是由内而外并超越于外的气质美。从大的方面看，女性审美标准发展到现在也没有超出这三个方面。《诗经》中不仅刻画了性格鲜明、多姿多彩的女性形象，而且也描绘了大量雄健、威武的男性形象，如"羔裘豹饰，孔武有力"（《郑风·羔裘》）的英雄气概，"硕人俣俣，公庭万舞"（《邶风·简兮》）的雄健体魄等。南朝刘义庆的《世说新语》更是记录了魏晋时期的各种人物，有男有女。《世说新语》中载有许多具有"林下风气"的女子，如谢道蕴，还特辟《贤媛》一门加以记叙，有知识阶层也有武夫、仆从等非知识阶层，有达官显贵也有名人雅士，甚至还有一些僧人。[②]《世说新语》可以说是当时社会上各种人物的肖像画，如果没有生活中对主体自身的关注，就不可能有《世说新语》对各类人物淋漓尽致的表现。

在绘画领域，中国历史上人物画的产生也早于其他画科。据《孔子家语》记载，周代就出现了劝善戒恶的历史人物壁画。战国秦汉时以历史现实或神话中人物故事和人物活动为题材的各种帛画、壁画、画像砖石作品大量涌现。魏晋隋唐更是中国人物画重要发展时期。五代两宋也是中国人物画深入发展的时期，随着宫廷画院的兴办，工笔重彩着色人

---

① 参见李中建《论〈诗经·国风〉中的女性美》，《时代文学》2010 年第 2 期。

② 参见李修建《〈世说新语〉与魏晋士人形象》，《保定师范专科学校学报》2007 年第 1 期。

物画更趋精美。宋代以后，仕女画、高士画大量出现。元明清以来，虽有较多的文人画家转而致力于山水画与花鸟画，但接触民生、关心国事、接受了具有萌芽状态反封建意识的文人或职业画家仍不乏人物画的优秀创作。明末的陈洪绶、清末的任伯年便是杰出代表。

不论是文学作品还是绘画艺术中都有大量性格鲜明的人物形象，这些形象正是现实生活中对主体审美、关注的结果，是生活中主体形象集中、典型的表现，没有生活中丰富发达的生活主体的审美，就不会有艺术中鲜明、生动的人物形象。与西方生活传统强调对个体的关注相反，中国生活传统中更强调群体，所以中国人特别看重社会的和谐、人与人之间的相互同情与关爱，主体之间有一种特别强烈的相互依恋心理。中国人往往把父母子女、兄弟姐妹亲情、夫妇情爱、君臣之义、朋友之谊视为现世之乐、人生幸福的重要部分。为此中国古代有着发达的礼仪制度，早在西周初年周公制礼作乐，中国人就制定出一套上自中央政府与地方诸侯国之关系、下至百姓婚丧嫁娶的社会秩序规则，而且这些礼仪、规则已经积淀、内化为人们第一性的人生观和价值标准，成为一种全民集体无意识，体现在人们日常生活的方方面面。中国古代主体审美不仅关注个体的外貌、德行和气质，而且注重个体之间的情、义，为人子尽孝、为人臣尽忠、为朋友两肋插刀的感人故事自古在人们的日常生活中口口相传、代代相传，甚至出现在小说、绘画等艺术作品中，成为人们赞美的楷模、学习的榜样，所以中国古代历史上从不缺乏对生活主体的关注和审美。

其次，中国古代存在着深厚久远的环境审美传统。中华民族是农耕文明，为了生存需要，我们的先民们不得不密切关注他们所生活的环境，所以中华民族自古就有"天人合一"的哲学理念。中华民族早期文化经典《易经》就是"仰观""俯察"自然界的结果，它用八种自然现象即"八卦"概括整个自然界，其六十四卦也是对自然现象的描述。随着对自然环境的关注，逐渐产生了对自然环境的审美。中国最早的诗歌总集《诗经》所涉及自然现象的范围也极为广泛，孔子认为读它可以"多识于鸟兽草木之名"（《论语·阳货》）。《庄子》中也包含大量的自然审美现象。由魏晋开始的山水田园诗、山水画以及后代的园林景观等都是古典美学发达的自然环境审美传统的表现和延续。

最后，中国古典美学中也有着深厚的对象审美传统。中国人不太重视来生，只关注当下。人生只有一次，尽可能把握现世生活的幸福、美好。如孔子所说："未知生，焉知死？"（《论语·先进第十一》）我们尚且不能知道怎样才能好好地活着，死了之后的事情就更不用去管它了。梁漱溟先生在《东西文化及其哲学》一书中也说道："生"是儒家的核心观念，"孔家没有别的，就是要顺著自然道理，顶活泼顶流畅的生活"。正是在这种"重生"思想的指导下，中国人对生活中的衣、食、住、行等对象从满足实用需求不断地上升到实用与审美兼顾，甚至为了美的追求而抛弃实用，这也就是墨子所说的"食必常饱，然后求美；衣必常暖，然后求丽；居必常安，然后求乐"（《墨子·佚文》）。对对象的审美广泛渗透于古代中国百姓的日常生活之中。中国人习惯于美化日常生活，于日用饮食中讲究审美情趣，故而各种民间工艺特为发达，诸如讲究色、香、味俱全的饮食文化，家居与山水之乐兼顾的园林建筑，琳琅精致的瓷器与家具等。再次反思这一审美传统也可以为当今日常生活审美化的健康发展提供借鉴。

20 世纪后半期中国现代美学的发展出现了重大变化。中国美学研究由五六十年代、70 年代末 80 年代初的两次"美学热"到 80 年代之后的"门前冷落车马稀"，美学的辉煌一去不复返，但是审美实践却在人们的日常生活中如火如荼地发生着，并有愈演愈烈之势，美学研究和审美实践出现了严重脱节。20 世纪末期中国美学由于受西方美学的影响，表现出了与西方现代美学类似的特点，即审美与现实生活的脱离。中国现代美学研究与大众现实审美活动相脱离的表现主要有两点：一是"艺术中心论"；二是"理论美学"。所谓"艺术中心论"，就是美学研究只是"艺术哲学"，把美学研究对象局限于艺术。所谓"理论美学"，是指美学家只在文献资料中讨生活，他们满足于根据已有的理论提出新的理论，满足于在逻辑自足中建立各种理论体系，美学家的眼光始终只盯着书本，思想神游于观念王国。"艺术中心论"和"理论美学"大大遮蔽了研究者的视线，使得美学研究畸形发展。

由上述可知，审美与生活既有统一也有分离，那么审美与生活到底是什么关系呢？此问题实质上包含三个小问题：何谓审美、何谓生活、审美与生活之关系。何谓审美？简言之，审美是一种对待生活、对待外部世界或自身的愉悦的情感态度、情感反应或体验。朱光潜曾经以对比不同的人对待同一棵松树的不同态度来说明审美态度与其他态度的不同。他说:"假如你是一位木商,我是一位植物学家,另外一位朋友是画家,三人同时来看一棵古松。我们三人可以说同时都知觉到这一棵树,可是三人所知觉到的却是三种不同的东西。你脱离不了你的木商的心习,你所知觉到的只是一棵做某事用值几多钱的木料。我也脱离不了我的植物学家的心习,我所知觉到的只是一棵叶为针状、果为球形、四季常青的显花植物。而画家什么事也不管,只管审美,他所知觉到的只是一棵苍翠劲拔的古树。我们三人的反应也不一致。你心里盘算它是宜于架屋或制器,思量怎样去买它,砍它,运它。我把它归到某类某科里去,注意它和其他松树的差别,思量它如何活的这样老。我们的朋友却不是这样东想西想,他只是在聚精会神地观赏它的苍翠的颜色,它的盘曲如龙蛇的线纹以及它的昂然高举、不受屈挠的气概。"① 于此植物学家采取的是科学认知的态度,木材商人是以实用的态度,而画家则是以审美的态度,注重的是物与人审美关系以及外物对人的情感作用。画家不去考虑松树的科属、种类、特性,不用去衡量松树木材的价值,只是由松树挺拔的躯干、青翠茂盛的枝叶而感知到它坚强不屈、奋发向上的生命力,从而心生爱慕、赞叹,这就是对松树的情感反应或体验,这就是审美的态度。

另外审美还是一种能力,是发现、感知、欣赏美,甚至创造美的能力,只有同时具备了审美态度和审美能力,审美活动才能得以实现。何谓生活呢?从生活存在状态来说,有现实生活和理想生活之分,现实生活就是人们生活的现实存在状态,理想生活就是人们在现实生活基础上所想象出来的未来生活状态,人们通过实践不断地把理想生活变为现实生活,又在现实生活的基础上不断地创造出新的理想生活。现实生活有美的生活,也有不美的生活,人类的目标就是使生活从不美到美,理想生活则是美的生活。众所周知,原始巫术对艺术起源有重要影响。原始人为了猎取动物,开始打猎之前会在岩石上画上要猎取的动物图像,进行一些巫术仪式活动,这就产生了最初的岩画,如法国史前考古学家安

---

① 《朱光潜美学文集》第 1 卷,上海文艺出版社 1982 年版,第 448—449 页。

德列·勒鲁瓦－古昂所说："伤口的描绘是有关巫术的重要证据，在动物形象上画上伤口，以确保狩猎成功。"① 北美印第安人在捕杀野牛前先要跳野牛舞，进行演习，独龙族男子在进行狩猎前，也要举行一种射击预演，这就产生了最早的舞蹈，通过这些绘画和舞蹈，表达了他们渴望成功猎获动物的美好愿望，而且他们的巫术思维使他们相信通过这些岩画和舞蹈及仪式活动，他们的美好愿望必定能变成现实。艺术的起源和作用有多种，但是表达美好的生活愿望应是其中重要的一种。审美活动可以使异化、不自由、被动的生活变为正常、自由、主动的生活，使异化的人变为自由、自觉、全面发展的人，从而使不美的生活变为美的生活，使非审美的人变为审美的人。从审美活动的发生来看，审美源于生活，但是审美又不是完全等同于生活，这就决定着审美与生活应保持一种"不即不离"的关系，审美与生活完全统一或者审美与生活完全脱离都不是理想状态；从审美活动的作用看，生活需要审美，审美可以使生活变得更美，可以使人体验更多的现世生活之幸福。

三　何谓生活审美

前面论述了何谓生活、审美与生活的关系，那么什么是生活审美呢？对生活审美的理解有两个角度：生活角度与美学角度。从生活角度看，生活审美就是审美地生活的一种生活态度、一种生活方式；从美学角度看，生活审美就是生活为美学研究提供一个新的研究视角与研究领域。

（一）生活审美——一种生活态度和生活方式

孔子的"不知生，焉知死"表明我们应该首先关注人们当下的现实生活，因为我们毕竟是生活在当下，所以关注人们的现实生活也应是一切人文学科应尽的义务。从当前面临众多社会问题的现实出发，也需要人文工作者对人们的现实生活作出反思。如赵连君所说："从当代许多西方哲学家、思想家所关注的问题看，他们认为当代人的生存矛盾已经主要不是剥削、贫困等方面的问题（当然这些问题仍然存在），而主要是在自己所创造的世界面前主体迷失的问题，即人通过实践或劳动所创造的

---

① ［法］安德列·勒鲁瓦－古昂：《史前宗教》，俞灏敏译，上海文艺出版社1990 年版，第 11 页。

对象化成果越多、越丰富，却越不知道自己在干什么。……人们虽然都在辛勤工作，但并不知道自己的生活目标是什么，不知道为何而生活，更不清楚当下的生活性质和意义，即'存在的忘却'（实际上是存在意义的忘却）。"① 人们现在面临的普遍问题是物质生活丰富了，精神生活却贫乏了，精神缺失、无意义是很多人对自己生活状态的描述。令人欣慰的是，人文学科已经意识到了这个问题，现代哲学研究的主题已经出现了向生活世界回归的趋势。中国美学史上，王国维和蔡元培曾多次提到"以美育代宗教"，虽然有人对此提出质疑，但是美学和艺术对人精神的影响之深、之远、之速却是显而易见的，因此关注现实生活自然也是美学责无旁贷的义务。薛富兴也从学术使命的高度论证了学术关注现实的必要性和合理性，他说："任何一种专门之学，从最终目的上说，均当有益于现实人生，而且当最大限度地有益于人生。……因此，每一种学术均有其'术'的方面，而且，从社会公众的立场看，讲究实际运用的'术'当是第一性价值，是其存在合理性的根本理由。"② 因此在美学理论上提出生活审美，旨在使这种理论回到现实生活，指导人们的现实生活实践，使人们更好地认识、体验现实生活中的美，更多地创造生活中的美。所以从生活实践方面看，生活审美首先是提倡一种生活态度、生活方式，它是对生活所持的一种审美的心态，它提倡人们以审美的方式生活于世，这是生活中进行审美欣赏与审美创造的基础。

生活主体不能选择生活的客观环境，但是可以选择对待生活的态度：他可以积极乐观地生活在这个世界上，也可以消极悲观地生活；他可以快乐地活着，也可以痛苦地活着；他可以物质地生活，也可以审美地生活。一个人面对生活的态度决定着他的人生将会达到的高度。袁济喜有个题为《国学与人生境界》的讲座谈国学对人生境界的理解，他从四个方面阐述了人生境界的内涵：一是关于人格的学说，中国人自古至今较多地从道德的层面上去看待人格现象；二是指心灵境界，心灵境界是人格境界的底蕴，没有心灵的真善美，自然也就谈不上人格境界的高尚；

---

① 赵连君：《生活境界研究》，吉林人民出版社 2007 年版，第 4—5 页。
② 薛富兴：《生活美学——一种立足于大众文化立场的现实主义思考》，《文艺研究》2003 年第 3 期。

三是指胸襟器度，古人常用"胸次""胸怀""怀抱"来形容之，认为是一个人的道德层次与人生修养的显现；四是指人生品味与趣味。① 此人生境界的四个方面中有三个方面都和道德、善相关。冯友兰把人生境界分为四个品位：自然境界、功利境界、道德境界和天地境界。叶朗对此作了进一步解释："最高的境界是天地境界，处在这种境界的人，一切行为的目的都是侍天，因为他有一种最高的觉解：人不但是社会的一部分，而且是宇宙的一部分，因此，人不但应对社会有贡献，也应对宇宙有贡献。"②

　　冯友兰的四种境界归根结底也是一个道德问题，处在自然境界的人是一种近似于动物的无意识的本能生活；处在功利境界的人完全为了一己之私，这显然是不道德的；处在道德境界的人不是为了一己之私，而是为了社会之公；若能更进一步，施行道德的范围超出社会、超出人类达到整个宇宙，那么也就达到了冯先生所说的天地境界。从古到今对人生境界的理解都和道德修养密切相关，有较高的道德修养就会有较高的人生境界。而道德修养的高低归根结底又与物质名利之心休戚相关，一个人如果能摆脱个人得失荣辱，他就能处处为别人着想、为社会着想、为人类着想，甚至为整个宇宙着想，他也就具有了较高的道德修养、人生境界。同时，摆脱功利心态也是审美发生的心理基础，审美人生与较高的道德修养、人生境界在这一点上达成了一致。精神境界与审美人生互相影响，正如叶朗所说："一个人有什么样的人生境界，就有什么样的人生态度和人生追求，或者说具有什么样的深层心态和风格。一个有最高人生境界的人（天地境界）必然追求审美的人生。反过来，如果一个人在自己的生活实践中能够有意识地追求审美的人生，那么，他同时也在向最高的层面提升自己的人生境界。"③ 一个人具有了较高的人生境界，他就不会在生活中斤斤计较个人得失，而是用一种积极乐观审美的态度

　　① 参见袁济喜《国学与人生境界》（http：//www.china.com.cn/book/txt/2009 - 06/29/content_ 18031949_ 2. htm）。

　　② 叶朗：《精神境界与审美人生》（http：//www.chinadaily.com.cn/hqpl/yssp/ 2010 - 07 - 06/content_ 540380. html）。

　　③ 同上。

面对生活，"不以物喜，不以己悲"；同时，一个人如果能用一种审美的心态看待生活，那么他也不会计较一时的兴衰荣辱，凡事能从大局出发，具有较高的道德修养，达到较高的人生境界。庄子从宇宙整体出发，齐万物、同生死，所以庄子的人生既是道德的人生，也是审美的人生。

（二）生活审美——一个研究视角与研究领域

从美学研究的角度看，生活审美为美学研究提供了一个新的研究视角与研究领域。薛富兴认为，20 世纪后期的中国美学基本上是一种"理论美学"，认识论美学从唯物主义认识论立论，实践美学以历史唯物主义为基础，和谐美学志在阐释辩证法思想，后实践美学诸君亦各有其观念之命门：生存、生命或存在，这些美学家只在美学史思想资源中讨生活，他们满足于根据已有的理论提出新的理论，满足于在逻辑自足中建立各种理论体系，美学家的眼光始终只盯着书本，思想神游于观念王国，没有去关心比观念、逻辑更为根本、更为丰富生动的现实生活本身，没有去研究身边正在发生着的大众审美事实，美学家们均以独特观念与理论的逻辑自洽性沾沾自喜，旁观者却从这些各具特色的美学理论中难以见到同时期社会审美实践的具体情形。① 美学研究脱离了现实生活实际，不能充分发挥人文学科应有的学术价值和社会作用。生活审美为美学研究提供了一个新的视角，它改变了从观念、逻辑出发的研究做法，走向生活，立足于生活，从生活的角度研究现实生活中的审美活动，服务于人们的审美实践，为美学研究开拓了更广阔的研究领域，为美学研究提供了更坚实的现实根基，也更大地发挥了美学学科的现实作用。重提生活审美既是对现代美学"艺术中心论"的反驳，也是对中国传统生活美学的复归。在中国传统审美发展历史上，艺术审美与生活审美一直是并驾齐驱的。引入西方系统的美学理论之后，艺术美学就成了美学研究关注的重点，生活美学从未进入美学研究的领域。这种大众现实生活审美实践缺席的美学研究是不全面的、畸形的。

总之，从生活角度看生活审美就是提倡一种审美地生活之生活态度或生活方式。生活审美主要是生活主体从现实生活中所获得的一种满足

---

① 参见薛富兴《生活美学——一种立足于大众文化立场的现实主义思考》，《文艺研究》2003 年第 3 期。

感、享受感、一种精神愉悦，这种满足感、享受感是通过审美的生活态度或生活方式获得的，而生活审美的结果就是对人们现实生活的满足感和愉悦感。另外这种审美的生活态度也直接关系着人们的生活境界。以一种审美的态度对待生活，就能摆脱一己之私，就会具有较高的道德修养和人生境界，社会也将更加稳定和谐，人们的幸福指数也将大大提高。从美学角度看，生活审美为美学研究提供了一个新的研究视角与研究领域。美学研究不应只研究艺术审美，艺术只是众多生活内容中的一部分。除艺术外，人们还有更广阔的活动空间，还有丰富的活动内容。美学研究把生活审美纳入其中，就会极大地拓展美学研究领域。另外，生活审美不但拓展了美学研究领域，而且还强调生活视角，从人类生活的角度关注和把握丰富的生活审美研究对象，这种视角也可以使我们对于相同的研究对象产生一些新的认识。

第三节 选题意义与写作思路

一 选题理由与意义

由李渔研究现状综述可知，李渔研究资料看起来浩如烟海，但是这些研究多集中在李渔其人及其戏剧理论方面，从美学方面入手的并不多。在有限的美学研究中也是多集中在戏剧美学方面，这是从他的戏剧理论向戏剧美学的一个延伸，并没有做到真正从美学角度出发去审视李渔在中国美学史上的独特地位。在美学史上基本形成了一个思维定式，提到李渔，首先就会想到他的戏剧美学，其次是他的园林美学、家居美学、女性审美、饮食审美等。不论是从李渔整个美学思想本身的横向来看，还是从中国美学史，或具体的戏剧美学史、园林美学史的纵向来看，这种认识都是值得推敲的，因此李渔美学思想还有更进一步研究的必要。

在李渔美学研究中，已经有人认识到李渔生活审美的价值，但是李渔生活审美研究还存在一些不足：第一，概念使用模糊及由此导致的研究不规范、多重复雷同研究；第二，对李渔的生活审美思想研究不深入、不系统，多停留在浅层的文本表面，没有看到各部分之间的相互联系；第三，没有充分认识李渔生活审美研究的重要现实意义与理论意义，因此继续研究李渔生活审美思想还是很有必要的。

李渔生活审美思想研究之重要意义有二：一是李渔生活审美研究可以重估李渔在中国古典美学史上的独特价值。李渔最先在戏剧理论方面为学界所认识。由于艺术一直是美学研究的重心，美学界对他的研究最早、也是最多地集中在戏剧方面。戏剧美学是李渔美学的重点，甚至是李渔美学的全部，这几乎成了美学界约定俗成的认识。但是早在 1997 年也有人对此提出异议，"《闲情偶寄》共八部，计 234 小题。原分十六卷，后并为六卷。其中，词曲部、演习部共 53 款，占总款数的 21%。从数量上说，把它作为《闲情偶寄》的全部或重头部分显然不合适。从质量上说，这两个部分与其他部分也难分轩轾。李渔自己所看重的部分正是'声容'以后诸部。只是从戏曲研究的角度来说，这两部分才较其他部分更有意义罢了。"① 也就是说只有从戏曲研究的角度看，他的戏曲理论才比其他部分更有意义，显然把戏曲美学看成李渔美学的重点甚至是全部的做法是不妥的。同时他还认为，《闲情偶寄》的所有这些部分，很难讲孰轻孰重，它是李渔以自我为圆心，根据自己的生活轨迹画出的一个美满的圆：位居这个圆圈中心的，是一个相当有艺术修养和审美眼光的风雅之士，他住的是雅室精舍，吃的是美味珍馐，赏的是仙音妙曲，看的是绿肥红瘦，偎的是红巾翠袖，他所要做的唯一一件事，就是尽可能地颐养天年。② 既然圆上各点没有轻重、主次之分，立足于艺术审美、片面抬高他的戏剧美学就是对李渔美学思想的误解。但是王意如与众不同的声音并没有引起学界的重视。虽然李渔继承和发展了前人的戏剧理论，在戏剧美学方面也做出了很大贡献，但是我们不能"一叶障目，不见泰山"，戏剧美学不是他美学思想的重点，更不是他美学思想的全部。这就需要我们超越李渔的戏剧美学从整体上把握李渔美学思想，对李渔美学思想作出更恰当的评价。

二是李渔生活审美研究可以为当代日常生活审美化的健康发展、为人们生活审美能力的提高提供借鉴。当前日常生活的审美化还是浅表的

---

① 王意如：《生活美的审视和构建——论李渔〈闲情偶寄〉中的审美理论》，《西藏民族学院学报》（社会科学版）1997 年第 8 期。

② 同上。

审美化，是物质的审美化。只有人的审美能力也随之得到相应的提高，这样的审美化才是健康的审美化，也才是真正的审美化。李渔的人人可以审美的审美主体观、时时事事处处可以审美的审美对象观、实用与审美结合、自然与创新统一等的辩证审美观等思想对于提高我们的审美能力都是值得借鉴的。

二 写作思路

此书旨在使李渔生活审美研究更加系统化与深入化。其一，系统化。此书首先按照逻辑顺序把李渔生活审美一分为二——生活审美实践与生活审美观念，然后又以生活三要素——生活主体、生活环境和生活对象为依据，把李渔生活审美实践整合为主体审美、环境审美和对象审美。在李渔生活审美实践研究基础上，此书把李渔生活审美观念整合为生活审美主体观、生活审美对象观和辩证审美观。这样的整合可以使人们从全局、整体上把握李渔美学思想、李渔生活审美思想。其二，深入化。此书的深入化主要表现在对李渔生活审美研究意义的揭示上，李渔生活审美研究具有重要的现实意义。与李渔生活的明末清初相比，当代也是个生活审美大发展的时代，"日常生活审美化"已是一个普遍存在的现象。我们对之不能简单地一概否定，也不能不加分析地全面肯定。"日常生活审美化"使我们身体变得更美，使我们的生活环境更漂亮，同时"日常生活审美化"也存在着表层审美化的问题，而李渔的生活审美思想正是我们可资借鉴的宝贵经验。与当代生活审美实践相结合，发掘其现实意义，使李渔生活审美研究走向深入。

此书对李渔生活审美进行研究首先要面临一个对象选择的问题，即以李渔为研究对象，还是以《闲情偶寄》为研究对象。如果以李渔为对象，那么李渔的所有文本、有关李渔的所有传记材料、时人和后人对他的评价等所有和李渔有直接或间接关系的材料都应在研究范围之内，对笔者来说，在占有材料的全面性和对材料的控制力方面都有一定的难度。同时，《闲情偶寄》也集中地表现了李渔的生活审美实践及生活审美观念，再加上《李渔全集》中的《笠翁一家言诗词集》《笠翁一家言文集》等的相关内容，通过这"一斑"足以窥李渔生活审美之"全豹"，所以本文以《闲情偶寄》为主要文本，以李渔其他相关作品作补充，来研究李渔的生活审美思想。

　　具体思路如下，以《闲情偶寄》为主要研究对象，参考《李渔全集》中的相关文本，广泛收集李渔研究资料，采用生活审美实践与生活审美观念、文本分析与理论概括相结合的研究方法。全书主体有三部分：首先是李渔生活审美实践。李渔生活审美实践是从李渔的生活出发，考察李渔生活审美活动呈现出来的状况。李渔的生活审美发生在现实生活中，以构成生活的三要素——生活主体、生活环境、生活对象为依据，把李渔生活审美条理化为主体审美、环境审美与对象审美，然后分别阐述李渔在生活中是怎样对它们进行审美的。其次是李渔生活审美观念。在李渔生活审美实践的基础上，对李渔生活审美实践中所蕴含的生活审美思想进行提炼、概括，得出李渔生活审美观念。李渔对生活审美发生条件的认识及他的辩证审美观都很值得借鉴。最后是李渔生活审美意义。李渔生活审美具有重要的现实意义与理论意义。李渔生活审美，尤其是他的生活审美观念，对当代大众生活审美实践具有重要的启发和借鉴意义。李渔生活审美也启示我们，当代美学应该走出艺术审美，走向生活审美，走出观念研究，走向实证研究。

第二章

李渔生活审美领域

　　从理论上说，广义的生活审美包括自然审美、工艺审美、艺术审美和生活审美四种审美形态，狭义的生活审美是指对人与人之间在生活中基于血缘、性别、同学、同事等关系所形成的亲情、爱情、友情，和出于人道主义、公德心等所形成的互爱互助、融洽和谐之情的审美。在生活审美视角下，不论是自然审美、工艺审美、艺术审美，还是狭义的生活审美，都是从生活出发、立足于生活、以生活为归宿的审美。此书所论李渔生活审美问题，不包括他的戏曲审美，因为从生活审美角度看，戏曲可以作为日常生活中的休闲活动来理解，也可以作为戏曲艺术来看待。作为休闲娱乐的戏剧和作为艺术的戏剧既有联系也有区别，如果谈论戏剧将会涉及作为休闲娱乐的戏剧、作为艺术的戏剧、艺术、生活、审美等之间错综复杂的关系，要想说清楚这些问题，是需要一些笔墨的。因此笔者避开他的戏曲审美：一是去繁就简；二是这些内容需要专门论述。如果用大量篇幅在此说明之，将会影响整个论文的结构布局；另外，李渔的戏剧理论也是李渔各类问题中研究最多、最深入透彻的，这一问题不是本书要解决的主要问题，所以笔者避开其戏曲审美。

　　薛富兴认为："在生活与审美中，既然生活是主体，审美乃生活之一部分，它就是对生活的再体验，因此，我们似乎没有必要于生活之外再立标准，提出美学自身对于生活的划分标准，而可即依现实生活经验的原形态去审美。据此，我们似可将生活美学研究的领域分为'自我之域'（个体美）、'对象之域'（工艺美）、'人际之域'（人情美）和'环境之域'（环境美）四个方面。"① 参照薛富兴的划分标准，结合李渔生活审美的实际，笔者把李渔生活审美存在领域也划分为生活主体审美、生活环境审美与生活对象审美三个部分。《闲情偶寄》包括词曲、演习、声容、居室、器玩、饮馔、种植、颐养八部。词曲和演习主要论述戏曲制作和表演，属于戏曲美学。声容部主要论述演员的服饰、装扮等，这既适用于演员，也适用于日常生活中的女性装扮，可归于生活审美。声容部所论外在美、内在美等是女性美的创造与欣赏，颐养部所谈"行乐"与"止忧"主要阐述如何使主体保持良好的精神状态，由内而外呈现出健康、乐观、自信之美，此部分关乎主体之美的培育，因此声容部和颐养部都是对主体之美的欣赏和创造，可归为主体审美。其居室部所论之房舍修建为主体提供居住、生活空间，山石布置、植物栽培等则为主体居住、生活提供一个优美的环境，它们共同组成主体的居住、生活环境，可归为环境审美。器玩部谈论主体生活所用之对象，饮馔部谈论主体生活所食之食物，它们共同为主体提供维持生命、活动之必需对象，它们可归于对象审美。

第一节　生活主体审美——声容部、颐养部

生活主体是指生活的实施者、执行者，也即是指人。主体审美就是对生活中的人的审美。李渔对主体审美的看法主要由"声容部"和"颐养部"来体现，另《笠翁一家言诗词集》中一些赠友人的诗，也反映了他的主体审美观。"声容部"阐述了他的女性审美观，赠友人诗反映了他的男性审美观，"颐养部"则讨论了主体审美之培育。他的主体审美是比较全面的，包括外在美和内在美，在对外在美和内在美的重视程度上，又男女有别。此外，他还非常注重主体之美的培育，注重养生，主张从生理和心理两个方面锻炼身体、颐养性情、内外兼修，重视由内而外自然呈现的气质美。

学界对李渔的主体审美只注意到其中的女性审美部分。最早关注到

---

① 薛富兴：《"生活美学"面临的问题与挑战》，《艺术评论》2010 年第 10 期。

李渔女性审美思想的是杜书瀛，其他虽有提及，均未见详论。1991 年第 3 期《文艺研究》上发表了朱信的《人体形态美学刍议》，文中论及人类历史上关于人体形态美的理论思想时，对李渔给予高度评价，说："李渔《闲情偶寄》中的情态之论，始开动中识美之先声"，可惜只此一句。1995 年罗筱筱的《审美应用学》中，以较多篇幅论及李渔服饰美学的许多重要思想，认为《闲情偶寄·声容部》中的"治服"篇，"是一篇高水平的服饰美学的文章"，并较详细地介绍了李渔的精彩观点，杜书瀛认为这是迄今为止论述李渔服饰美学思想较详的一本著作，但不是专门研究李渔的著作，该书虽有"仪表美学"一章，也未对李渔大量谈及人的容貌、仪态的美学思想进行论述，在其他章节中也未见介绍。① 为此，他对李渔女性审美进行了系统探讨，提出建立仪容美学，还给仪容美学下了明确定义，"仪容，指人的仪表、容貌；所谓仪容美学，简单地说也就是研究人的仪表、容貌的美学规律的一个学科"，他还谈到了仪容美的性质和特点：仪容美是自然美与社会美的统一，是内在心灵美与外在形态美的统一，是"美"（静态美）与"媚"（动态美）的统一，是局部美与整体美的统一，是自在美与修饰美的统一。② 从他对仪容美的定义可知，仪容指仪表、容貌，而他后文所谈"内在心灵美""动态美"显然不能包含在仪容美中，或者说用"仪容美"这个词来涵盖"内在心灵美""动态美"是不合适的。事实上我们谈到一个人的"仪容"，也不会有人把它和心灵联系在一起。另外杜书瀛仅从李渔的女性审美谈李渔的仪容美学，会使人误解李渔的仪容美学只是对女性容貌、装扮的审美，事实上这并不是李渔仪容美学的全部，他的《笠翁一家言诗词集》中也谈了很多对男性的看法，所以"仪容美学"这个概念不够恰当，为此本文采用"主体审美"这一说法。

其他探讨李渔女性话题的文章大致有两类：一是讨论他对女性的认识，二是讨论他对女性的审美。讨论他对女性认识又多是讨论他的女性观，也有讨论他的女性婚姻观。刘琴针对现代论者以养姬蓄婢、好声好

---

① 参见杜书瀛《李渔美学思想研究》，中国社会科学出版社 1998 年版，第 181 页。

② 参见杜书瀛《仪容美学》，《文艺研究》1991 年第 3 期。

色、放诞风流、腐化享乐责备李渔的做法从三个方面作了深刻的批评：
（1）文人蓄养艺伎之风从春秋战国开始就不绝如缕，明清时代蓄养家伎
用于自娱或应酬宾客更是包括读书人在内的人的普遍习俗，不当只拈出
李渔来苛责他"不讲读书人气节"；（2）艺伎是一个很特殊的社会阶层，
文人与艺伎的密切合作才造成了历代词曲、戏剧的繁荣，她们在文化史
上有重要作用；（3）在李渔好声好色、放浪风流的背后隐藏的是对封建
礼教、封建婚姻制度的反叛，对人性自由、男女平等的追求。① 王红梅认
为李渔是生活于明末清初这一特殊时期的具有一定反传统性的文人，其
男女"同情"、贞节随性、"才无牝牡"等妇女观，在一定程度上背离了
男尊女卑、从一而终、女子无才便是德等封建闺范，具有一定的进步意
义，但作为封建文人，其妇女观又有一定的矛盾性。② 其他还有雷晓彤的
《李渔的婚恋、女性观》③、司敬雪的《李渔的妇女观》④、王燕燕的《从
〈十种曲〉看李渔的女性观》⑤、黄果泉《李渔家庭戏班综论》⑥ 等基本都
表达了同样的意思，即李渔女性观的矛盾性，一方面肯定女性的智慧能
力，充满对女性的同情和理解，有时对女性充满真爱，一方面又有着把
女性作为玩物的封建士大夫思想。另外也有一部分文章谈论李渔的女性
美，金五德的《李渔论女性美》指出通过对选姿、修容、治服和习技的
论述，强调女性应具有体态、修饰的外在美和才情技艺的内在美，并提
出实现这二美的具体要求。⑦ 赵洪涛认为李渔对女性的审美观独树一帜，
一方面他主张女性应该注重外在的修饰，另一方面又把才艺的培养看作

---

① 参见刘琴《重评李渔的婚恋妇女观》，《重庆师院学报》（哲学社会科学版）
1996 年第 3 期。

② 参见王红梅《李渔的妇女观》，《首都师范大学学报》（社会科学版）2000 年
第 6 期。

③ 参见雷晓彤《李渔的婚恋、女性观》，《九江师专学报》（哲学社会科学版）
2001 年第 4 期。

④ 参见司敬雪《李渔的妇女观》，《大舞台》2003 年第 5 期。

⑤ 参见王燕燕《从〈十种曲〉看李渔的女性观》，硕士学位论文，华东师范大
学，2007 年。

⑥ 参见黄果泉《李渔家庭戏班综论》，《南开学报》（哲学社会科学版）2000 年
第 2 期。

⑦ 参见金五德《李渔论女性美》，《湖南涉外经济学院学报》2008 年第 4 期。

女性魅力的一个重要体现，这形成了李渔"秀外慧中"的女性审美观。[1]
杜书瀛认为李渔的女性审美观大胆地肯定了人体美的正当合理性，但同时
也透露出中西方关于人体审美观念的差别，在灵与肉的统一中，东方更重
精神，西方则更重肉体，但该著作中的审美观毕竟是封建男性文人对女性
的审美观念，其中不免流露出那个时代所特有的陋习恶趣，如对女子"三
寸金莲"的欣赏。[2] 杨岚也从姿容、媚态、服饰、才艺、教育五个方面谈论
了李渔的女性审美，她认为李渔的女性审美观是农耕文明基础上封建等级
文化的烂熟期的产物，散发出那个阶段特有的精致到病态，繁缛到腐朽的
气息。[3] 李渔的女性观是其女性审美观的基础，学界对其女性观研究较
多，对其女性审美观也有关注，但是研究还是零散的、平面化的。

一　生活主体之外在美

生活主体之外在美是审美主体通过眼睛可以直接观察领略到的生活
主体身材、容貌、装饰等外表的美，它包括人体美和妆饰美两方面。

人体美即是人体本身的美，它是指人身体的高矮胖瘦、人体各部分
的组合比例等构成的形式美。宋玉在《登徒子好色赋》中所刻画的"东
家之子"形象就是典型的人体美，"增之一分则太长，减之一分则太短；
著粉则太白，施朱则太赤；眉如翠羽，肌如白雪；腰如束素，齿如含
贝"，她不高不低、不太白也不太赤，各方面都恰到好处。现在所谓的
"九头身美女"，就是指头部的长度与身体的比例为一比九的美女。从人
体美学来讲，美感最强的比例是净身长在七点五到八个头之间，净身长
为七点五个头是好看的比例，而净身长八个头则是黄金比例，是最完美
的。古希腊伟大睿智的雕塑家早已发现"八"这个人体黄金比例数值，
并创造出许多惊艳之作。这些由人体本身的高低胖瘦、人体各部分组合
比例关系等所构成的女性曲线美、男性高大美等都是人体美。纯粹人体
美作为形式美属于自然美范畴，但是人们的审美意识、审美观总会受到

---

① 参见赵洪涛《"秀外慧中"：李渔的女性审美观》，《商业文化》2007年第9
期。

② 参见杜书瀛《〈闲情偶寄〉的女性审美观》，《思想战线》1999年第1期。

③ 参见杨岚《李渔对女性的审美》，《美与时代》（上半月）2010年第3期。

社会、政治、经济等因素的影响，人体以胖还是以瘦、以黑还是以白为美等人体审美观都会打上时代、民族、政治等的烙印。

妆饰美是指通过面部化妆、饰品修饰点缀、美发美甲及通过选择不同款式衣服来扬长避短等手段对人体修饰、美化所形成的美。人类审美意识起源的研究表明，人类审美意识很早就已经出现，人类对自身的审美与人类审美意识的起源几乎是同步的。人类开始用饰品、衣服来美化自己，在人类历史发展中具有重要意义，它意味着人类开始了对自己的反观，这也是人和动物的一个显著区别。日本的饭冢信雄甚至认为"人类的文化是和装饰同时开始的"，"人类是装饰的动物"。[①] 在距今 4 万年左右的宁夏灵武县水洞沟旧石器时代遗址中，发现了用鸵鸟蛋皮磨制的圆形穿孔饰物。欧洲在公元前 3 万年至 2.5 万年的奥瑞纳文化时期，也已经出现了用贝壳、鱼脊椎骨制成的装饰品。

大汶口文化时期，出土的装饰品质量更好，数量和种类也更多。以 1959 年在泰安大汶口发掘的大汶口文化墓葬为例，出土的装饰品就极为丰富。这些装饰品既有单个出土，也有成组、成串地出土。装饰品的质料有白色的大理石、翠绿色的玉石和松绿石以及骨料、象牙料制品等。出土的装饰品种类有象牙琮、象牙梳、束发器、笄、石环、头饰、颈饰、臂环、指环、象牙珠、象牙片、象牙管、石璜、长方石片、小石管、石珠、小石饼、长方骨板等，近二十种。这些装饰品有手饰、头饰、颈饰，还有臂饰和腰饰等。从墓葬出土装饰品的情况看，当时居民不仅女性注重装饰，男性也同样注重装饰；不仅大人墓有装饰品，儿童墓也有装饰品。由此可见装饰品的发达程度和普遍程度。也许此时审美意识尚未独立形成，但这些活动一定潜意识甚至无意识地遵循着"按照美的规律来建造"的规律，在这些潜意识或者是无意识的活动中一定蕴含着审美因素的萌芽。这说明人类对自我的反观，人类对自身的注视和审美在很早就已经开始。张佐邦更是认为："原始人类的审美意识潜伏于高等动物（人猿）的种族进化遗传之中，发端于原始人类时空观念的形成和对自然环境美的感知体验，表显于第一件石器工具（也是第一件艺术作品）的

---

① [日] 饭冢信雄：《装饰品的历史》，卢鼎珏译，《文化译丛》1992 年第 1 期。

制作，生成于自然环境、图腾崇拜、宗教巫术、神话传说等后天自然环境和社会文化的影响之中。"①

对人类自身的审美关注，从人类审美意识产生之日起就已经开始，甚至更早，因为此前就有了无意识或者潜意识的审美萌芽。而且此后人类对自身的审美关注也从未间断过，有很多考古资料和文字资料为证。《诗经》中既有"窈窕淑女"，也有"振振君子"；《楚辞》中既有"既含睇兮又宜笑""被薜荔兮带女萝"的山鬼，也有"高余冠之岌岌兮，长余佩之陆离"的屈原。魏晋年间，人物品评更是蔚然成风，南朝刘义庆的《世说新语》便是典型。虽然人们对自身的审美观照从没有停止过，但是有意识地对之作出理论反思还是非常欠缺的。正如杜书瀛所说，在李渔之前虽然人们对仪容美已有相当深入的理性思考和论述，提出了许多重要的理论观点，成为我国古典美学思想中一个宝贵的组成因子，但是从整体上看却都是只言片语、散金碎玉，而且多是在论述别的美学问题时，顺便提及仪容美的某些方面，还有一部分只是完全无意识地涉及仪容审美问题，还没有像李渔在《闲情偶寄》中这样，花费如此大的篇幅，集中地、专门地对仪容美的一系列重要问题进行理论阐发，更没有李渔论述得这样深入、系统，甚至在李渔之后的数百年间，也很少有人像李渔那样致力于仪容美的研究，写出专著或者论文，大多仍是只言片语②。

李渔的主体审美主要通过《声容部》来体现，《声容部》体现了李渔对女性的审美。有人认为李渔所论女性审美主要是为导演选演员或有闲阶级选小妾服务的，这样说虽然也有一定道理，但是李渔女性审美观还是很有特点和代表性的，因此也是值得研究的。李渔首先从人性论的高度肯定了爱好美色的合理性，他引用先贤经典论述"食色性也"③，"不知子都之姣者，无目者也"④，自古而然，"性所原有，不能强之使无

---

① 张佐邦：《原始人类审美意识生成的历史上限及其影响因素》，《贵州社会科学》2010 年第 4 期。

② 参见杜书瀛《李渔美学思想研究》，中国社会科学出版社 1998 年版，第 184 页。

③ （清）李渔：《闲情偶寄》，浙江古籍出版社 1985 年版，第 100 页。

④ 同上。

耳"①，甚至连王道都要"本乎人情"，任何时候都要正视人类的这一本性。在此基础上，李渔发表了他对女性审美的看法。首先，人体美是基础。在《声容部》中李渔谈了"选姿""修容""治服""习技"四个方面，并明确表示"选姿第一"。"选姿"就是在众多女性中选择本身条件、天然条件较好的女性，在此基础上才能更进一步进行"修容""治服""习技"等工作，如果没有好的基础条件，一切后续工作都是徒劳，这就强调了人体美与妆饰美的关系及人体美的基础作用。

人体美的欣赏包括肌肤、眉眼、手足三个部分。第一，肌肤要白皙。李渔认为"妇人妖媚多端，毕竟以色为主"②，"妇人本质，惟白最难"③。他认为美女的第一个条件就是要皮肤白皙。李渔之所以把皮肤白皙作为第一条件，有两个原因，其一，《诗》不云乎"素以为绚兮"？"绘事后素"，白色的底子才能画出最美的花。从色彩搭配学上看，白色是最容易和其他各种颜色相搭配的，所以白皙的肌肤才能浓妆淡抹总相宜。其二，"妇人本质，惟白最难"。俗话说"难能可贵""物以稀为贵"，事情往往因为"难能"而"可贵"，因为稀少而可贵，既然皮肤白皙的妇人很少，皮肤想要变白又十分困难，那么皮肤白皙也就因可贵而好看了。且不管李渔的认识是对还是错，但是对妇人以白为美的观点却是长盛不衰，从古至今皆是如此。《诗经·硕人》就用"手如柔荑，肤如凝脂，领如蝤蛴，齿如瓠犀"④ 来形容一个美女，尽管手、肤、领、齿各有特点，但它们有一点是共同的，即都很白。现在仍有"一白遮百丑"之说，"遮百丑"固然是夸张之词，但却说明了女性皮肤白皙在中华民族审美意识中的重要地位，历史悠久、源远流长。当然，这一现象的形成有着深刻而复杂的文化原因。

第二，要眉清目秀。李渔认为"相人必先相面"，"相面必先相目"⑤，他还认为别人知其然，但未必知其所以然，只有他才明白其中真

---

① （清）李渔：《闲情偶寄》，浙江古籍出版社 1985 年版，第 100 页。

② 同上书，第 101 页。

③ 同上。

④ 程俊英：《诗经译注》，上海古籍出版社 2004 年版，第 88 页。

⑤ （清）李渔：《闲情偶寄》，浙江古籍出版社 1985 年版，第 103 页。

谛。"相目"之目的不在"目"，而在"心"。此"心"主要指心思、性情。他认为要挑选那种眼睛细又长、眼珠善于转动黑白分明的妇人，因为"目细而长者，秉性必柔；目粗而大者，居心必悍；目善动而黑白分明者，必多聪慧；目常定而白多黑少，或白少黑多者，必近愚蒙"①。李渔还认为"眉之秀与不秀，亦复关系情性，当与眼目同视"②。眉和眼关系密切，"眉眼二物，其势往往相因"，"眼细者眉必长，眉粗者眼必巨，此大较好"，如"天工"有不能尽善尽美之处，就要"取长恕短，要当视其可施人力与否"③。相对于眼目来说，眉的可操作性更强，长短粗细皆可施以人工，但是"有必不可少之一字，而人多忽视之者，其名曰'曲'"④，也就是说，眉的长短粗细相对来说都不太重要，因为天工之不足，可用后天人力来弥补，但是眉的"曲"，则"必有天然之曲，而后人力可施其巧"⑤，若无天然之曲，人力也是徒劳。如果是"平空一抹""太白经天"或者"两笔斜冲""倒书八字"之眉，即使是"善画之张郎，亦将畏难而却走"⑥，也不能使之变成"若远山""如新月"之眉的。由此可见李渔非常重视眉目的形式美，"平空一抹"或"太白经天"，都是直勾勾的，缺乏美感；"两笔斜冲"或"倒书八字"之眉，不但没有美感，而且会使人面呈凶相，这四种形式的眉目都不是美眉。"若远山"，高高低低，起伏有致；"如新月"则是似直稍曲，又不至过弯，恰好呈现一个美丽的弧度。从表面上看李渔是重视眉目的形式美，如眉的"曲"、目的黑白分明等，但实际上他更重视的是通过眉目所表现出的女性的聪慧温柔、通情达理之性情美。

第三，手嫩指尖、足小耐用。有"简便诀"认为相看女子"上看头，下看脚"，但李渔认为人们往往忽略了"最要一着"，也就是手。他认为："两手十指，为一生巧拙之关，百岁荣枯所系，相女者首重在此"⑦，因为

---

① （清）李渔：《闲情偶寄》，浙江古籍出版社 1985 年版，第 103 页。
② 同上书，第 104 页。
③ 同上。
④ 同上。
⑤ 同上。
⑥ 同上。
⑦ 同上。

"手嫩者必聪，指尖者多慧，臂丰而腕厚者，必享珠围翠绕之荣"①。也许"手嫩"与聪明、"指尖"与智慧、"臂丰而腕厚"与"珠围翠绕"并没有必然联系，这种说法可能源于有福、旺夫等封建迷信，但李渔的第二理由很充分，"即以现在所需而论之，手以挥弦，使其指节累累，几类弯弓之决拾；手以品箫，如其臂形攘攘，几同伐竹之斧斤；抱枕携衾，观之兴索，振卮进酒，受者眉攒，亦大失开门见山之初着矣"②。"现在所需"的主要是美观，不论是"手以挥弦"，还是"手以品箫"，都应是一幅绝妙的美人图，但若是"几类弯弓之决拾"的累累指节或是"几同伐竹之斧斤"的攘攘臂形显然会极大地损害美人图整体形象的，也会使观者扫兴，"故相手一节，为观人要着，寻花问柳者不可不知"③。

既然手足如此重要，那么该怎样选手选足呢？凡事都很难十全十美，美人玉手亦是如此，所以李渔认为："但于或嫩或柔或尖或细之中，取其一得，即可宽恕其他矣"④，也就是说只要具备了"嫩""柔""尖""细"中的任何一点就可以了。至于选足，如果但求窄小，也就容易多了，而且大多数人在选足的时候也往往只求窄小，如所谓的"抱小姐"，脚甚至小到不可用，但李渔认为要"使脚小而不受脚小之累，兼收脚小之用"⑤。脚小之累有两种，一是脚小导致行动不便，二是脚小而致异味。李渔认为脚最基本的作用就是走路，如果不能走路，就和砍掉脚没有两样，好看不能影响实用。所以对于脚首先要能走路，不能损害它的基本作用；其次是要小，看着好看，"步步生金莲""行行如玉立"；最后是手感好，摸着刚柔相伴，甚至柔若无骨。具体实践操作方法就是看，一看外观，二看走路，走路"直而正"就不影响实用。这部分内容在李渔思想中最多地为人所诟病，为人诟病的原因无非是说它体现了封建腐朽的审美趣味。事实上这是站在现代人的立场去评价他，如果我们能设身处地地站在李渔的立场，还原到他所处的时代去评价他，我们就会得出不

---

① （清）李渔：《闲情偶寄》，浙江古籍出版社1985年版，第104—105页。
② 同上书，第105页。
③ 同上。
④ 同上。
⑤ 同上。

同的认识。在李渔的时代，"寻花问柳"不是不道德的表现，反而是才子们风流倜傥的雅行，才子本应该配佳人。李渔对手"嫩""柔""尖""细"的审美要求，本是出于陪伴才子之目的，如此并无不妥，只是再次证明了一个人的审美观必定会受到阶级、地位、身份、时代等的影响。他对小脚的审美要求能不受时人只求窄小的影响，提出要"兼收脚小之用"，不至因审美而影响实用，还是高出时人一筹的。

另外，妆饰美是必要补充。李渔主体审美的第二个方面是妆饰。妆饰美是指通过面部化妆、饰品修饰点缀、美发美甲及衣服的扬长避短等手段对人体修饰美化所形成的美。李渔的妆饰美思想主要是由"修容"和"治服"两部分来体现的。在"修容篇"中李渔首先说明了"修容"的重要性，他认为"'修饰'二字，无论妍媸美恶，均不可少"①。对于普通人来说，是"三分长相，七分打扮"，然即使"七分人材"，甚至"十分人材"，妆饰也是必不可少的。其次，李渔还说明了妆饰的一个基本原则，即适度自然。他对当时的社会风气进行了批判，"今世之讲修容者，非止穷工极巧，几能变鬼为神，我即欲勉竭心神，创为新说，其如人心至巧，我法难工，非但小巫见大巫，且如小巫之徒，往教大巫之师，其不遭喷饭而唾面者鲜矣"②。人们为"一时风气所趋"，"一人求胜于一人，一日务新于一日，趋而过之，致失其真之弊也"③，只是一味"求胜""求新"，结果是过犹不及，弄巧成拙，反成为"遭喷饭而唾面者"。只有适度，才能自然，不至失真。以"楚王好细腰，宫中皆饿死；楚王好高髻，宫中皆一尺；楚王好大袖，宫中皆全帛"④为例，李渔认为这种弄巧成拙、贻笑大方的行为，既不是"好细腰、好高髻大袖者之过"，也不是"自为饿死，自为一尺，自为全帛者之过"，而是"无一人痛惩其失，著为章程，谓止当如此，不可太过，不可不及，使有遵守者之过也"⑤，所以李渔为"修容立说"的目的就在于指出时弊，告诉人们"修

① （清）李渔：《闲情偶寄》，浙江古籍出版社 1985 年版，第 109 页。
② 同上。
③ 同上。
④ 同上。
⑤ 同上。

容"虽然必要，但是也不能太过以致失真。

在"适度自然"的原则指导下，李渔还谈了"修容""治服"的具体措施。"修容""治服"具体包括"盥栉""点染""首饰""衣衫""鞋袜""薰陶"等程序，"盥栉"是妆饰之基础，然后是面部化妆、添加各种饰品以及衣服鞋袜搭配等，最后是"薰陶"，使美人不但好看，而且有一种香气。按照程序，这些工作大致可分为三类。

其一，妆饰前之准备——盥栉。"盥栉"就是洗脸和梳头。把脸洗干净和梳出一个自然的发型是妆饰前的准备工作，是妆饰的第一步，也是非常关键的。"盥面之法，无他奇巧，止是濯垢务尽"，洗脸务必洗尽油垢，这样敷粉才能均匀。另外发型要自然，发型命名也要合理真实，不能任意妄为、凭空捏造。他认为古人发髻都是随手绾成，顺势而为，自然而然；古人对发髻的命名也是合情合理，而时人却"只顾趋新，不求合理；只求变相，不顾失真"①。总之，对于发型，李渔主张自然、真实，富于变化，且变化要合情合理。

其二，妆饰——"点染""首饰""衣衫""鞋袜"。狭义的妆饰是指面部的化妆和发型的修饰，广义的妆饰同时包括衣服、鞋袜和整个妆容、发型、首饰及个人气质的搭配。"点染"是指用脂粉为美人的面庞"增娇益媚"。李渔对脂粉"点染"作用的认识也与众不同。有人认为脂粉为"污人之物"，有人认为"脂粉二物，原为中材而设"，但是，李渔认为"脂粉焉能污人，人自污耳"②。他还认为，不是人人都可以涂脂抹粉，"惟美色可施脂粉，其余似可不设"，原因是"美者用之愈增其美，陋者加之更益其陋"。③ 其实，是否会出现"美者用之愈增其美，陋者加之更益其陋"这种情况的关键在于使用方法是否得当，这仍是色彩学中的色彩搭配问题。天下之物，"相类者可使同居"，"不相类而相似者，亦可使之同居"，"不相类、不相似，而且相反之物，则断断勿使同居，同居必为难矣"。④ 这就是色彩学上的协调和冲突的问题，相类或相似的颜色搭

① （清）李渔：《闲情偶寄》，浙江古籍出版社1985年版，第111页。
② 同上书，第115页。
③ 同上。
④ 同上书，第116页。

配在一起，色彩就会协调，看起来有良好的视觉效果，而相反的颜色搭配在一起，色彩则互相冲突、对抗。不但化妆要注意色彩搭配，衣服、饰品等都要注意。因此使用脂粉要"施之有法，使浓淡得宜"、涂抹均匀远近皆宜，使"二物争效其灵"。

对于饰品，李渔有两个主张：一是饰品和脂粉一样不是人人都需要，因人而异；二是佩戴饰品也要做到"少"而精。否则，就会"满头翡翠，环鬓金珠，但见金而不见人"，"是以人饰珠翠宝玉，非以珠翠宝玉饰人也"①，本末倒置、喧宾夺主。所谓"少"，一是时间少，"女人一生，戴珠顶翠之事，止可一月，万勿多时"②，二是饰品少，"一簪一珥，便可相伴一生"③。

点染、佩戴饰品之后，就是衣衫的选择。衣衫最主要的作用是保暖，"衣必常暖，然后求丽"，在保证了衣服取暖的功能后，自然会追求衣服的审美功能。另外李渔并不是单纯讨论衣服本身的审美，而是对人体的美化，所以在这个意义上看，衣服和饰品一样，同样都是对人体的美化，基于此，就容易理解李渔提出的若干穿衣原则了。提到李渔的服饰审美观，学界很多人都已经指出，如"妇人之衣，不贵精而贵洁，不贵丽而贵雅，不贵与家相称，而贵与貌相宜"④ "相体裁衣"⑤ 等，实质上李渔对服饰最本质的认识在于"衣以章身"⑥，这句话高度概括了衣服和人的身体之间的关系。李渔首先从整体上谈他对衣服的认识，即"衣以章身"，然后具体谈妇人衣服的美学原则——"妇人之衣，不贵精而贵洁，不贵丽而贵雅，不贵与家相称，而贵与貌相宜"、要"相体裁衣"等。如果说后面谈的是具体原则、操作方法的话，那么"衣以章身"就是李渔对服装认识的哲学基础，后面的美学原则都是这句话的延伸，所以这句话是理解李渔服装美学思想的关键与核心。那么到底什么才是"衣以章身"呢？李渔解释如下：

---

① （清）李渔：《闲情偶寄》，浙江古籍出版社1985年版，第119页。
② 同上。
③ 同上书，第120页。
④ 同上书，第123页。
⑤ 同上书，第124页。
⑥ 同上书，第118页。

　　"衣以章身"，请晰其解。章者，著也，非文采彰明之谓也。身非形体之身，乃智愚贤不肖之实备于躬，犹"富润屋，德润身"之身也。同一衣也，富者服之章其富，贫者服之益章其贫；贵者服之章其贵，贱者服之益章其贱。有德有行之贤者，与无品无才之不肖者，其为章身也亦然。①

杜书瀛认为：

　　"章者著也，非文彩彰明之谓也"。所谓"著"，就是"表现出来"的意思，或者是"因内而符外"的"显现"的意思。这是强调某种深刻内涵的外在流露和显现。李渔强调"章"是"著"而不是"文彩彰明"，正是强调衣服是人的深刻内涵的表现和显现。那么，在李渔看来人的这种深刻内涵是什么呢？通过对"身"的解释，李渔表明他所理解的人的内涵是其社会文化意义。他所谓"身非形体之身，乃智愚贤不肖之实备于躬，犹'富润屋，德润身'之身也"，就是强调人的"身"不只是自然存在、生理存在，而根本上是社会文化存在，即"智愚贤不肖"等社会文化内涵的承载体。这样，完整地看"衣以章身"这句话，就是指衣服是人的社会文化内涵（"智愚贤不肖"等）的外在表现。这就是李渔对服装本质的看法。②

　　杜先生也认为"章"是"因内而符外"的"显现"，关键是对"内"的内涵的理解。杜先生认为"内"是"身"，是"智愚贤不肖"，属社会文化的范围，但是笔者认为从"智愚贤不肖"的评价标准看，不同的社会具有不同的评价标准，它们具有一定的社会文化因素，但是"智愚贤不肖"本身则属于人的内在性情气质，是个人化的东西。如杜先生所说，李渔还指出"章""非文采彰明之谓也"，是从否定方面说的，即"章"不是"文采彰明"的意思。"文采彰明"是指从外面进行彩绘妆饰，也即李渔所说的"雕镂粉藻"，李渔不认为衣服仅仅是从外面对人的彩绘妆

---

① （清）李渔：《闲情偶寄》，浙江古籍出版社 1985 年版，第 118 页。
② 杜书瀛：《李渔美学思想研究》，中国社会科学出版社 1998 年版，第 226 页。

饰、雕镂粉藻，甚至可以理解为他反对这样做。① 难道李渔反对的仅是"雕镂粉藻"的形式的"文"吗？社会文化的"文"是不是也在他的反对之列呢？答案是肯定的。如对于妇人之衣，他认为"不贵与家相称，而贵与貌相宜"，也就是说贵妇不一定非要穿上显示贵族身份的衣服，而是要穿与本人面貌相配的衣服。

另外，诚如杜先生所说，通过对"衣以章身"的"章"字和"身"字的解释，我们看到李渔不是从浅层次，而是从深层次上把握服装的作用和本质的。所谓浅层次，是说从表面上看待服装的作用和本质，如"护体""保暖"等，而这与动物的"服装"（如兽的皮毛）没有任何区别，人是文化的动物，人是有思想有感情的社会动物。人的服装与动物的"服装"（皮毛）之根本不同，在于人的服装具有深刻的社会文化内涵。② 的确，与动物的皮毛相比，人的服装除了具有"蔽体""保暖"等基本功能外，还具有其他动物皮毛所不具备的社会文化功能，这一功能在阶级社会、等级社会中还是服装作用的一个突出维度。在封建社会中，衣服的造型、颜色等都有严格的规定，不能稍有更改，封建帝王所穿的紫色、黄色等，一般人都不能使用，朝廷各种官员官服上的补子也是各有讲究，这些可以说是服装政治、文化功能的突出体现。在现代社会中，服装的这种政治、文化功能虽有减少，但服装表明人物身份的社会文化作用还是普遍存在的。如从服饰审美文化方面看，这些功能必然是服装不可缺少之元素，但是李渔从日常生活审美出发，这些就不再是重点，所以他明确提出"妇人之衣……不贵与家相称，而贵与貌相宜""相体裁衣"等观点。所谓"貌""体"显然是指人的长相、身材等，而"家"则是家庭贫富、社会地位高低等。因此在服饰审美方面，李渔从生活审美出发，强调的不是服装的政治、文化功能，而是服装表现个人内在秉性、气质的作用，强调服装是个人、个性的表现，这也是他服饰美学思想中的高明之处。

其三，妆饰后的有益补充——熏陶。熏陶是说经过熏染使人身上弥漫着香气。女人天生就有一种香气的，"千中遇一"，大多数人都是没有

---

① 参见杜书瀛《李渔美学思想研究》，中国社会科学出版社1998年版，第227页。
② 同上书，第226页。

的，所以"薰染之力不可少"。熏陶的方法有两种：一是用花露拭体拍面；二是用香皂浴身，香茶沁口。李渔认为在所有花露中，"蔷薇最上，群花次之"①。因为"此香此味，妙在似花非花，是露非露，有其芬芳，而无其气息，是以为佳，不似他种香气，或速或沉，是兰是桂，一嗅即知者也"②。用蔷薇花露，只有香味，而没有蔷薇的气息，使人但知有香气，而不知是蔷薇之香，浑似美人的自然体香，其他如兰花露或桂花露，别人一闻就知道是兰花或是桂花，不够自然。其他或以"香茶沁口"，或唼一枚荔枝，都可以使口有余香，但不能贪多，香茶多了就会味苦，甚至"反成药气"，荔枝多了也会"甜而腻"。总之，香气也要恰到好处，似有若无，最是妙境，少了闻不到，多则"甜而腻"，甚至会让人眩晕，都不是最佳效果。

李渔对主体的外在审美包括人体美和妆饰美两方面。李渔的人体美包括肌肤、眉眼、手足三个部分。而事实上人体审美的内容远不止这些。从自然审美的角度看，人体和其他动物、植物一样，都是大自然的一部分，人们对人体审美也当如对其他事物的审美一样，是自然而然的事情。但是由于一些复杂的政治、文化等原因，传统社会的人们对人体的审美是一种畸形的审美，李渔的人体审美可谓是中国传统社会人体审美的代表。杜书瀛曾经指出李渔在当时大胆肯定人体美的正当、合理，这是很可贵的③。李渔从"食色，性也"的高度肯定了人体审美的正当性、合理性，但是在真正的审美活动中，他的人体审美还是非常保守的。理想的人体审美应当是从审美主体上看人人都可以成为人体审美的审美主体；从审美对象上看，男女老幼只要具有人体美特征的也当都可以成为审美对象。而李渔的人体审美范围相对来说还比较狭隘，"他所说的人体美，只是女人的人体美，只是供男人欣赏的女人的人体美，只是男人眼中的女人的人体美"④，另外即使是"男人眼中的女人的人体美"，这个人体美的范围也仅限于肌肤、眉眼、手足三个部分，而不是像西方国家通过

---

① 杜书瀛：《李渔美学思想研究》，中国社会科学出版社1998年版，第114页。
② 同上。
③ 参见杜书瀛《〈闲情偶寄〉的女性审美观》，《思想战线》1999年第1期。
④ 同上。

一些健康的裸体表现人体的曲线、风韵、生命力等。

在中国漫长的传统社会中，人的身体，尤其是女人的身体本身是被遮蔽的，人们更看重的是身体上所承载的道德、精神等。杨岚把这种审美传统的弊端批判得入骨三分：

> 中国人对人体的审美早早地就脱出形体而偏于精神层面，表现在对男性审美的"德充而忘形"，对女性的面容的细致赏析，而身体本身早已在"垂裳而治"时便被遮蔽了。被幽闭的女性绝不轻易"抛头露面"，更耻于"袒胸露背"……女性的幽闭使体态审美在隐秘晦暗中容易走偏，抑制了健康清新的自然美感。对于那些普遍处于性饥渴和性好奇状态的男性，偶见的良家女子一般都不能正视，能偷眼欣赏的只是体态姿势和衣饰，于是手脚这些暴露在建筑感极强的礼服之下的肢体末梢成为勾魂摄魄的性欲导航器，步态、站姿、手势及千般羞涩、万般忸怩状尤其成为情媒爱信，在我国戏曲艺术中表现得淋漓尽致。①

在这种情势下，李渔的人体审美仅限于肌肤、眉眼、手足也就容易理解了，甚至这种人体审美发展成为畸形、病态的审美观也不足为奇，如李渔对"三寸金莲"的玩味。据说缠足早在五代时期南唐就已经出现，它最初出现在宫廷，然后蔓延到中上层达官显贵，后又逐步传入民间。南宋晚期缠足现象已经比较普遍，明清时期这种现象发展到了顶峰，缠足真正成为了民间日常的风俗。缠足这种现象的出现和流行有着复杂的原因，但其最深层的原因还是男权文化——把女人当作玩赏甚至满足性欲的对象。从表面上看，缠足是起源于尚"小"、尚"优美"的审美意识，实质上这种审美观念的形成是由于男权文化在作祟。传统社会中的男性不论在家庭还是在社会上都处于统治地位，属于强者，他们喜欢外表柔弱、性情温顺的女性。由于女性处在被统治的劣势地位，她们不得不顺从男性为自己设定的角色。这种与男权文化直接相关的尚"小"的

---

① 杨岚：《李渔对女性的审美》，《美与时代》（上半月）2010 年第 3 期。

审美意识发展到了极致，也就出现了缠足这种看起来不可思议的现象。

陈森把这种痛彻心脾的缠足却能作为美的表现形式兴起并留传千年的原因归结为以下几点：首先是统治者的意志对天下百姓的影响；其次为文化人欣赏和赞美对社会风俗的影响；最后是女性自身审美认识。① 由此可知，审美意识基本上是统治阶级的审美意识，是掌握话语权者的审美意识，缠足的主体——女人看起来有时候是自觉自愿地去缠足，但是在自觉自愿的背后却是不得不服从男权文化的被逼无奈。缠足不过是男权文化众多表现中的其中之一而已，古代女子"凿其耳，削其足，粉黛其面首，以悦男子之目；供养服役，以适男子之意"，即使在今天，男权文化的势头虽有所减弱但还是普遍存在的。仍以女性的脚为例，女人从过去的"缠足"变成了今天的"高跟鞋"，女人虽然不用再强行把一双大脚缠得又小又软，但是穿着又细又高的高跟鞋走路对脚来说仍是一种折磨。"缠足"和"高跟鞋"也有着惊人的相似之处：细细的高跟和缠足所穿的弓鞋都给人以纤细柔弱之感；走起路来都是风摆杨柳、婀娜多姿，还都能发出有节奏的"嗒嗒"声。这一现象表明从女性审美角度看，具体审美标准可能会因时代、社会而异，但这些标准背后的依据——男权文化并没有多大改观。今天的一些所谓人体审美也多是打着"人体艺术"的幌子，背后隐藏的却是色情、窥视的目光。

其次，妆饰美是指通过面部化妆、饰品修饰点缀、美发美甲及通过选择不同款式衣服来扬长避短等手段对人体修饰、美化所形成的美。李渔对人体妆饰美的论述实质上也可以从形式美、工艺美方面去理解。妆饰要遵循一定的形式美法则才能达到增加人体美感的效果。所谓形式美是指"事物的外在表现形式给人的审美感受。它与物品的外观造型、色彩搭配、大小比例、图案纹样、光泽质感、节奏韵律以及它的各种不同风格有密切关系"②。形式美的规律包括比例与黄金分割、单纯与整一、对称与均衡、节奏与韵律、多样与统一、协调与对比等。人们在进行形式美、工艺美的创造时需要灵活掌握这些形式美的原则。《闲情偶寄》中的"点染"与"衣衫"部分就包含了形式美规律的运用。

---

① 参见陈森《初探缠足和束腰及其变异》，《安徽文学》2006 年第 12 期。
② 罗筠筠：《审美应用学》，社会科学文献出版社 1998 年版，第 21 页。

　　李渔认为脂粉"二物颇带世情，大有趋炎附势之态，美者用之愈增其美，陋者加之更益其陋。使以绝代佳人而微施粉泽，略染腥红，有不增娇益媚者乎？使以媸颜陋妇而丹铅其面，粉藻其姿，有不惊人骇众者乎？"① 造成这种情况的原因不是脂粉二物有趋炎附势之态，而是脂粉的使用没有遵循形式美的规律。"试以一墨一粉，先分二处，后合一处而观之，其分处之时，黑自黑而白自白，虽云各别其性，未甚相仇也；迨其合外，遂觉黑不自安，而白欲求去。相形相碍，难以一朝居者，以天下之物，相类者可使同居，即不相类而相似者，亦可使之同居，至于非但不相类、不相似，而且相反之物，则断断勿使同居，同居必为难矣。"② 以黑、白为例，二者互为对比色、互相冲突，不能合为一处。相类似的颜色才能互相协调，相反的颜色就不能用在一起。不但脂粉如此，服装、饰品、家居设计等也是如此。李渔还认为"或是面容欠白，或是发色带黄"者，头戴珠翠宝玉就可以使"肌发改观"；"肌白发黑之佳人满头翡翠，环鬓金珠"，则会"但见金而不见人，犹之花藏叶底，月在云中，是尽可出头露面之人，而故作藏头盖面之事。"③ 这就是色彩的互相衬托与互相妨碍之效。另外为了更好地和黑色的头发相搭配，李渔认为"簪之为色，宜浅不宜深"，"玉为上，犀之近黄者、蜜蜡之近白者次之，金银又次之，玛瑙琥珀皆所不能"。④ 在色彩的搭配上，民间也有"红配绿看不足""红配紫难看死"之说。不但色彩搭配有一定的规律，形状的搭配也有一定的讲究。以耳环为例，家常佩戴，"愈小愈佳，或珠一粒，或金银一点"；"若配盛妆艳服，不得不略大其形，但勿过丁香之一倍二倍"⑤，也就是说耳环的大小、形状要和衣服的大小、形状、颜色等相协调。李渔还认为"妇从之妆，随家丰俭，独有价廉功倍之二物，必不可无。一曰半臂，俗呼'背褡'者是也；一曰束腰之带，欲呼'鸾绦'者

---

① （清）李渔：《闲情偶寄》，浙江古籍出版社 1985 年版，第 115 页。
② 同上书，第 115—116 页。
③ 同上书，第 119 页。
④ 同上书，第 121 页。
⑤ 同上书，第 122 页。

是也。"① 这两件东西之所以重要，是因为"妇人之体，宜窄不宜宽，一着背褡，则宽者窄，而窄者愈显其窄矣。妇人之腰，宜细不宜粗，一束以带，则粗者细，而细者倍觉其细矣"②。这表明李渔除了对女性的肌肤、眉目、手足进行观赏之外，也注意到了女性身体的曲线美，通过"半臂""束腰之带"的束缚作用，使女性的腰肢变得更纤细、更柔美，这可以说是典型的形式美。此外李渔还强调女性的眉毛"必有天然之曲，而后人力可施其巧"，强调眉毛的弯曲显然也是形式美的内容。

总之，李渔对主体外在的审美，既有基于自然美基础的人体美，也有基于工艺美基础的通过修饰、衣服的扬长避短之作用形成的妆饰美，更总结出了丰富的装饰美的审美原则。他的一些审美思想在当代仍有借鉴价值。

二 生活主体之内在美

李渔对生活主体的审美不仅重视外在美，而且也非常重视内在美，这一点也是难能可贵的，因为即使在当代社会，以貌取人者也不在少数。李渔对内在美的阐述主要集中在《选姿》之"态度"中。杜书瀛也认为李渔对"态度"的论述，直接表现了他对内美的赞赏。他还对"态度"进行了解释：态度，简单地说，就是一个人内在的精神涵养、文化素质、才能智慧而形之于外的风韵气度，于举手投足、言谈笑语、行走起坐、待人接物中皆可见之。③

不过在另一处，杜书瀛还有不同理解。他说："说到内美，特别是说到'态度'之美，就不能不说到'媚'，不能不说到'媚'对人体美的重要意义。读者大概已经注意到，在讲'态度'时，李渔时常把'态'与'媚'联系在一起，成为'媚态'……李渔特别强调'媚'对于人体美的至关重要的价值。"④ 这里杜书瀛提到的关键概念有四个："态度"

① （清）李渔：《闲情偶寄》，浙江古籍出版社1985年版，第126页。
② 同上。
③ 参见杜书瀛《〈闲情偶寄〉的女性审美观》，《思想战线》1999年第1期。
④ 杜书瀛：《李渔美学思想研究》，中国社会科学出版社1998年版，第197—198页。

"媚""态"和"媚态"。他在前文对"态度"作了解释，在后文对"媚"作了解释，但他并没有对"态"和"媚态"作出解释，更没有说明这一组概念是什么关系，而且从他对"媚"的"动态美"的解释，也看不出"媚"和其他几个概念有什么联系。

笔者认为在此把李渔所说的"媚"解释为"动态美"是不准确的。杜书瀛说："'媚'，简单地说，就是一种动态的美，是运动着的美，流动的美。……人的根本特征在于他是一种生命存在。……生命在于运动。没有运动，就意味着死亡。因此人的美，人体的美，生活的美，决不能离开运动，绝不能离开人的生命活动。这样，人体的美，不能不联系着它的'媚'。"① 他对"媚"的解释会让人联想到德国美学家莱辛的《拉奥孔——论诗与画的界限》，这段话本身无可非议，但它不是李渔所要表达的意思。《闲情偶寄》中没有什么地方可以看出李渔对"动态美""运动美""流动美"的推崇。杜书瀛还认为根据莱辛对媚的界定，用媚来作为生命形态的人体美的特点最为贴切，如果离开了媚，就不可能抓住人体美最本质也是最显著的特征，而且他还根据我国古代用媚来展示人体美的实例，经过对比就会感觉到动态美（"媚"）比静态美（"美"）更动人，作为动态美的"媚"最富审美魅力②。这些话是莱辛思想的引申，但这些观点是否正确还需要斟酌。

"莱辛《拉奥孔》的副题是《论绘画和诗的界限》，莱辛从比较拉奥孔这个题材在古典雕刻和古典诗歌中的不同处理，论证诗和造型艺术的区别，从具体例证抽绎出关于诗和造型艺术的基本原则。"③ 简言之，莱辛的根本目的是说明诗和画的区别。他认为从媒介、题材和观众所用的感官看，画较宜于写物体，诗较适宜写动作，但是这种区别也不是绝对的，他并不否认在一定程度上诗也可以描绘物体，画也可以叙述动作，不过这需要一定的处理技巧。"画叙述动作只能通过物体来暗示，只能在动作发展的直线上选取某一点或动作期间的某一顷刻。这一顷刻必须选择最富于暗示性的，能让想象有活动余地的，所以最好选顶点前的顷刻。

---

① 杜书瀛：《李渔美学思想研究》，中国社会科学出版社1998年版，第198页。
② 同上书，第199页。
③ 朱光潜：《西方美学史》，人民文学出版社1979年版，第301页。

诗描绘物体也只能通过动作去暗示，只能化静为动，不能罗列一连串的静止的现象。"① "化静为动有三种主要的方法：第一种是借动作暗示静态……第二种是借所产生的效果来暗示物体美……第三种是化美为媚，'媚是在动态中的美'。"② 也就是说"化美为媚"只是诗描绘物体时化静为动的一种手段，莱辛本人也并没有把这种"动态美"置于一个特别突出的位置，动态自有动态的美，而静态也有静态的美。所谓"动态美（'媚'）比静态美（'美'）更动人，作为动态美的'媚'最富审美魅力"完全是一种想当然的说法。以雕塑为例，历史上著名的表现人体美的雕塑不但有表现动态人体美的，也有表现静态人体美的。如果说《掷铁饼者》很好地选取了最富于暗示性的一刻的话，那么《大卫》《米洛斯的维纳斯》是不是很好地体现了静态的人体美呢？在艺术成就上，后者也丝毫不逊于前者。

那么李渔所说的"媚态"到底是什么呢？笔者认为李渔所说的"态度""尤物""媚态""态"指的是同一个东西，他在使用这一组概念的时候是不加区分的。他首先说明了"尤物"的神奇力量，即"尤物足以移人"。他认为颜色虽美如"绢做之美女，画上之娇娥"不足以移人，只有有了"媚态"才能打动人，而且"媚态"打动人的力量非常神奇，说不清道不明，却又力量无穷，"一见即令人思，思而不能自己，遂至舍命以图，与生为难"③。"媚态"的作用也很奇妙，"态之为物，不特能使美者愈美，艳者愈艳，且能使老者少而媸者妍，无情之事变为有情，使人暗受笼络而不觉者"④。李渔还认为："女子一有媚态，三四分姿色，便可抵过六七分。……则人止为媚态所惑，而不为美色所惑，是态度之于颜色，犹不止于以少敌多，且能以无而敌有也。"⑤ 既然"媚态"有如此神奇之作用，所以李渔认为"选貌选姿，总不如选态一着之为要"。"媚态"可以让一个人舍生忘死，"媚态"却又是"是物而非物，无形似有形"，

----

① 朱光潜：《西方美学史》，人民文学出版社 1979 年版，第 303 页。
② 同上书，第 303—304 页。
③ （清）李渔：《闲情偶寄》，浙江古籍出版社 1985 年版，第 107 页。
④ 同上。
⑤ 同上。

"心能知之，口实不能言之"。

既是如此，那么"媚态"究竟是什么呢？先看李渔对"媚态"的理解："颜色虽美，是一物也，乌足移人？加之以态，则物而尤矣"，"尤物足以移人。"① 由此可见，"媚态"是和颜色相对的，"绢做之美女，画上之娇娥"，只有颜色，没有"媚态"。后文李渔进一步解释："媚态之在人身，犹火之有焰，灯之有光，珠贝金银之有宝色，是无形之物，非有形之物也。惟其是物而非物，无形似有形，是以名为'尤物'。尤物者，怪物也，不可解说之事也。"② "绢做之美女，画上之娇娥"是有形的，"颜色"是有形的，"媚态"是无形的，但是"媚态"又在"人身"，又能为人所感知，不然不"足以移人"，"是物而非物，无形似有形"。"媚态之在人身，犹火之有焰，灯之有光，珠贝金银之有宝色"，火没有火焰，也就只有形式而没有温度；灯没有了光，更是失去了灯之为灯的根本；珠贝金银没有宝色，也是徒留其形，作为宝物的价值也是大打折扣，火焰、灯光、宝色都是"是物而非物，无形似有形"，但是失去它们，火、灯、珠贝金银等事物的根本价值就会大打折扣，同理，"媚态"之于"人身"亦是如此，没有"媚态"，最多只是漂亮，徒留其形，如"绢做之美女，画上之娇娥"。通过类比分析可知，此"媚态"是指人的内在气质，如火焰、如灯光、如珠贝金银之宝色，发于内而呈于外。"媚态"与"人身"的关系如同"意"与"言"的关系，语言可以描述一个人的长相、外貌，却不足以描述一个人的"媚态"，在"心能知之，口实不能言之"的情况下，李渔强以言之，"言"不能尽"意"，立"象"以尽"意"，所以他用两个具体的实例说明什么是"媚态"。

其一是李渔"向在维扬，代一贵人相妾"的经历。李渔对比了三个不同的人："一人不作羞容而竟抬"，此人没有"媚态"；"一人娇羞腼腆，强之数四而后抬"，此人也没有"媚态"；"一人初不即抬，及强而后可，先以眼光一瞬，似于看人而实非看人，瞬毕复定而后抬，俟人看毕，复以眼光一瞬而后俯"③，这就是"媚态"。第一个人没有一点羞容，让

———————

① （清）李渔：《闲情偶寄》，浙江古籍出版社 1985 年版，第 106 页。

② 同上。

③ 同上书，第 108 页。

抬头就抬头，也许在现代社会中，她倒是落落大方，符合现代的审美标准，但李渔认为她没有"媚态"；第二人倒是"娇羞腼腆"，"强之数四而后抬"，但"娇羞腼腆"过度，过犹不及；第三人则是"娇羞腼腆"得恰到好处，先是"娇羞"不敢抬头，但又不至于太过"娇羞"，"及强而后可"，即使抬头了，也不是放眼望去，而是仍然面含"娇羞"，"先以眼光一瞬，似于看人而实非看人"，最后才"瞬毕复定而后抬"，即使如此，"俟人看毕，复以眼光一瞬而后俯"，李渔认为这就是"媚态"。这就是中国古典审美传统中所谓的含蓄美，尤其是对女性的审美，非常讲求含蓄温婉，如白居易的《琵琶行》中的琵琶女亦是如此，"千呼万唤始出来，犹抱琵琶半遮面"。即使在当代社会，这种含蓄美的杀伤力也是很强的，有人就反对现在电影、电视、美女画报等媒体上对女性审美的处理方法——动辄就脱，而提出真正的性感不是脱，而是不脱。

其二是李渔春游遇雨偶遇的一女子。李渔认为此女一举一动都透露着一种"媚态"，从李渔对此女的描写，我们也可以感受到此女的"鹤立鸡群"。从此女身上，我们也可以更多地领略李渔所说的"媚态"的内涵。"人皆趋入亭中，彼独徘徊檐下，以中无隙地故也"①，在此情况下，大多数人都会见缝插针，使出浑身解数也要挤进去，而此女却能"独徘徊檐下"，可见她的善良、宽容大度、从容不迫；"人皆抖擞衣衫，虑其太湿，彼独听其自然，以檐下雨侵，抖之无益，徒现丑态故也"②，这显示了她的沉着、稳重、智慧；"及雨将止而告行，彼独迟疑稍后，去不数武而雨复作，乃趋入亭。彼则先立亭中，以逆料必转，先踞胜地故也"③，这仍表现她的聪明才智；"然臆虽偶中，绝无骄人之色"则表现了她的谦虚、心态平和，"见后人者反立檐下，衣衫之湿，数倍于前，而此妇代为振衣"④，这更是体现了她的善良。就是这样的一个人，李渔认为她"姿态百出，竟若天集众丑，以形一人之媚者"⑤，真可谓是仪态万方！"自观

---

① （清）李渔：《闲情偶寄》，浙江古籍出版社 1985 年版，第 108 页。
② 同上。
③ 同上。
④ 同上。
⑤ 同上。

者视之，其初之不动，似以郑重而养态；其后之故动，似以徜徉而生态"①，此谓动静皆宜，而且"其养也，出之无心，其生也，亦非有意，皆天机之自起自伏耳"②，一切都是自然天成。由此可知，李渔所谓之"媚态"包含着丰富的内涵，不是语言可以表达清楚的，更非三言两语能够说清，只意会而不可言传。虽说不清道不明，却可以为人所体会，所以李渔认为妇人媚态"学则可学，教则不能"，说不清道不明，自然不可教，但是可以体会，所以只能"使无态之人与有态者同居，朝夕薰陶，或能为其所化；如蓬生麻中，不扶自直，鹰变成鸠，形为气感，是则可矣"。③

　　至此，笔者对李渔"心能知之，口实不能言之"的"媚态"试言之，李渔的"媚态"即是现在所说的气质，它是包括一个人的心性、禀赋、思想修养、道德品质、文化知识等多种素质在内的综合因素，气质美属于一种内在美，但它又可以从一个人的生活态度、待人接物、言行举止等外部活动中体现出来，而又不同于单纯的外部活动，它发于内而自然地呈于外。如东施效颦，只能学到西施的动作，却学不到西施的"媚态"。

　　李渔不但明确指出"态度"——内在美的重要性，而且字里行间都渗透着他的这一思想，如他对外貌的审美，并不是仅停留在单纯的外貌上，而是通过外貌观察一个人的内心，他观"目"是为了观"心"。不仅仅停留在外在美的层次上，而深入内在美，这也是他主体审美思想的宝贵之处。

三　生活主体之美的培育

　　李渔的生活主体审美思想不仅包括生活主体之外在美、生活主体之内在美，还包括生活主体之美的培育。生活主体之美有自然因素，也有人为因素。除先天自然因素的决定作用之外，生活主体还可以通过后天的学习来培育主体之美。李渔除探讨通过外在妆饰增加外在美之外，还

---

① （清）李渔：《闲情偶寄》，浙江古籍出版社1985年版，第108页。
② 同上。
③ 同上。

主张通过学习技艺培养、增加主体气质美，这也是他生活主体审美的与众不同之处。《声容部》中的"习技"部分和《颐养部》讨论的就是怎样增加主体由内而外自然呈现的气质美。

首先是"习技"。简而言之，"习技"就是对女子才艺的培养。李渔对女子"习技"重要性的论述有三个层次：

第一，推翻"女子无才便是德"的说法，重申女子的才艺、德行与美貌具有同等重要地位。李渔反对"女子无才便是德"的说法，他认为"女子无才便是德"是"前人愤激之辞"，是"见噎废食之说"。他还说："吾谓才德二字，原不相妨，有才之女，未必人人败行；贪淫之妇，何尝历历知书？"① 所以，才与德是可以统一的，女性美应是德、色、才的统一。其实早在《周礼·天官》中就已明确用妇德、妇言、妇容、妇功来培养和要求女性，其中妇德是指德行，妇容是指容貌，妇言是指言辞，妇功是指技艺。得体的言辞和高超的技艺是离不开才智的，一个真正美丽的女人应该是德、才、貌的统一，三者兼备、缺一不可。

第二，说明女子"习技"之内容。一个女子除应具备高超的女工技艺之外（这是一个女子的分内之事，是最基本的），最好还能读书识字，其次还应该懂得"丝竹""歌舞"等，即李渔所说的"技艺以翰墨为上，丝竹次之，歌舞又次之，女工则其分内事，不必道也"②。李渔还主张"学技必先学文"，他认为"文理"二字是"天上地下，万国九州，其大至于无外，其小至于无内，一切当行当学之事"的钥匙，懂得了"文理"，其他一切问题也就迎刃而解了。不但女子"学技必先学文"，而且"通天下之士农工贾，三教九流，百工技艺，皆当作如是观"③。"学文"为了"明理"，"明理"之后，其他各种技艺也就不在话下了。

第三，说明女子"习技"之作用，这也是他女子"习技"思想的高明之处。李渔从与"习技"女子所接触之人的感受谈女子"习技"作用。女子不"习技"就会呆笨，"使姬妾满堂，皆是蠢然一物，我欲言而彼

---

① （清）李渔：《闲情偶寄》，浙江古籍出版社 1985 年版，第 131 页。
② 同上。
③ 同上书，第 132 页。

默，我思静而彼喧，所答非所问，所应非所求"①，和这样的人说话聊天，无异于对牛弹琴，没有交流的乐趣，更谈不上成为朋友、知己。和读书识字的女人说话就不一样了：有的女人能够"说话铿锵，无重复聱牙之字"；有的女人说话"诗意诗情，自能随机触露，而为天籁自鸣"；有的女人更是可以"自制自歌"，"名士佳人合而为一"，和这样的女人交往有如沐春风之感。不必说女人读书识字之后给人的感受，李渔甚至认为她们学文识字本身就是一幅天然图画，"其初学之时，先有裨于观者：只须案摊书本，手捏柔毫，坐于绿窗翠箔之下，便是一幅画图"②。如果主人善操，就可令姬妾学琴，"花前月下，美景良辰，值水阁之生凉，遇绣窗之无事，或夫唱而妻和，或女操而男听，或两声齐发，韵不参差，无论身当其境者俨若神仙，即画成一幅合操图，亦足令观者消魂，而知音男妇之生妒也"③。这种琴瑟和鸣、夫唱妇随的和谐之美不通音律之人是体会不到的。李渔还认为竹音中唯有洞箫适宜妇人，"妇人吹箫，非止容颜不改，且能愈增娇媚"④。妇人吹箫时，"按风作调，玉笋为之愈尖；簌口为声，朱唇因而越小"，"或箫或笛，如使二女并吹，其为声也倍清，其为态也更显，焚香啜茗而领略之，皆能使身不在人间世也"⑤。对于通晓音律之人来说，欣赏美人吹箫不但悦目、悦耳，而且悦情、悦意，即使不通音律也可以欣赏到一幅别样的美人图。显然这些乐趣在不懂"习技"的女人身上是无法领略的。

学界对李渔的这些思想有褒有贬。施新认为从李渔对女性"习技"美的论述中，可以看到理性、知识、技艺、修养等与人的美的关系。⑥ 杜书瀛则认为"李渔的仪容美学思想浸透着男子中心主义的观念。他常常视女色为男人的审美消费、审美享受和玩赏的对象；似乎女性的天职就是为男性提供审美服务，甚至性服务"⑦。他还说："整个《声容部》都

① （清）李渔：《闲情偶寄》，浙江古籍出版社 1985 年版，第 131 页。
② 同上书，第 134 页。
③ 同上书，第 137 页。
④ 同上书，第 138 页。
⑤ 同上。
⑥ 参见施新《论李渔的休闲美学思想》，《名作欣赏》2006 年第 11 期。
⑦ 杜书瀛：《李渔美学思想研究》，中国社会科学出版社 1998 年版，第 186 页。

是站在男性立场，以男性统治者和主宰者的心态，来讨论专供男性享用的女色之美"①，"要姬妾'习技'的目的，乃是提高她们为男性服务的质量和水平"②，如此等等。当然，杜书瀛的这些批判不无道理，但如果因此而全盘否定他的"习技"思想，也有因噎废食之感。

李渔对女性的审美不能不受到他对女性看法的影响。李渔作为一个传统社会的商人、知识分子，受时代、个人身份的影响，自然把女性看作玩赏对象、性服务的对象。难能可贵的是，也是与其他封建士大夫、知识分子不同的是，他并不仅仅是把她们作为玩赏对象，而是发自内心地尊重她们、欣赏她们。《声容部》的写作目的是选演员、选姬妾，不能代表他对待女性的全部态度，除《声容部》外，还有大量的事实记载可证。张春树、骆雪伦就认为女性在李渔的文学创作和个人生活中都扮演了很重要的角色，他们考察发现李渔在杭州的那些日子形成了他对于女子的基本看法和态度。在杭州时，李渔与当地的才女翁少君、黄媛介、王端淑都建立了深厚的友谊。翁少君工诗词，黄媛介诗词画无不擅长，晚年以卖画为生。他尊重欣赏这些才女，还让黄媛介、王端淑为自己的作品写序文。③ 这是他对待生活中的女性朋友。

对待妻妾，虽然他也不能彻底免俗，有一妻数妾，但他并不是把她们作为玩物，他和乔、王二姬在一起生活了六年，在这短短六年的时间里，他们建立了深厚的感情。乔姬去世后，李渔写了很多诗来纪念她，有二十四首诗和五首词都流传了下来。甚至在乔姬去世以后的六个月，他还是深情难以自拔，连非常喜爱的音乐和歌曲都没心情听。王姬去世后，李渔也写下十首挽歌纪念她，还为她们作了一篇合传。字里行间流露的真情足以让每一个读者为之动容，这显然不是把她们作为玩物可以做到的。他教育她们，欣赏她们，把她们看作伴侣和朋友。如果李渔只是把她们作为玩物，乔、王也许就不会有来生还愿意跟他共同生活的想法。

---

① 杜书瀛：《李渔美学思想研究》，中国社会科学出版社 1998 年版，第 186 页。
② 同上书，第 187 页。
③ 参见 [美] 张春树、骆雪伦《明清时代之社会经济巨变与新文化——李渔时代的社会与文化及其"现代性"》，王湘云译，上海古籍出版社 2008 年版，第 58 页。

对待女儿，他也教女儿们读书识字，儿、女一视同仁。李渔出门，他的长女和女婿一起为他经营生意，安排家务。对于他，长女既是儿又是女，在他诗中称她为"女丈夫""闺中杰"；不像传统那样要求女人"无才便是德"，只能做女工之类的事情。他对待身边女性的态度充分说明了两点：一是他对于女子社会性的认可，女子可以有独立的身份，有权利追求个人幸福和实现个人价值；二是他承认女性与男性应该享有平等的权利，教育应当普及，反对"女子无才便是德"之说。至于他的思想中带有封建思想旧传统的烙印，我们只能说他是一个人，不是神仙，不可能摆脱他所生活的时代、社会等的影响。另外任何时候，一个男人看女人，都不可能彻底摆脱他的男性角色。

李渔不但从与"习技"女子所接触之人的感受谈女子"习技"作用，更重要的是他还谈到了"习技"对"习技"主体产生的作用。虽然他提倡女子"习技"的动机可能"不纯"，但是我们不能忽略"习技"所产生的良好客观效果。他对"习技"作用的论述非常独到。

其一，"学文"乃为"明理"。在传统社会，一般人认为"学文"是为了考取功名，男子可以"学文"女子则不必，不打算考取功名的男子也不必"学文"。而李渔却认为所有人都应该"学文"。他说："学技必先学文"，因为"合天上地下，万国九州，其大至于无外，其小至于无内，一切当行当学之事"皆不出"文理"二字，所以"不独为妇人女子，通天下之士农工贾，三教九流，百工技艺"都应当从"学文"开始。"学文"就可以"明理"，一旦"明理"，也就掌握了天下万事万物开门之"锁钥"。如此，所有人都应该读书识字，因为它可以开启人类之智慧。同时，他也并不规定读多少书识多少字，而是认为凡读书识字总能使人受益，"女子所学之文，无事求全责备，识得一字，有一字之用，多多益善，少亦未尝不善"[1]。学得好，能"说话铿锵，无重复聱牙之字"；学得再好一点，可"令女子学诗"，"多读而能口不离诗，以之作话，则其诗意诗情，自能随机触露，而为天籁自鸣矣"[2]；学得更好一点，"女子之善歌者，若通文义，皆可教作诗余"，"诗余既熟，即可由短而长，扩为

---

① （清）李渔：《闲情偶寄》，浙江古籍出版社 1985 年版，第 132—133 页。
② 同上书，第 134 页。

词曲，其势亦易。果能如是，听其自制自歌，则是名士佳人合而为一，千古来韵事韵人，未有出于此者。吾恐上界神仙，自鄙其乐，咸欲谪向人寰而就之矣"①。即使学得不好，也可以做到"书义稍通，则任学诸般技艺，皆是锁钥到手，不忧阻隔之人"②。所以，读书识字是诸种技艺的基础，它对一个人的素质、文化修养的影响是多方面的，也是深远的。

其二，"丝竹""歌舞"乃为"变化性情"。李渔认为学习"丝竹""歌舞"不只是为了登场演剧，而是为了陶冶情操，提高文化艺术修养。"昔人教女子以歌舞，非教歌舞，习声容也。欲其声音婉转，则必使之学歌；学歌既成，则随口发声，皆有燕语莺啼之致，不必歌而歌在其中矣。欲其体态轻盈，则必使之学舞；学舞既熟，则回身举步，悉带柳翻花笑之容，不必舞而舞在其中矣。"③ 如此，"习技"之妇人就会性情温柔，说话声音婉转如燕语莺啼，举手投足婀娜多姿若柳翻花笑，"歌舞""声容"不只在场上，凡是有女子的地方，皆有"歌舞""声容"。李渔对女子"习技"的认识，对教育作用的认识，甚至高出现在的很多人。他的观点无异于我们提倡了多年却一直没能得到真正实行的素质教育。学习钢琴，不一定是为了成为演奏家，而是为了提高个人修养素质，这就是庄子所说的"无用之用"，也是最大的用途。他看到了艺术教育对提高个人素质的作用，如他认为"丝竹"可以"变化性情"，这是基于他对"丝竹"独特审美感受认识基础之上的对"丝竹"作用的深刻见解。"丝竹"之音多清脆婉转悠扬绵长，受"丝竹"熏陶的女性也会性情温婉，而受安塞腰鼓、东北大秧歌熏陶的女性就会性情热情奔放，这也是荀子《乐论》中所说"入人也深，其化人也速"的"声乐"对人的熏陶、培养、教化作用。

李渔的"习技"思想实质是中国古代审美教育思想的延续，他把传统审美教育延及女性。中国古代有着悠久的审美教育传统，如彭富春所说："美育的历史如同艺术的历史、人类文明的历史一样悠久。原始社会的巫术不仅是人与鬼神的沟通与对话，而且也是人自身身体和心灵一种

---

① （清）李渔：《闲情偶寄》，浙江古籍出版社 1985 年版，第 135 页。
② 同上书，第 134 页。
③ 同上书，第 138 页。

广义的审美教育。中国周代的六艺（礼、乐、射、御、书、数）则将美育纳入了关于人性塑造的教育体制之中。"① 这表明在原始社会时期中国就已经有了广义上的审美教育，周代六艺更是包含德智体美诸方面、发展比较成熟的一种教育体制，而且产生了"寓教于乐"的教育思想。从教育产生之初看，它既包括专业技能培养又包括基本素质提高，二者圆融统一、互相促进。随着社会分工的精细，教育越来越侧重于专业技能的培养，也就越来越脱离教育的原初意义。彭富春认为："无论是在汉语还是在西语中，教育一词的本意都与儿童的培养相关。教育就是让儿童去学习，从自然状态转变到文明或者文化状态，而成为一个真正的人。这规定了教育的本性是作为人自身的教育。它具有如下的特性：启蒙、培养、完成。所谓启蒙的本义是照亮黑暗，从而开发蒙昧，使野蛮的自然生命活动向自主自觉自由的文明状态发展。所谓的培养是指让人茁壮成长，不受伤害，保持自身的本性。所谓的完成是指人格的塑造，也就是成为一个获得完美人性的人。在这样的意义上，教育就不是技术教育，而是人性教育。"② 因此，单纯的技术传授不能算是"教育"，"教育"当既有"教"又有"育"，"教"是手段，"育"是目的，通过"教"使人摆脱蒙昧得到启蒙，成为一个自主自觉自由的人，成为一个具有完美人性的人，成为一个真正的人，而当前教育则重在对"才"的培养，忽视了对"人"的化育，这种教育不利于促进人的健康、全面发展。

要改变当前这种重"教"轻"育"、重"才"轻"人"的现状，就要重视审美教育。审美教育具有潜移默化、"其入人也深"、"其化人也速"的效果。事实上不论西方还是中国在教育发展之初，都非常重视对人的全面教育，都已经看到审美教育对人成长、发展的重要作用。孔子就已经认识到诗、乐等审美教育对个人、对国家的积极意义。诗和乐可以陶冶人的情操，对人的情感和心灵有审美感化作用，感召"仁"心，促使人自觉实行"仁"，从而达到个人身心和谐、人与人之间及整个社会的和谐，所以孔子很重视诗、乐的政治、道德、伦理教化作用。"人而不

---

① 彭富春：《技术时代的审美教育》，《郑州大学学报》（哲学社会科学版）2008 年第 6 期。

② 同上。

为《周南》、《召南》，其犹正墙面而立也与?"（《论语·阳货》）"不学诗，无以言"（《论语·季氏》），孔子认为人要想在社会上立足，不学诗是寸步难行的，在一些政治外交场合，不懂诗，缺乏恰当得体的辞令，就不能很好地与别人沟通。孔子还说："小子何莫学夫诗? 诗可以兴，可以观，可以群，可以怨。迩之事父，远之事君，多识于鸟兽草木之名。"（《论语·阳货》）在孔子看来，学诗不仅能很好地认识自然界的各种事物，而且可以颐养性情，对于个人和社会、家庭和国家都有极大的好处。孙俊三认为，净化与美化是西方古代审美教育的理想，以古希腊为代表的西方古代审美教育强调通过对人心灵的美化和净化，实现特定人格的塑造和健康心灵的达成，以心灵净化和美化为目的，美育实践以模仿为起点，在循序渐进的过程中寓教于乐，在个别性与普遍性的相融中得到人与社会的和谐统一。① 审美或艺术对人们的心灵有"宣泄""净化"作用，它可以使人们保持一个平衡、稳定、积极、健康的心灵，形成积极健全的人格，从而使整个社会也和谐统一。因此，不论是中国的"诗可以兴，可以观，可以群，可以怨"，还是西方的"宣泄""净化"，它们都看到了审美在促进人们心灵健康、促使社会和谐稳定中的突出作用。

李渔"习技"思想值得借鉴的地方有二，其一，从学习内容看，所"习"之"技"应既包括专业知识，又包括提高个人素质的知识。从教育起源看，教育的原初状态是对人的专业知识技能、个人素质等全方位的培养和提高。随着社会分工的逐步精细，人的社会生活压力加大，人们为了生存，不得不侧重专业技能的学习，造成教育的畸形发展。科举制度下，人们成了八股文的奴隶，科技时代人们又成了机器的附庸。但是李渔认为"学技必先学文"，"通天下之士农工贾，三教九流，百工技艺，皆当作如是观"，不一定是考科举才"学文"，而是一切人都需要"学文"，"学文"可以"明理"，可以更好地掌握专业知识技能，可以使个人素质得到全方位的提高。他虽然不是这种思想的首创者，只是对传统教育思想的复归，但是在那个"十年寒窗无人问，一朝成名天下知"的科举应试时代，他的这种思想还是十分可贵的。其二，从"习技"主体

---

① 参见孙俊三《净化与美化：西方古代审美教育的理想》，《湖南师范大学教育科学学报》2008 年第 5 期。

看，"习技"者当包括所有人。古代"礼、乐、射、御、书、数"的教育是为了培养"文质彬彬"的君子，一般不施于下层人民和女子。但是李渔认为"通天下之士农工贾，三教九流，百工技艺"，都需要进行相应的学习，他甚至反对"女子无才便是德"的说法，认为女子同样需要学习。女子不但要学习女工来满足日常生活需要，还要学习文字、琴棋书画、唱歌跳舞等才艺，来提高自身的基本素质。他还对女子有才会妨碍女子之德的传统观念进行了反驳，他认为女子学习技艺不仅不会影响到妇德，反而会有利于妇德的保持。"妇人无事，必生他想，得此遣日，则妄念不生，一也；女子群居，争端易酿，以手代舌，是喧者寂之，二也；男女对坐，静必思淫，鼓瑟鼓琴之暇，焚香啜茗之余，不设一番功课，则静极思动，其两不相下之势，不在几案之前，即居床第之上矣。一涉手谈，则诸想皆落度外，缓兵降火之法，莫善于此。"① 李渔的这种审美教育思想虽然也有一定的封建男权思想，但是相对来说还是比较开放的。

其次是"颐养"。"颐养"，就是"养生"。"养"，即保养、调养、补养之意；"生"，就是生命、生存、生长之意。"养生"是指通过一些方法颐养生命、预防疾病、增强体质，从而达到延年益寿的一种活动。生理养生是以传统中医理论为指导，遵循阴阳五行生化收藏之变化规律，对人体进行科学调养，保持生命健康活力。精神养生是指通过怡养心神、调摄情志、调剂生活等方法，从而达到保养身体、减少疾病、增进健康、延年益寿的目的。西汉《淮南鸿烈》一书认为整个人体生命系统（古称"器"）由三个要素组成：一是形——"形者，生之舍也"，即人体生命的"房子"；二是神——"神者，生之制也"，即人的自组织、自康复能力，是生命的主宰（"制"）；三是气——"气者，生之充也"，气是打通形与神的关键，三者互相影响。排在首位的是"神"，其次是"形"，最后是"气"，而且"一失位，三者俱伤也"。因此"养生"包括三个方面：一是"将养其神"；二是"和弱其气"；三是"平夷其形"。中国传统养生方法主要有食养、导引、丹药三种，食养是指从饮食物性、补泄滑涩的效用与人体状态、天时气候、地理方域等的关系对人进行调养；

① （清）李渔：《闲情偶寄》，浙江古籍出版社 1985 年版，第 135 页。

导引是运用气功和八段锦、五禽戏、易筋经等各种导引练形的方法祛病保身、益寿延年；丹药指古人通过对各种矿石药物的烧炼制造出所谓的"灵丹妙药"并服食之，以达到长生不死、得道成仙的目的。

李渔的养生理论与养生家的养生理论内容不同，李渔认为养生家所言的都是"术"，他所凭的是"理"，所以在他的《颐养部》中找不到炼丹之方和烹饪之法，他所谈的都是养生之"理"，即通过心理和生理调节以改善主体的精神面貌和身体状态的养生原理。《颐养部》包括六部分内容，其中"行乐"和"止忧"是说调节主体的心理状态，这关系到主体的精神面貌；"调饮啜""节色欲""却病""疗病"是对主体生理的调节，这关系到主体的身体健康状况。每一主体都应该拥有一个乐观、积极向上的心态和一个健康的身体。虽然积极的心态和健康的身体不是绝对的统一，但是二者互相影响，有着密切联系，共同决定一个人的存在状态，所以它们对主体之美也有着至关重要的影响。

其一，心理颐养。所谓心理颐养是指通过心理调节保持一个健康积极、乐观向上的心态。李渔非常重视人生有一个积极、乐观的心态。乐观的心态是快乐生活的基础，是快乐人生的关键，它对一个人的身体健康也有极大的影响，所以李渔把"行乐"看作颐养之第一要义。"造物生人一场，为时不满百岁。彼夭折之辈无论矣，姑就永年者道之，即使三万六千日尽是追欢取乐时，亦非无限光阴，终有报罢之日。"① 人生在世，时日苦短。"况此百年以内，有无数忧愁困苦、疾病颠连、名缰利锁、惊风骇浪，阻人燕游，使徒有百岁之虚名，并无一岁二岁享生人应有之福之实际乎！"② 而且在这如此短暂的生命时日里，芸芸众生还要面对无数的艰难困苦。只是面对着这些小病小灾或"名缰利锁"等身外之物的困扰也就罢了，人们还时时刻刻不得不面临着死亡的威胁，"此百年以内，日日死亡相告，谓先我而生者死矣，后我而生者亦死矣，与我同庚比算、互称弟兄者又死矣"，"日令不能无死者惊见于目，而怛闻于耳"③，李渔认为这是造物者最大的不仁了。面对这样一个客观事实，人们要么消极

---

① （清）李渔：《闲情偶寄》，浙江古籍出版社 1985 年版，第 282 页。

② 同上。

③ 同上书，第 138 页。

悲观、沉沦堕落，要么积极乐观、奋发向上，向死而生、向痛苦而快乐，李渔选择了后者，因此他认为"兹论养生之法，而以行乐先之"。贵人、富人、贫贱之人；家庭、道途；春、夏、秋、冬等，"随时即景就事"如睡坐行立饮谈、沐浴、听琴观棋、看花听鸟、蓄养禽鱼、浇灌竹木等都可以"行乐"。有"乐"之时，可以享"乐"；没"乐"之时，也可以找"乐"。

　　李渔谈"颐养"，以"行乐"为第一，"止忧"为第二。"乐"和"忧"为对立之两面，"忧"也许不可忘，但是"忧"可以止。不止"忧"，则无以为"乐"，所以无"乐"而有"忧"之时，要学会止"忧"而行"乐"。他提出"止忧"之法有二：一是未雨绸缪、提前防备；二是对于不测风云、旦夕祸福，居安思危，"谦以省过""勤以砺身""俭以储费""恕以息争""宽以弥谤"，如此"则忧之大者可小，小者可无；非循环之数，可以窃逃而幸免也"①。

　　快乐的心理除了会影响主体对待生活、对待周围人和事的态度之外，对塑造主体之美也有积极作用。心理状态直接影响着主体的生理状态，快乐的心理有利于主体的身体健康，相反，长期的心理郁闷甚至心理疾病会导致身体的疾病；即使是同样的身体疾病条件下，积极乐观的心态也比消极悲观的心态更有利于身体疾病的治疗和恢复。心理状态不仅影响着主体的身体健康，而且能影响一个人的容貌。相由心生，改变内在，才能改变面容。有爱心必有和气；有和气必有愉色；有愉色必有婉容。一颗阴暗的心托不起一张灿烂的脸。著名散文家毕淑敏曾说过："没有快乐，谁也别想留住健康"，她还说内心的怨恨和内疚除了让女性丑陋以外，就是带来疾病。

　　其二，生理颐养。生理颐养指通过饮食、色欲、疾病等生理调节使身体更加健康。在饮食方面，李渔饮食的指导原则是非常独特的，是人本与科学的结合。李渔认为养生家所必需的《食物本草》"翻阅一过，即当置之"，且不管它是否符合所谓的科学营养膳食原则，即使符合，也当一笑置之，因为"若留匕箸之旁，日备考核，宜食之物则食之，否则相

────────────

① （清）李渔：《闲情偶寄》，浙江古籍出版社 1985 年版，第 306 页。

戒勿用，吾恐所好非所食，所食非所好，曾皙睹羊枣而不得咽，曹刿鄙肉食而偏与谋，则饮食之事亦太苦矣"，而且"尝有性不宜食而口偏嗜之，因惑《本草》之言，遂以疑虑致疾者"。①依李渔之见，饮食不能拘泥《食物本草》及其他此类依据。想吃的，不能吃；不想吃的，不得不吃。这种违背人的本性的做法，对身体是不会有好处的。李渔认为不想吃的而勉强吃，就会"凝滞胸膛，不能克化"。他主张饮食养生也应该根据人本性的爱憎，"爱食者多食""怕食者少食"②。同时，根据中国传统的中庸思想，不论是"爱食者"还是"怕食者"，应切记"太饥勿饱""太饱勿饥"③，不能饥饱无度。其他还有"怒时哀时勿食""倦时闷时勿食"④，如果吃得不合时宜，就不利于食物的消化，不但不能受食物之用，反而会遭其害。在色欲方面，"世人不善处之"，有的"启妒酿争，翻为祸人之具"；有的"溺之过度，因以伤身，精耗血枯，命随之绝"，如果能善于处理，那么就不会有害而只会有益。基于此，李渔认为要"节快乐过情之欲""节忧患伤情之欲""节饥饱方殷之欲""节劳苦初停之欲""节新婚乍御之欲""节隆冬盛暑之欲"，⑤这才是符合养生之道的。在对待疾病方面，李渔认为预防疾病的关键在于"和"，也就是人身体的气血、脏腑、脾胃、筋骨等各个器官和部位都要调和。有一处不能调和，就可能导致疾病的发生，不过最重要的是"心和"，"心和则百体皆和。即有不和，心能居重驭轻，运筹帷幄，而治之以法矣"⑥。而"和心"的方法也就是"哀不至伤，乐不至淫，怒不至于欲触，忧不至于欲绝"⑦，简单地说，即七情六欲要持之有度，否则就会影响各个器官的调和，甚至产生疾病，这仍是强调心理状态对生理状态的影响。另外，对待疾病还要做到"病未至而防之""病将至而止之""病已至而退之"⑧。如果说

---

① （清）李渔：《闲情偶寄》，浙江古籍出版社 1985 年版，第 306 页。
② 同上书，第 307 页。
③ 同上书，第 307—308 页。
④ 同上书，第 308—309 页。
⑤ 同上书，第 310—313 页。
⑥ 同上书，第 314 页。
⑦ 同上。
⑧ 同上书，第 314—315 页。

心理状态会影响生理状态从而影响一个人容止的话，那么生理状态更是直接呈现为容止。一个身体健康、面色红润、朝气蓬勃的人与一个面呈菜色、死气沉沉的人相比，孰美孰丑，自不用说。正是因为一个人的心理状态、生理状态直接关系着一个人的容止，所以李渔强调要从心理、生理两方面注重保养身体、颐养性情。

简言之，李渔对主体内在之美的培育手段有二：一曰"习技"；一曰"颐养"。从"习技"内容上看，"习技"包括学"文"和各种技艺，主张对主体既要进行学"文"的基础教育，也要进行女工、歌舞、丝竹等各种专门技艺学习。从"习技"主体看，他主张所有人都要接受一些基础素质教育，然后再根据具体要求进行专门教育。他除了主张对主体进行教育提高素质外，还很注重主体自身的颐养。此"颐养"分为生理和心理两方面，两者都很重要。生理颐养在于保障身体的健康，心理颐养则在于保障一个快乐的心态。生理健康和心理快乐两方面互相影响、互相促进。由此可见李渔对由内而外的主体之美培育思想的丰富性、完整性。

综上所述，李渔的主体审美思想包括外在美和内在美两个方面，外在美又有基于自然的人体美和基于后天妆饰的工艺美，内在美既有先天的性情美、姿态美，又有后天的"习技""颐养"之美，"颐养"包括心理和生理两方面。在主体审美方面，李渔不只是个被动的欣赏者，而是个主动的培育者。李渔的主体审美思想给我们的启示是，不仅要善于欣赏生活中的主体之美，更要善于通过妆饰外表提高内在修养创造、培育主体之美。李渔的主体审美思想是全面的、辩证的，也是值得我们借鉴的。

第二节　生活环境审美——居室部、种植部

生活环境在主体生活中具有非常重要的作用，主体不能脱离环境而存在。主体生活于其中的环境有自然环境与社会环境两类。主体要想健康、快乐、审美地生活，就需要有健康、优美的自然环境与安全、和谐的社会环境。优美、和谐的环境需要我们大家共同创造，人人有责。李渔介绍了他环境审美与创造的经验，《闲情偶寄》"居室部"和"种植部"构成主体的居住环境，居住环境由房舍及房舍周围的景物——山石、

植物共同组成。李渔除关注这些主要审美对象外,还注意到窗栏、墙壁、联匾等其他细节。

一 房舍审美

主体的居住环境最重要的是房舍,所以在《居室部》中李渔首先谈房舍的审美。李渔首先强调房舍之制要与人相称。他对房舍的审美不是从房舍本身出发,看房舍本身美观漂亮与否,而是从人出发,看房舍是否与人相称,是否适宜于人居住,也就是说他首先是从实用出发,实用就是美,这同时也表现了他生活审美思想的人本主义精神,一切都是以人为本。他认为"衣贵夏凉冬燠,房舍亦然",房舍和衣服一样要冬暖夏凉,此为第一要义。因此房舍既不宜过于富丽堂皇,也不宜过于狭窄矮小。"堂高数仞,榱题数尺,壮则壮矣,然宜于夏而不宜于冬"①,宽敞高大的房舍夏天比较凉爽,冬天也会比较寒冷,而且房舍的"寥廓"会让人不寒而栗,同时,宽敞高大的房子也会使主体显得更加矮小,"堂愈高而人愈觉其矮,地愈宽而体愈形其瘠",使人产生一种压迫感,所以房舍之制不可过于宽大。房舍之制也不可过于窄小,"及肩之墙,容膝之屋,俭则俭矣,然适于主而不适于宾。造寒士之庐,使人无忧而叹,虽气感之乎,亦境地有以迫之;此耐萧疏,而彼憎岑寂故也"②。根据李渔对宽大房舍"宜于夏而不宜于冬"的分析可知,过于窄小的房舍显然是宜于冬而不宜于夏的。另外,如果房舍过于窄小,从"俭"的方面说,是"适于主"的,但是从适宜居住的角度说,也是不"适于主"的,因为"造寒士之庐,使人无忧而叹,虽气感之乎,亦境地有以迫之"③,这种"境地之迫"不但对"宾"起作用,对"主"也是起作用的,过于窄小的房舍对于居住者来说过于局促,也会有压抑感。因此,不论"显者之居",还是"处士之庐",都要尽量做到"房舍与人,欲其相称"。对于显者来说,使房舍略小其制,不是难事,而对于处士来说,则是"卑者不能耸之使高,隘者不能扩之使广",对此李渔有一个办法,即"污秽

① (清)李渔:《闲情偶寄》,浙江古籍出版社1985年版,第143页。
② 同上。
③ 同上。

者、充塞者则能去之使净，净则卑者高而隘者广矣"。

其次，房舍之制，追求创新。李渔自言本性"不喜雷同，好为矫异"，他认为："人之葺居治宅，与读书作文同一致也"①，"譬如治举业者，高则自出手眼，创为新异之篇；其极卑者，亦将读熟之文移头换尾，损益字句而后出之，从未有抄写全篇，而自名善用者也"②。也就是说，人们修建房屋与读书作文在追求创新上应该是一致的：才能高的，可以自出手眼，通篇创新；才能低的，即使不能自出手眼者，也应该把读熟的文章改头换尾增增减减，而不是全篇照搬。无论如何，多少总要有所创新才是。但是在建造房屋上，人们却忽略了创新，反而追求模仿，"必肖人之堂以为堂，窥人之户以立户，稍有不合，不以为得，而反以为耻"③。不但一些"通侯贵戚"如此，"掷盈千累万之资以治园圃，必先谕大匠曰：亭则法某人之制，榭则遵谁氏之规，勿使稍异"④，甚至一些"操运斤之权者"亦是如此，"至大厦告成，必骄语居功，谓其立户开窗，安廊置阁，事事皆仿名园，纤毫不谬"⑤。李渔认为修建房屋、构造园亭也是一大胜事，也应当追新求异。李渔认为自己生平有两个绝技：一是辨审音乐；二是置造园亭。李渔之所以把这两者看成他的生平绝技，是因为他认为自己在这两方面创新做得较好：他辨审音乐是"自选优伶""歌自撰之词曲""口授而躬试之"，"新裁之曲"自是"迥异时腔"，即使是"旧日传奇"，也"一概删其腐习而益以新格，为往时作者别开生面"；置造园亭亦是如此，"因地制宜，不拘成见，一榱一桷，必令出自己裁，使经其地、入其室者，如读湖上笠翁之书，虽乏高才，颇饶别致"，由此可见李渔对创新的重视。李渔不但在上述两方面擅长创新，而且从《闲情偶寄》中可以发现，生活中事无巨细他都很注意创新，不落窠臼，这是他颇为自得的地方，也是最为我们所佩服的地方。

最后，主张节俭。李渔认为"土木之事，最忌奢靡"，而且"匪特庶

① （清）李渔：《闲情偶寄》，浙江古籍出版社1985年版，第144页。
② 同上。
③ 同上。
④ 同上。
⑤ 同上。

民之家当崇俭朴，即王公大人亦当以此为尚"①。房舍之制，与衣服略同，都是"贵精不贵丽，贵新奇大雅，不贵纤巧烂漫"②。李渔认为"凡人止好富丽者，非好富丽，因其不能创异标新，舍富丽无所见长，只得以此塞责"③，不能"创异标新"，不得已而求其次。李渔在房舍和衣服方面都很注重节俭，但他绝不是"节约主义者"，为了欣赏水仙，在"度岁无资，衣囊质尽""索一钱不得"的情况下他还能"质簪珥购之"，用他的话说不让他购买、欣赏水仙就如同要了他的命。由此可见，有时审美对他来说就如同生命，为了审美，有些花费也是必需的。他之所以在房舍和衣服方面注意节俭，是因为他不仅照顾到贫困之家，更重要的是反对庸俗。他主张节俭不是为了降低居室审美物质条件限制的门槛，而是倡导对创新和高雅的追求。暴发户居室的富丽堂皇多和浅俗相联系，"奢靡"不是真正的审美，真正的审美是需要智慧的。

二　山石审美

李渔所说之山石，不是自然界中天然的山石，而是利用自然界天然山石，经过"颠倒置之"自成一番景象。李渔首先交代了"幽斋磊石"的原因是"不能致身岩下，与木石居，故以一卷代山，一勺代水，所谓无聊之极思也"④。人类从自然中来，是自然的一分子。人类虽然生活在社会中，但内心深处对大自然总有一份斩不断的情缘。为了弥补身在社会而心向自然的缺憾，为了疗治人们的"烟霞痼疾"，人们把自然搬到了画图中、搬到了庭院中。

李渔对山石的审美首先强调自然逼真。在园中垒山叠石是利用天然的石块加以人工造型形成貌似天然的山石。园中山石，虽是人工，却追求自然天成，所以自然逼真是垒山叠石的第一原则。从自然逼真的角度看，李渔认为园中造山"山之小者易工，大者难好"⑤。因为造山犹如作

---

① （清）李渔：《闲情偶寄》，浙江古籍出版社 1985 年版，第 145 页。
② 同上。
③ 同上。
④ 同上书，第 180 页。
⑤ 同上书，第 181 页。

文，越大越长越不易结构全体，也就容易露出弊端。他说："予遨游一
生，遍览名园，从未见有盈亩累丈之山，能无补缀穿凿之痕，遥望与真
山无异者。"① 虽是如此，想要建造大山的时候该怎么办呢？他建议用
"以土代石之法"。所谓"以土代石之法"，就是用石头来结构山之主体，
用土覆盖石头上或是补充石头的透缝处，这样既不会因为石头的缝隙影
响观感，又能达到以假乱真的效果，而且也便于山上种树。这就是李渔
所说的"累高广之山，全用碎石，则如百衲僧衣，求一无缝处而不得，
此其所以不耐观也。以土间之，则可泯然无迹，且便于种树。"② 这种
"以土代石之法"，可以"既减人工，又省物力，且有天然委曲之妙。混
假山于真山之中，使人不能辨者，其法莫妙于此"③，而且"此法不论石
多石少，亦不必定求土石相半，土多则是土山带石，石多则是石山带
土"④。这种方法是对自然界真山的模仿，自然界中漂亮的山应该是山和
土的组合，这样的山才是郁郁青山，此种方法造出的山也是最省人工、
物力又最自然逼真的山。

　　另外，李渔强调在叠石的时候，还要"石纹石色取其相同"。所谓
"石纹石色取其相同"，也就是"粗纹与粗纹当并一处，细纹与细纹宜在
一方，紫碧青红，各以类聚"⑤。如果纹理不同、颜色不同，人们一眼就
能看出是拼凑出来的，也就不够真实、自然了。同时叠石还要顺应石性，
这样更真实美观，也更结实。总之叠石要"石纹石色取其相同"，还要顺
应石性。

　　其次，李渔还论述了山石的形式美与意境美。李渔对山石形式美的
欣赏与时人无异，即"言山石之美者，俱在透、漏、瘦三字。此通于彼，
彼通于此，若有道路可行，所谓透也；石上有眼，四面玲珑，所谓漏也；
壁立当空，孤峙无倚，所谓瘦也"⑥。山石的美主要在透、漏、瘦。所谓

---

① （清）李渔：《闲情偶寄》，浙江古籍出版社 1985 年版，第 181 页。
② 同上。
③ 同上。
④ 同上书，第 182 页。
⑤ 同上。
⑥ 同上。

"透"是"此通于彼，彼通于此，若有道路可行"，此"透"是山中之"透"，而不是平原一马平川四通八达之"透"，所以此"透"是"透"中有不"透"，不是处处皆"透"；不"透"中又有"透"，不是处处皆不"透"，是"透"与不"透"的完美统一，有一种曲折变幻之美。所谓"漏"是"石上有眼，四面玲珑"，此"漏"也是与不"漏"相对而存在，石上之眼，有四面玲珑之效，四面玲珑即有各种不同的风景俱呈眼中。但是有"漏"，也要有不"漏"，这样才能富于变化，也才更能显示此"漏"之效果，所以李渔还主张"漏"不应太甚，"若处处有眼，则似窑内烧成之瓦器，有尺寸限在其中，一隙不容偶闭者矣。塞极而通，偶然一见，始与石性相符"①，也就是说"漏"要有"塞极而通"之效。山石的不"透"与不"漏"、"透"与"漏"，通过光与影的变化形成一种"空灵"的意境美。周纪文认为："明清园林也十分强调'活'。'活'即是一种生命的表现，将园林看做是有生命的有机体，它有自身的节奏、韵律，不但花草鱼虫有生命，山水亭榭也都有生命，俯仰之间，开合之际，就是一种生命的节奏，当人穿行于园林之中时，自会感到一种生命的亲合。"② 事实上，中国的哲学与艺术非常讲求"生"与"活"，南朝齐画家谢赫在其《古画品录》中提出绘画"六法"，第一条就是"气韵生动"，也就是说中国绘画最注重表现所画人物或山石花鸟虫鱼等之内在生命或精神，连比较抽象的书法艺术也是在线条的起承转合之间表现一种生命的流畅。园林艺术也不例外，为了表现园林艺术的生命，其中"通"就是一种重要原则。园林建筑、垒山叠石的格局要讲究通透，山石的"透"和"漏"除了有一种"空灵"的意境美之外，还有一种生命流动的畅通之感。

除山石之"透"和"漏"所造之空灵美外，李渔还提倡在假山中做石洞，因为坐在洞中更有一种幽古、空灵之感，更妙的是"洞中宜空少许，贮水其中而故作漏隙，使涓滴之声从上而下，且夕皆然"③。石洞本

---

① （清）李渔：《闲情偶寄》，浙江古籍出版社 1985 年版，第 182 页。

② 周纪文：《中华审美文化通史·明清卷》，安徽教育出版社 2006 年版，第 248 页。

③ （清）李渔：《闲情偶寄》，浙江古籍出版社 1985 年版，第 184 页。

身就很空灵、幽静，李渔又用滴滴答答的水声与这种幽静形成对比，别无声响，只有水声，这种水声更为幽室增添了一份宁静与灵气。

所谓"瘦"，就是"壁立当空，孤峙无倚"。此种形态具有一种陡峭险峻之势。要想造出这种"瘦"的效果，李渔认为"瘦小之山，全要顶宽麓窄，根脚一大，虽有美状，不足观矣"①。"壁立当空，孤峙无倚"已经给人一种陡、险之感，李渔还强调"瘦小"之山要"顶宽麓窄"。"顶宽麓窄"的形式也就是倒三角形，从形式感的角度看，正三角形给人以安全感，而倒三角形则给人以不安全、倒掉之感，因此这种"顶宽麓窄"的"瘦小"之山在险峻之势上与"壁立当空，孤峙无倚"之山相比，更是有过之而无不及。另外李渔虽然非常推崇山石的陡峭之势，但是相对来说他更喜欢峭壁。他认为只好假山，"独不知为峭壁，是可谓叶公之好龙矣"，这并不是真正的喜欢山石，而且与山相比，壁还有诸多好处："山之为地，非宽不可"，而壁是"斋头但有隙地，皆可为之"，此谓占地少；"山形曲折，取势为难，手笔稍庸，便贻大方之诮"②，而"壁则无他奇巧，其势有若累墙，但稍稍纡回出入之，其体嶙峋，仰观如削，便与穷崖绝壑无异"③，壁比山更简单；更重要的是壁所造之势非一般之山所能比，"挺然直上，有如劲竹孤桐""其体嶙峋，仰观如削"，"与穷崖绝壑无异"，给人以雄壮的美感，所以叠山垒石，壁不可少。

总之，石不可无，因为石与竹一样也能医"俗"，"以人之一生，他病可有，俗不可有"④。石不必多，"贫士之家，有好石之心而无其力者，不必定作假山。一卷特立，安置有情，时时坐卧其旁，即可慰泉石膏盲之癖"⑤。他认为石不但可慰泉石膏盲之癖，可以医"俗"，还能实用："使其平而可坐，则与椅榻同功；使其斜而可倚，则与栏杆并力；使其肩背稍平，可置香炉茗具，则又可代几案。花前月下，有此待人，又不妨

---

① （清）李渔：《闲情偶寄》，浙江古籍出版社1985年版，第182页。
② 同上书，第183页。
③ 同上。
④ 同上书，第184页。
⑤ 同上。

于露处，则省他物运动之劳，使得久而不坏，名虽石也，而实则器矣。"①
石壁也是如此，石壁既可以因其势而供人审美，也可以因地利之便"以
此壁代照墙"，兼具审美和实用之功能。

李渔作为一个造园能手，对山石的审美并没有多少创见。对山石的
审美多是讲究"透""漏""瘦"，李渔也不例外。他的创见就是贡献了
叠山的新方法——"以土代石"，达到以假乱真之效。另外他还不忘"贫
士之家"，替他们想出既实用又审美之妙计。李渔山石审美的最大特点就
是它不是服务于富商巨贾、达官贵人，而是站在普通百姓日常生活的立
场上进行审美。

三　花草树木审美

李渔《种植部》用了大量篇幅详细谈论花草树木的审美，他的花草
树木审美主要表现在以下几个方面：

第一，花之色彩美。李渔认为桃李之所以能"领袖群芳"，是因为它
们颜色漂亮，桃花红得纯粹、李花白得彻底。颜色最媚人的是桃花，没
有嫁接过的桃花，"其色极娇，酷似美人之面"。颜色种类最多的当数山
茶和蔷薇：山茶花"种类极多，由浅红以至深红，无一不备。其浅也，
如粉如脂，如美人之腮，如酒客之面；其深也，如朱如火，如猩猩之血，
如鹤顶之珠。可谓极浅深浓淡之致，而无一毫遗憾者矣"②；"蔷薇之苗裔
极繁，其色有赤，有红，有黄，有紫，甚至有黑；即红之一色，又判数
等，有大红、深红、浅红、肉红、粉红之异"③。其他还有玉兰花的洁白，
"千干万蕊，尽放一时，殊盛事也"；桂花的金黄，"万斛黄金碾作灰"
等。另外，"草色之最靓者，至翠云而止"，自然界的一切，甚至人世间
的一切都不可比拟，"即与倾国佳人眉上之色并较浅深，觉彼犹是画工之
笔，非化工之笔也"，倾国佳人的眉上之色也稍逊一筹。

第二，花之香气美。花除了有五彩缤纷之颜色，还有或淡或浓之香
气。李渔非常喜欢梨花，梨花不但有天上之雪的洁白，而且有梅花的清

---

① （清）李渔：《闲情偶寄》，浙江古籍出版社 1985 年版，第 184 页。
② 同上书，第 246 页。
③ 同上书，第 255 页。

香。"梅花香自苦寒来"，在万芳俱寂的寒冬，梅花更显得香气浓郁。李渔把玫瑰看作腊梅的异姓兄弟，认为它们"气味相孚，皆造浓艳之极致，殆不留余地待人者矣"①。《春秋》载"海棠有色而无香"，而李渔认为"海棠不尽无香，香在隐跃之间，又不幸而为色掩"②。一般人之所以认为海棠无香，是因为海棠花颜色太漂亮，以至于人们看到海棠花就被它的色彩所吸引，而没有注意到它的香气。海棠的香是一种淡香，一种隐约缥缈的香，而不是"如兰如麝，扑鼻薰人"。同为花香，各有特点。兰之香"隐而不露"，海棠"香在隐跃之间"，而桂"树乃月中之树，香亦天上之香也"。他不但洞悉各种花香的特点，甚至对享受花香的方法，他也很有研究。他针对兰花香"隐而不露"的特点，提出了更好地享受兰香之良方，"'如入芝兰之室，久而不闻其香'者，以其知入而不知出也，出而再入，则后来之香，倍乎前矣。故有兰之室不应久坐，另设无兰者一间，以作退步，时退时进，进多退少，则刻刻有香，虽坐无兰之室，则以门外作退步，或往行他事，事毕而入，以无意得之者，其香更甚。"③

第三，花草树木之形状美。除颜色美、香气美之外，花草树木的形状也体现了造物的精巧。李渔认为"天工之巧，至开绣球一花而止矣。他种之巧，纯用天工，此则诈施人力，似肖尘世所为而为者"④。造物不但有天工之巧，而且有人力之巧。除绣球花之外，还有很多花都体现了造物之精巧。最为特殊的是鸡冠花，其他花都是肖尘世之物，只有鸡冠花能肖天上之形。"花之肖形者尽多，如绣球、玉簪、金钱、蝴蝶、剪春罗之属，皆能酷似，然皆尘世中物也；能肖天上之形者，独有鸡冠花一种。氤氲其象而葳蕤其文，就上观之，俨然庆云一朵。"⑤ 此外，柳树"贵于垂"，柳条"贵长"，因为长袖善舞。另外花木还可以构成各种各样的漂亮造型。如藤本花用竹屏扶持，"或方其眼，或斜其橺，因作葳蕤柱

---

① （清）李渔：《闲情偶寄》，浙江古籍出版社 1985 年版，第 257 页。
② 同上书，第 244 页。
③ 同上书，第 260—261 页。
④ 同上书，第 247 页。
⑤ 同上书，第 265 页。

石，遂成锦绣墙垣"①。

第四，花草树木之神韵美。李渔不仅从形式美的角度对花草树木的颜色、形状、香味等进行审美，而且还突破外在形式的限制，深入领会花的神韵美。他从秋海棠身上看到秋花更比春花美，"春花肖美人，秋花更肖美人；春花肖美人之已嫁者，秋花肖美人之待年者；春花肖美人之绰约可爱者，秋花肖美人之纤弱可怜者。处子之可怜，少妇之可爱，二者不可得兼，必将娶怜而割爱矣"②。美丽的花朵都像美人，但是秋花和春花不同。李渔认为春花像已嫁之美人，而秋花像没嫁之美人，他从春花看到了少妇之"绰约可爱"，从秋花身上看到了处子之"纤弱可怜"。李渔对水仙的评价是"其色其香，其茎其叶，无一不异群葩，而予更取其善媚"，"妇人中之面似桃，腰似柳，丰如牡丹、芍药，而瘦比秋菊、海棠者，在在有之；若如水仙之淡而多姿，不动不摇，而能作态者，吾实未之见也。"③ 美人和美人不同，花和花也不同。有的美人"面似桃，腰似柳，丰如牡丹、芍药"，有的美人则是"瘦比秋菊、海棠"，这样的美人都不少见。唯有像水仙"淡而多姿，不动不摇，而能作态"的美人，着实少见。李渔认为紫荆"少枝无叶，贴树生花"，像个紫衣少年，"亭亭玉立"，他甚至能感知此紫衣少年"窄袍紧袄，衣瘦身肥，立于翩翩舞袖之中"，自己"不免代为踧踖"。在李渔眼中，各种各样的花已不只是五颜六色、异馥纷呈的植物，而是各具风姿的美女和俊男，从不同的花身上感受到不一样的神韵。

李渔的这种审美经验可以用西方的"异质同构"理论来解释。"异质同构"是"格式塔"心理学的理论核心，格式塔心理学派认为在事物外部的存在形式、人的视知觉组织活动和人情感以及视觉艺术形式之间，有一种对应关系，一旦这几种不同领域的"力"的作用模式达到结构上的一致时，就有可能激起审美经验，这就是"异质同构"。正是在这种"异质同构"心理的作用下，人们才在某些形式中感受到"活力""生命""运动""平衡"等性质。紫荆具有"少枝无叶，贴树生花"的形式

---

① （清）李渔：《闲情偶寄》，浙江古籍出版社 1985 年版，第 254 页。
② 同上书，第 245 页。
③ 同上书，第 262 页。

特点，花又是紫色，所以能和"亭亭玉立"的紫衣少年产生同样的审美经验，甚至能感觉到紫衣少年的"窄袍紧袂，衣瘦身肥"，因此从紫荆身上能感受到紫衣少年的神韵。

第五，李渔还从花草树木身上看到一种精神、养生处世之方和人情物理等。李渔花草树木审美最突出的特点是他从花草树木身上看到一种精神、养生处世之方和人情物理等人文内涵。李渔曾说："予系儒生，并非术士。术士所言者术，儒家所凭者理。"① 他说自己是一个儒生，我们也可以从他的自然审美观中看到儒家"比德"自然审美思想的影响。他对花草树木的审美有"比德"思想的影子，又不局限于"比德"思想。"比德"是春秋战国时期出现的一种自然审美思维，即审美主体在对自然山水的审美把握中，把自然物的某些特征与人们伦理道德的某种品质相比拟，通过自然人格化，来寻求人与自然山水间内在精神的契合，简言之，就是把人的品德比附于自然。孔子的"夫玉者，君子比德焉""知者乐水，仁者乐山""岁寒，然后知松柏之后凋也"等都是"比德"思想的典型体现。如李渔对于牡丹的认识，他起初对于牡丹为花王还不服气，但是看了《事物纪原》"武后冬月游后苑，花俱开而牡丹独迟，遂贬洛阳"的记载后，认为"物生有候，蓇动以时，苟非其时，虽十尧不能冬生一穗；后系人主，可强鸡人使昼鸣乎？如其有识，当尽贬诸卉而独崇牡丹。花王之封，允宜肇于此日"②，他认为牡丹具有这种不为权势所屈的精神，称为"花王"是当之无愧的。除此之外，牡丹还具有倔强的个性，"是花皆有正面，有反面，有侧面。正面宜向阳，此种花通义也。然他种犹能委曲，独牡丹不肯通融，处以南面则生，俾之他向则死，此其肮脏不回之本性，人主不能屈之，谁能屈之？"③ 李花也具有类似的性格，与桃相比，虽同是花中领袖，但"桃色可变，李色不可变也，'邦有道，不变塞焉，强哉矫！邦无道，至死不变，强哉矫！'自有此花以来，未闻稍易其色，始终一操，涅而不淄，是诚吾家物也。……又能甘淡守素，

① （清）李渔：《闲情偶寄》，浙江古籍出版社1985年版，第283页。
② 同上书，第239页。
③ 同上。

未尝以色媚人也"①，李花身上这种坚守节操、甘淡守素的性格是桃花所没有的。同时，他还认为山茶"具松柏之骨，挟桃李之姿"，棕榈"较之芭蕉，大有克己妨人之别"，冬青也是"有松柏之实而不居其名，有梅竹之风而不矜其节"。这些都是人的品质在植物身上的比附，是"比德"思想在李渔自然审美中的体现。

李渔不只把人类身上美好的品德比附于植物，他还把人身上不美好的品德比附到植物身上。瑞香在《谱》中记载为"一名麝囊，能损花，宜另植"，李渔认为"同列众芳之中，即有明侪之义，不能相资相益，而反崇之"②，这完全是小人之举，所以茂叔以莲为花之君子，李渔以瑞香为花之小人。辛夷，又名木笔、望春花，"一卉而数异其名，又无甚新奇可取"，有"名有余而实不足"之人，也有"名有余而实不足"之花。

李渔还进一步从花看到人情物理、养生处世等。李渔有《惜桂》诗云："万斛黄金碾作灰，西风一阵总吹来。早知三日都狼藉，何不留将次第开？"③ 他认为桂花在一夜之间盛开，"满树齐开，不留余地"，可谓是盛极一时，风一吹，又一夜之间全败，桂花如此，玉兰也是如此，由此，李渔认为"盛极必衰，乃盈虚一定之理"。不但花朵如此，人们"凡有富贵荣华一蹴而至者"也如同这桂花、玉兰。月满必亏，几百年后的《红楼梦》也揭示了同样的道理。另外，李渔认为芍药和牡丹不相上下，但是前人却署牡丹以"花王"，署芍药以"花相"，评价芍药总是"花似牡丹而狭""子似牡丹而小"，这不过是由皮相得之，不能看到本质。同样对人的评价有时也是只看表面，"人之贵贱美恶，可以长短肥瘦论乎？"由论花言及论人。即使是小小的浮萍，李渔也能从中看出深刻的道理。"水上生萍，极多雅趣；但怪其弥漫太甚，充塞池沼，使水居有如陆地，亦恨事也。"④ 浮萍既给人带来雅趣，也给人带来遗憾，真可谓"成也萧何，败也萧何"，因此李渔认为"有功者不能无过"。李渔还从葵花之易

---

① （清）李渔：《闲情偶寄》，浙江古籍出版社1985年版，第242页。
② 同上书，第252页。
③ 同上书，第250页。
④ 同上书，第275页。

栽易盛但叶肥大可憎得知："人谓树之难好者在花，而不知难者反易。古今来不乏明君，所不可必得者，忠良之佐耳"①；从菜花明白了"积至残至卑者而至盈千累万"也可以"贱者贵而卑者尊"②。他还对比木本、藤本、草本植物的生长特点发现，植物生长，根是最重要的，由植物及万物，甚至到人，"是根也者，万物短长之数也，欲丰其得，先固其根"，"于老农老圃之事，而得养生处世之方"③，人要想很好地安身立命，李渔认为也要同植物一样，先固其本，对人来说，固本也就是修身立德，德厚才能根深。李渔对这种用花草说人世的思想有明确的表达，他说："予谈草木，辄以人喻"，"世间万物，皆为人设。观感一理，备人观者，即备人感"。④

李渔对花草树木的审美还多联系其人文背景知识。如关于秋海棠的传说，"相传秋海棠初无是花，因女子怀人不至，涕泣洒地，遂生此花，可为'断肠花'"⑤，王禹《诗话》对海棠的记载⑥，《事物纪原》关于牡丹被贬的传说⑦等，使自然审美富有深厚的人文内涵。李渔的环境审美中还表现出了生态美学思想的痕迹。他从紫荆怕痒推知"知痒则知痛，知痛痒则知荣辱利害，是去禽兽不远，犹禽兽之去人不远也"⑧，还推知无草无木不知痛痒，"草木同性，但观此树怕痒，即知无草无木不知痛痒，但紫薇能动，他树不能动耳"，所以他认为"禽兽草木尽是有知之物"，"草木之受诛锄，犹禽兽之被宰杀，其苦其痛，俱有不忍言者"，"人能以待紫薇者待一切草木，待一切草木者待禽兽与人，则斩伐不敢妄施，而有疾痛相关之义矣"。⑨ 这种思想就超越了对自然的比附，从个体或物种的存在看待生命，超越了对生命理解的局限与狭隘，将生命视为人与自

---

① （清）李渔：《闲情偶寄》，浙江古籍出版社 1985 年版，第 264 页。
② 同上书，第 269 页。
③ 同上书，第 238 页。
④ 同上书，第 259 页。
⑤ 同上书，第 245 页。
⑥ 同上书，第 244 页。
⑦ 同上书，第 239 页。
⑧ 同上书，第 247 页。
⑨ 同上。

然万物共有的属性，他要求人们用"待紫薇者待一切草木，待一切草木者待禽兽与人"，体现了朴素的生命平等观，紫薇、一切草木与人在生命上都是平等的。

　　学界也有其他学者谈到李渔的山石花木审美，如杜书瀛把山石、花木放在一起作为园林艺术的一部分来谈李渔的山石花木之美，他认为李渔从三个方面论述花木之所以能够媚人的道理：以其色彩媚人、以其姿态媚人、以它们的某种特殊品格唤起人的某种情、意，从而产生一定的审美效果。①　史文娟则认为花草树木不能算李渔的造园思想，因为"'居室部'不曾纳入园中的花木配置这一项，倒是在后面的'种植部'论述了各种花木的特性与植花种草的技术，因其并非从'园亭'的角度来写而单以介绍各种植物为主，通常借题发挥转而谈世论道，偶尔提及造园也是一鳞半爪"②。杨岚也认为李渔的自然审美"没有从园艺技术角度谈，也没有从实用功能谈（如本草纲目），而是把重心放在草木性情、花树姿容、自然法则、天地之文的探索上，形成了中国古典文化中关于植物审美的集大成之作"，"他以物理谈人情，以物性谈治乱、以草木命运抨击人间不公，形成了《闲情偶寄》中的不闲之情愫，不偶之寄怀，也是最具锋芒、才气纵横的篇章"③。由此可见，花草树木既可单纯作为植物来欣赏，也可作为制造美景的手段服务于园林艺术，但是二者有着本质区别，即一个是目的，一个则为手段。

　　《长物志》中也大量地谈论了花木，它不但分门别类地论述了园林花木的姿态、色彩、生长习性、栽培方法，还详细论述了花木在园林中的配置、造景效果，如"庭除槛畔，必以虬枝古干，异种奇石，枝叶扶疏，位置疏密"④"桃、李不可植庭除，似宜远望；红梅、绛桃，具借以点缀

---

① 参见杜书瀛《李渔论园林艺术中的山石花木之美》，《中华艺术论丛》2008年第8辑。

② 史文娟：《一卷代山，一勺代水——谈李渔与〈闲情偶寄·居室部〉》，《华中建筑》2008年第10期。

③ 杨岚：《李渔对自然的审美》，《美与时代》（下半月）2009年第12期。

④ （明）文震亨：《长物志》，陈植校注，杨超伯校订，江苏科学技术出版社1984年版，第41页。

林中，不宜多植"① "芙蓉宜植池岸，临水为佳；若他处植之，绝无风致"② 等。与《长物志》相比，李渔所谈之花草树木审美不太符合园林审美的内容，一般园林中的花草树木讲求的是色彩、香气、形状、经营位置等。李渔虽然也谈到一部分内容，但都是作为日常家居中的植物来谈的，普通百姓的日常家居受场地所限也不可能讲求经营位置。

李渔从形式美的角度对花草树木的颜色、形状、香气等进行审美，他还突破这些外形的限制，深入领会花的内在神韵，从花草树木身上看到一种精神、养生处世之方和人情物理等。李渔的植物审美除了基本形式美的欣赏外，还有受儒家思想影响对植物的"比德"审美，在此基础上他还走得更远——以自然说人世。因此李渔的花草树木审美更多的还是作为植物的自然审美，而不是作为园林艺术来审美。另外这种品评人情冷暖、议论世事练达的做法不只出现在植物审美中，而是在居室审美、饮食审美中也有流露。作为一个"有志不获骋"的落魄文人，《闲情偶寄》既寄寓了作者高尚的情怀，也饱含着其满腹的委屈，这也是杨岚所说的"不闲之情愫，不偶之寄怀"。

四 窗栏审美及其他

李渔除了探讨房舍、山石、花草树木等主要景物外，对生活中的一些细节如窗栏、墙壁、联匾等也有涉及，而且他认为人们在窗栏上的创新做得最好。

对于窗栏审美，他强调两点，一是窗栏之制——"制体宜坚"。窗栏作为房舍建造必不可少的一部分，它的第一要义是结实耐用。结实耐用是窗栏的基本要求，这一点也最容易为人们所忽略。人们有时为了追求窗栏的审美效果，而不自觉地忽略了它的实用性。对于实用物品来说，实用性是第一位的，在实用性的基础上，才能进一步追求它的审美价值。基于此，他主张窗栏首先要"制体宜坚"③。"窗棂以明透为先，栏杆以

---

① （明）文震亨：《长物志》，陈植校注，杨超伯校订，江苏科学技术出版社1984年版，第41页。
② 同上书，第60页。
③ （清）李渔：《闲情偶寄》，浙江古籍出版社1985年版，第152页。

玲珑为主，然此皆属第二义；具首重者，止在一字之坚，坚而后论工拙。"① 窗棂固然要追求明亮、透光性能好，而栏杆往往追求玲珑精巧，然而李渔认为这些都是第二位的，第一位的应是结实，在结实的基础上，才能更进一步探讨做工的巧拙问题。从以实用为主、兼顾美观的目的出发，李渔认为"宜简不宜繁，宜自然不宜雕斫"②。"凡事物之理，简斯可继，繁则难久，顺其性者必坚，戕其体者易坏"③，任何事物都是简单才能持久，顺应其自然本性就会结实，违背其本性就容易毁坏，窗栏也是如此。对于窗栏来说，顺应木头的自然本性就是"合笋使就"，如果雕刻过多，就会违背木头生长的自然纹理，容易坏掉，所以窗栏的制作应遵循"宜简不宜繁，宜自然不宜雕斫"的原则。具体地说，就是"根数愈少愈佳，少则可坚；眼数愈密愈贵，密则纸不易碎"④。怎样才能做到根数又少、眼数又密呢？李渔还推荐了几种制作方法，有纵横格、欹斜格、屈曲体等。总之从实用和美观的双重考虑出发，李渔认为窗栏的制作应简洁自然、美善兼顾，简洁就会美观大方，自然不雕琢就会结实漂亮。

二是窗栏之用——"取景在借"。一般人看来，窗户的作用在于透气、透光、通风，但是李渔认为"开窗莫妙于借景"，也就是说窗户最美妙的作用是借景。他还认为自己对借景之法"能得其三昧"。陈望衡对他的借景思想也是大加赞赏，李渔的"借景"是"随着视点的转移或置换（以内视外、从外视内），舟内之人不仅是风景的鉴赏者，而且也融入整个风景中成为风景的一部分，成为别人的审美对象。反之亦然"。"这一对借景所作动态的、双向式的审美考察，是李渔的一个创见。比起计成把借景静态化、单向式地分为'远借'、'邻借'、'俯借'、'应时而借'要高明得多。"⑤ 此园林建造中之借景方法虽不是李渔首创，但他把这一

---

① （清）李渔：《闲情偶寄》，浙江古籍出版社1985年版，第152页。
② 同上。
③ 同上。
④ 同上。
⑤ 陈望衡：《中国古典美学史》（第二版），武汉大学出版社2007年版，第394页。

方法创造性地运用到日常生活中诸多方面，把借景之作用发挥到极致。

李渔还介绍了湖舫式、便面窗外推板装花式、便面窗花卉式、便面窗虫鸟式、山水图窗、尺幅窗图式、梅窗等各种样式的窗户，这些窗户根据形状可分为三类：便面式、尺幅式和梅窗。便面式就是把窗户做成便面的形状；尺幅式就是把窗子做成装裱图画的形状。便面式又可分为湖舫式、便面窗外推板装花式、便面窗花卉式、便面窗虫鸟式；尺幅式又可分为山水图窗和尺幅窗图式两种。李渔对各种窗子都进行了详细的说明，从借景效果来看，可谓是件件精妙。李渔最为得意的是"梅窗"。所谓"梅窗"就是把窗户虚空的部分用梅树的树干、树枝等代替，"既成之后，剪彩作花，分红梅、绿萼二种，缀于疏枝细梗之上，俨然活梅之初着花者"①。李渔把园林建造之借景方法用于房舍建造中，通过巧妙地利用窗户这个媒介，把借景方法运用到了极致。通过无心画把窗外的美景借进来，把窗内的美景借出去；没有美景的，可以在窗外摆上自己喜好的"盆花笼鸟、蟠松怪石"等，还可以用图画、雕花等代替，甚至可以把枯死的梅树拿来进行加工改造做成"梅窗"。

李渔甚至还对墙壁进行了论述，从总体看墙壁要坚实，"家之宜坚者墙壁，墙壁坚而家始坚"②。具体来说，不同的墙壁又有不同的要求，李渔以界墙、女墙、厅壁、书房壁为例分别进行了阐述。在墙壁方面他仍然坚持了生活审美实用第一的原则。在论及女墙之时，李渔首先强调坚固、耐用、安全为第一位，不能只追求样式美观。在实用、安全第一的情况下，不同的墙壁又有不同的审美追求。以乱石或者石子砌成之界墙"嶙刚崚绝，光怪陆离，大有峭壁悬崖之致"③；以泥土垒墙，则"极有萧疏雅淡之致"，"有旃墙粉堵之风"④。对于女墙，"止于人眼所瞩之处，空二三尺，使作奇巧花纹，其高乎此及卑乎此者，仍照常实砌，则为费不多，而又永无误触致崩之患。此丰俭得宜，有利无害之法也"⑤，实用

---

① （清）李渔：《闲情偶寄》，浙江古籍出版社1985年版，第159页。

② 同上书，第167页。

③ 同上书，第168页。

④ 同上。

⑤ 同上书，第169页。

与美观兼顾，富人与穷人均可量力而为。李渔论述最多的就是书房壁。李渔认为"书房之壁，最宜潇洒"①。潇洒即自然、洒脱。书房是文人之物，文人多是性情中人，追求个性自由，书房基本是属于文人个人的私人领地，这里最是文人可以酣畅淋漓地抒发真性情的地方，所以李渔认为书房墙壁最应该潇洒。

计成和文震亨也都写到了窗栏，与他们相比，李渔的日常生活审美视角更为突出。计成在《园冶·窗栏》中只是提到"栏杆信画而成，减便为雅"②，然后具体介绍窗和栏杆的样式、做法，多技术介绍，少审美欣赏。《长物志》则注重怎么求"雅"避"俗"：栏杆"石栏最古""木栏为雅"③；窗"俱钉明瓦，或以纸糊。不可用绛素纱及梅花簟。……庶纸不为风雪所破，其制亦雅，然仅可用之小斋丈室。漆用金漆，或朱黑二色，雕花、彩漆俱不可用"④；照壁"得文木如豆瓣楠之类为之，华而复雅，不则竟用素染，或金漆亦可。青紫及洒金描画，俱所最忌。……斋中则止中楹用之。有以夹纱窗或细格代之者，俱称俗品"⑤。文震亨处处求"雅"避"俗"，并明确表达作者何为雅、何为俗的看法。他的审美观、物质条件不是一个一般文人所能达到的，更不是一个普通百姓能想象的。由此对比可以发现李渔的生活审美思想完全立足于普通百姓的日常生活。依照李渔的生活审美思想，生活审美不是遥不可及，而是切实可行的。

总之，李渔居室审美有三个原则：实用、创新和节俭。从园林艺术出发，实用和节俭是可以不计的，尤其在当时世风日益奢侈的情况下，提倡节俭是不合时宜的。但从普通人的日常生活出发，实用和节俭则是必需的，这也正突出了李渔日常生活审美思想指导下的居室审美与园林艺术审美的不同。李渔从日常生活出发进行审美的特点在山石、花草树

---

① （清）李渔：《闲情偶寄》，浙江古籍出版社 1985 年版，第 170 页。

② 张家骥：《园冶全释——世界最古造园学名著研究》，山西古籍出版社 1993 年版，第 265 页。

③ （明）文震亨：《长物志》，陈植校注，杨超伯校订，江苏科学技术出版社 1984 年版，第 25 页。

④ 同上书，第 23 页。

⑤ 同上书，第 26 页。

木、窗栏、墙壁等方面都有突出的表现。作为普通百姓，没有多余的钱财可以垒山叠石，但又想免俗，李渔就为他们想出了既实用又美观的两全妙计。对于窗栏，他也首先强调要坚固耐用，其次才是审美。因此，李渔日常生活审美思想在他审美实践的各个方面都体现了普通人与日常性的特点。

在学界李渔的园林美学已经成为一个约定俗成的说法。很多学者研究了李渔的园林美学思想，得出"贵自然""求新变""取景在借""宜简不宜繁，宜自然不宜雕斫""因地制宜，不拘成见"等结论。如岳毅平认为李渔在造园法则上提出了"贵自然""求新变"的主张，在更深层次上表现了李渔造园追求率性纯真、妙肖自然、张扬个性，突出审美个体、雅俗相互抗衡互相融合的特点①；李砚祖指出李渔的设计思想具有"新之有道，异之有方，不失情理之正""寓节俭于制度之中，黜奢靡于绳墨之外""使实用美观均收其利而后可""眼界关乎心境"等特点，他还指出李渔对于设计的认知和阐述，除他作为设计的亲历者具有实际设计经验外，其传统文人的眼界和修养起了关键作用②；邱春林认为李渔的设计宗旨就是依据自己的个性和才情，设计具有诗画意境的生活环境，为生命增添情趣，他的设计具有整体意识，强调实用和娱情的结合，追求"妙肖自然"的设计美学，并提出了"因地制宜""制体宜坚""浓淡得宜"等工艺法则③；张谷平指出了李渔"自出手眼标新创异"的造园思想，重点阐述了"取景在借"④；沈新林则从李渔的园林艺术实践活动出发，通过对兰溪伊山别业、金陵芥子园、杭州层园等园林规模、结构和格局的考述，并结合其园林居室方面的理论，论析了李渔以人为本、求新贵巧、崇尚自然、经济实用的园林美学思想⑤，如此等等。以上论述从各个方面

① 参见岳毅平《李渔的园林美学思想探析》，《学术界》2004 年第 6 期。

② 参见李砚祖《生活的逸致与闲情：〈闲情偶寄〉设计思想研究》，《南京艺术学院学报》2009 年第 6 期。

③ 参见邱春林《设计生活——论李渔的设计艺术宗旨》，《湖北美术学院学报》2004 年第 2 期。

④ 参见张谷平《自出手眼标新创异（一）——李渔造园美学思想掇要》，《古建园林技术》1985 年第 4 期。

⑤ 参见沈新林《李渔园林美学思想探微》，《艺术百家》2007 年第 2 期。

详细阐述了李渔在造园方面的一些观点，但是若说这些就是李渔的园林美学思想，则有鸠占鹊巢之感，他只不过是继承了前人的观点而已，并不是他对中国园林美学的独特创见。李渔园林美学还算是比较丰富，但是原创性思想并不多。总结所谓的李渔园林美学思想，不论有多少表述方法，但实质上基本不出以下几个方面：追求创新、追求自然、因地制宜、提倡节俭、取景在借等。以李渔所重之知识产权看，这几项没有一项专利权是属于李渔的。为了考察李渔园林美学思想源头所自，可以拿《闲情偶寄》和稍前的《园冶》《长物志》对比来看，这种对比并不能肯定地说李渔的园林思想就是源于它们，但是至少可以说明这些思想哪些并不是李渔最先提出，哪些才是李渔原创。

首先从追求创新方面看，李渔把创新思想贯穿于造园、治宅、作文、日常生活用品的设计与制作等诸多方面。他说自己"性又不喜雷同，好为矫异"，追求创新的确是李渔思想的一个重要方面。事实上计成《园冶自序》首句就是"不佞少以绘名，性好搜奇"，可见计成也非常注重创新。另外，这种对创新的追求在当时也不是某个人或某一派别的追求，而是一种社会风气、社会潮流。张谷平认为当时"求新变"的美学观，实质上是明代浪漫洪流的余波①。除李渔、计成外，三袁也提出"独抒性灵，不拘格套"，（《袁中郎全集·序小修诗》）石涛也认为："我之为我，自有我在，古之须眉不能生我之面目，古之肺腑，不能入我之腹肠。我自发我之肺腑，扬我之须眉"（《画语录》）等，由此可见这种追求创新思想并不是李渔独创，而是一种普遍的社会风气。

其次从追求自然方面看，在造园上也是计成最先明确提出追求自然的主张。他在《园冶·园说》中明确提出造园要达到"虽由人作，宛自天开"的效果，也就是说造园虽是人工制作，但追求的是天然、自然的效果。他的这一主张契合了中国人追求"天人合一"的心理，得到了同时及后世造园家、文人士大夫等的广泛认同。这也是中国园林艺术与西方园林艺术追求人工精巧的最大不同点。另外"因地制宜"其实是达到自然之效的一个手段，《园冶·兴造论》认为"园林巧于'因'、'借'，

---

① 参见张谷平《自出手眼标新创异（一）——李渔造园美学思想撷要》，《古建园林技术》1985 年第 4 期。

精在'体'、'宜'……'因'者：随基势之高下，体形之端正，碍木删桠，泉流石注，互相借资；宜亭斯亭，宜榭斯榭，不妨偏径，顿置婉转，斯谓'精而合宜'者也"。所谓"因地"也就是根据天然地势、地形，"宜亭斯亭，宜榭斯榭，不妨偏径，顿置婉转"，这样才能产生"虽由人作，宛自天开"的自然审美效果。《长物志》也非常注重因地制宜、追求自然。从园林选址、砌阶石块的选择到花木种植、禽鸟饲养等都追求自然之趣，而且园林还要与周围景观协调，这样才合自然之道。李渔在垒山叠石时也是强调自然的审美效果，为此他还独创了"以土代石"之法，强调在叠石时要"石纹石色取其相同"。这种追求自然的审美效果也是明清园林艺术的突出特点之一，"明清园林建筑取法自然、追求自然。在营建上追求自然化、强调自然美；在意境上追求'天人合一'，主体与客体合而为一；在理论上追求系统化；在审美理想上追求真、善、美相统一的古典和谐。"① 所以，李渔为园林建筑达到追求自然的审美效果贡献了独特的"以土代石"的垒山叠石之法。

再次从"取景在借"上看，李渔明确提出"取景在借"，并表示"开窗莫妙于借景，而借景之法，予能得其三昧"，这表明李渔主要把借景用在开窗方面，并在这方面很有研究。而此前计成在谈论造园的技巧时就曾经提出"园林巧于'因'、'借'，精在'体'、'宜'……'借'者：园虽别内外，得景则无拘远近，晴峦耸秀，绀宇凌空，极目所至，俗则屏之，嘉则收之，不分町疃，尽为烟景，斯所谓'巧而得体'者也"②，"构园无格，借景有因。切要四时，何关八宅"③，"夫借景，林园之最要者也。如远借，邻借，仰借，俯借，应时而借"④，由此可知"借景"思想是源于计成，而且计成的"借景"思想已经非常成熟。他主要是在造园方面使用"借景"方法的，他认为对于造园来说"借景"是最

---

① 周纪文：《中华审美文化通史·明清卷》，安徽教育出版社 2006 年版，第 245 页。

② 张家骥：《园冶全释——世界最古造园学名著研究》，山西古籍出版社 1993 年版，第 265 页。

③ 同上书，第 325 页。

④ 同上书，第 326 页。

重要的。所谓"借景"就是不分园内园外，不分近景远景，凡是及目所见，只要是美景都可以"借"来，而且具体的"借景"方法也有很多种。因此，从源头上看，"借景"思想的知识产权仍然不能归于李渔。李渔的创新就是把造园艺术中的"借景"灵活地运用于日常家居建筑中，通过窗户这一道具把"借景"思想发挥到极致。

由以上对李渔主要园林美学思想分析可知，李渔并没有对中国园林艺术贡献多少独特的智慧，如沈新林所言，"他首创的以土代石之法，是李渔对中国园林美学的重要贡献"①。作为一个对造园艺术有深刻理解的落魄文人，他的最大贡献在于把供上层士大夫、富商巨贾赏玩的造园艺术运用于普通百姓的日常生活中。像段建强所说，计成将"能主之人"对园林兴造的决定作用在开篇就提出来显然是要有意识地区分住宅和园林在建造上的不同②，而在李渔那里，却并未对园林和居室之间的界限作严格区分，甚至可以认为，他对园林与居室的态度提供了一个"园林与居室之间相互融合的具体例证"。事实上，李渔在叙述中提供的许多具体做法也是同时适用于两者的。③ 也就是说李渔的造园技艺既可以用于为文人士大夫、富商巨贾等建造玩赏园林，也可以使普通百姓的日常居室变得富有艺术气息。简言之，李渔的美学思想并不是突出表现在戏剧、园林等方面，而是表现在日常生活方面，他美学思想的日常生活性可以通过与计成、文震亨对比表现出来。

首先从内容上看，计成的《园冶》主要从总体上讨论造园的方法、技巧，园中诸物的搭配构置、审美效果等；文震亨的《长物志》主要谈论园中具体诸物的构造方法、花木种植禽鱼饲养及审美效果等；而李渔只是偶尔谈到这些具体的操作方法，他主要是把这些方法运用到普通百姓的家居建造中，为普通百姓的日常生活创造更好的生活环境。它们论述了大致相同的对象，而侧重点有所不同。《园冶》从结构上共分三卷十三篇：第一卷包括"兴造论""园说""相地""立基""屋宇""装折"

---

① 沈新林：《李渔园林美学思想探微》，《艺术百家》2007年第2期。
② 参见段建强《〈园冶〉与〈一家言·居室器玩部〉造园意象比较研究》，硕士学位论文，郑州大学，2006年，第14页。
③ 同上书，第51页。

六篇；第二卷介绍各种栏杆并附图样；第三卷包括"门窗""城垣""铺地""掇山""叠石""借景"六篇。"兴造论"和"园说"是造园总论，阐述造园意义和总体要求，强调"精而合宜""巧而得体""虽由人作，宛自天开"的审美效果。"相地""立基"……"掇山""叠石""借景"等诸篇是园林建筑、装饰的具体内容及操作方法，如"相地"讨论园林地址的选择，强调"相地合宜，构园得体"，根据不同的地理条件建造不同的园林景观。书中有代表性地列举了山水地、城市地、村庄地、郊野地、傍宅地、江湖地等地理类型，说明了这些地理条件的特点，并详细说明了如何根据地势条件构造园林。其他如"立基""屋宇""装折""掇山"等也都有审美效果及建造方法的详细说明。

与《园冶》相比，《长物志》和《闲情偶寄》内容更丰富一些，除与园林有直接关系的内容外，它们还延伸到了日常生活的其他方面。《长物志》除室庐、花木、水石、禽鱼等和园林有直接关系的内容外，还有蔬果、书画、几榻、器具、舟车、位置、香茗等，另外还包括衣饰。《闲情偶寄》也包括词曲、演习、声容、居室、器玩、饮馔、种植、颐养八部。《长物志》和《闲情偶寄》虽然从内容上都涉及生活的很多方面，但在写作上又各有特点。《长物志》也提到造园方法，如对园林的选址提出要求，"居山水间者为上，村居次之，郊居又次之"[1]；台阶要"自三级以至十级，愈高愈古，须以文石剥成；种绣墩草或草花数茎于内，枝叶纷披，映阶傍砌。以太湖石叠成者，曰'涩浪'，其制更奇，然不易就。复室须内高于外，取顽石具苔斑者嵌之，方有岩阿之致"[2]；所列举禽鱼的审美特点、习性、训练技术、饲养方法，甚至与周围生态环境的和谐都一一描述。《闲情偶寄》虽然也对造园方法如"以土代石""借景"等有所涉及，但这些并不是重点，它主要宣扬了一种"生活审美""生活享乐"的生活理念。李渔明确表示他谈颐养，"觅一丹方不得"，他谈饮馔，"未及烹饪之法，不知酱用几何，醋用几何，醒椒香辣用几何者"。他认为这些都是庖人、匠人、术士所为，他所谈的是"理"、是"道"，"士

---

① （明）文震亨：《长物志》，陈植校注，杨超伯校订，江苏科学技术出版社1984年版，第 18 页。

② 同上书，第 21 页。

各明志，人有弗为"，这些是他不屑谈的，他的目的不是授人以鱼，而是
授人以渔。另外金学智在《中国园林美学》一书中曾把《长物志》与
《园冶》做过比较，指出："文震亨是与计成同时代的园林美学思想家。
如果说，计成的《园冶》比较地倾向于综合法，即在总体的联系中来分
别论述园林建构序列的诸元素，那么，文震亨的专著《长物志》则倾向
于分析法，它把园林分成各个部分，对其中诸元素加以各别的研究，论
及了室庐、花木、水石、禽鱼、蔬果以及书画、家具陈设等，可说是分
论园林艺术诸元素的理论著作。"① 这比较恰当地总结了各自的特点，一
综合，一分析，各有所长。由以上对比可以看出《闲情偶寄》的重点并
不是传授园林建造知识，而是把园林建造思想拿到普通百姓的日常生活
中来，为普通百姓的日常生活服务，宣扬了一种"生活审美""生活享
乐"的生活方式、生活理念。

其次从追求的审美效果上看，《园冶》和《长物志》追求的都是雅致
的审美效果，而《闲情偶寄》追求的却是雅俗共赏。在《园冶·自序》
中计成开篇就说"不佞少以绘名，性好搜奇，最喜关仝、荆浩笔意，每
宗之"，作为一个在绘画方面有深厚造诣的文人，造园时不可能不受到其
绘画思想的影响。他在《园冶·选石》中还直言"须先选质无纹，俟后
依皴合掇"，"皴法"就是当时已经发展非常成熟的一种绘画技法，计成
显然是以绘画技法来叠石的。计成还认为黄石叠山是最好的，"小仿云
林，大宗子久"，利用山石土木、亭台楼阁、花鸟虫鱼等在时空中构造立
体的园林就如同在白纸上作画，所以计成非常讲究造园的立意、布局等，
通过构图、颠倒位置使园林产生如画的意境。岳毅平认为："计成的造园
艺术思想的最大特点是以画为园，'意在笔先'，对'环境'作整体的思
考。这个'整体'不仅指园内之景，而且包括园外之景；不但包括建筑
物本身的'显陈布势'，而且还包括建筑物内外的陈设器物、花式图样等
等。"② 这样计成所造之园就具有情景交融、人物相谐的诗画意境。简言
之，计成是把造园作为一门艺术来经营的，在造园这门艺术上，他极力

---

① 转引自岳毅平《中国古代园林人物研究》，三秦出版社 2004 年版，第 163—
164 页。

② 同上书，第 131 页。

追求一个"雅"字。《园冶》还明确提出造园要追求"自然雅称"、书房要讲求"自然幽雅"、屋宇要"时遵雅朴"、园之围墙要"从雅遵时"等。

《长物志》从审美效果上来说也是追求"雅致"。它对园内景观的布置要求"亭台具旷士之怀，斋阁有幽人之致"。所谓"旷士之怀""幽人之致"，显然是指一种超脱、高雅的情怀，不是一般普通百姓所具有。它追求的不是达官显贵、富商巨贾的附庸风雅，而是一种古朴、自然的雅致。它认为园林要："随方制象，各有所宜，宁古无时，宁朴无巧，宁俭无俗；至于萧疏雅洁，又本性生，非强作解事者所得清议矣。"①"天然几以文木如花梨、铁梨、香楠等木为之；第以阔大为贵，长不过八尺，厚不可过五寸，飞角处不可太尖，须以平圆，乃为古式"②，这样的天然几才最古朴；"如台面阔厚者，空其中，略雕云头、如意之类；不可雕龙凤花草诸俗式"，雕云头、如意之类才会古朴，雕龙凤花草就会很俗气。作者在崇尚"古雅"的同时，还时时贬斥低俗，"丹林绿水，岂令凡俗之品，阑入其中。故必疏其雅洁，可供清玩者数种"③；"古人制几榻……必古雅可爱，又坐卧依凭，无不便适……今人制作徒取雕绘文饰，以悦俗眼，而古制荡然，令人慨叹实深"④。由此可见文震亨对于园林及生活中的一切要素几乎都要求古雅，反对低俗。如岳毅平所说，仔细寻绎，我们发现书中精心营造了一个古朴清雅的园林环境，其中生活着一个超尘脱俗的古代雅士。⑤

与计成和文震亨相比，李渔表现出的却是雅俗共赏的审美趣味。当然这种审美趣味的不同和当时的社会环境、个人生活经历、个人秉性有着密切关系。虽然当时有一些文人还在固守超尘脱俗的高雅阵地，但是由一些下层文人、商人、手工业者等组成的市民文化已经发展成熟，所

---

① （明）文震亨：《长物志》，陈植校注，杨超伯校订，江苏科学技术出版社1984年版，第37页。

② 同上书，第231页。

③ 同上书，第119页。

④ 同上书，第223页。

⑤ 参见岳毅平《中国古代园林人物研究》，三秦出版社2004年版，第169页。

以从整体上看雅俗共赏已经是一种文化趋势，李渔就是其中一位突出代表。岳毅平认为："李渔的雅俗观正是当时社会思潮下文人趣味的反映。一方面，他出身商家，自己也经营书铺，重享乐，逐闲情，创作戏曲、小说等俗文学，大有俗趣。另一方面，在造园等方面又不满流俗，标榜自然清雅，呈现文人雅士之意趣。李渔的园林雅俗观主要体现为以俭黜奢、以雅抗俗。"① 李渔的雅俗观固然是当时社会思潮下文人趣味的反映，但是前面说过上层文人士大夫和下层落魄文人的趣味也是不一样的，李渔的雅俗观只是下层落魄文人趣味的代表。另外，一个人的审美趣味表现在不同方面会有差别，但是也应当是大致统一的，而不应是在戏曲、小说方面有俗趣，到了园林建筑就有了雅趣。李渔出身商家，又由于科举不第，而不得不忙于一日三餐之生计，所以他本身就是下层民众中的普通一员，他的审美趣味自然就有世俗的一面。但他出身商家，毕竟从小就受四书五经教育，原本也是要"治国平天下"的，所以他具有深厚的文学、艺术素养，因此他的审美趣味又不可能完全等同于下层劳动人民的世俗，与他们相比又有高雅的一面。

前面说过计成和文震亨基本上是处处求雅，这种雅是建立在一定经济基础与文化修养基础上的、不食人间烟火的雅，与他们相比李渔是俗的；而与下层没有多少知识、文化的普通劳动者相比，李渔的审美趣味又是雅的。简单地说，李渔把上层文人雅士的雅降低了，把下层劳动人民的俗提高了。李渔认为："土木之事，最忌奢靡。匪特庶民之家，当崇俭朴，即王公大人亦当以此为尚。盖居室之制，贵精不贵丽，贵新奇大雅，不贵纤巧烂漫。凡人止好富丽者非好富丽，因其不能创异标新，舍富丽无所见长，只得以此塞责。"② 奢侈、富丽、纤巧烂漫并不一定就是美、就是雅，有时反而是丑、是俗。有些人不懂如何能雅而只好以奢侈富丽来附庸风雅。李渔还说："每登荣阮之堂，见其辉煌错落者星布棋列，此心未尝不动，亦未尝随见随动，因其材美，而取材以制用者未尽善也。至入寒俭之家，睹彼以柴为扉，以瓮作牖，大有黄虞三代之风，而又怪其纯用自然，不加区画。如瓮可为牖也，取瓮之碎裂者联之，使

---

① 岳毅平：《中国古代园林人物研究》，三秦出版社2004年版，第215页。
② （清）李渔：《闲情偶寄》，浙江古籍出版社1985年版，第145页。

大小相错，则同一瓷也，而有歌窑冰裂之纹矣。柴可为扉也，而有农户儒门之别矣。"① 这段话更是明确表达了李渔对有些"荣阫之堂"和"寒俭之家"的不满，"荣阫之堂"虽是"辉煌错落者星布棋列"，但是其材虽美而取材以制用者却尽善；而"寒俭之家"虽"大有黄虞三代之风"，非常古朴，却又"纯用自然，不加区画"，"古"而不"雅"。李渔反对附庸风雅，追求真正的古雅，但是他所追求的古雅又不是超尘脱俗、不食人间烟火的雅，而是人人可用、人人可为的雅。如他要把开窗借景之法"公之海内"，"使物物尽效其灵，人人均有其乐"，他所设计的便面窗也力求"家家可用，人人可办"，"凡人制物，务使人人可备，家家可用，始为布帛菽粟之才，不则售冕旒而沽玉食，难乎其为购者矣"等。而且这些也并不是不可为之事，"有耳目即有聪明，有心思即有智巧，但苦自画为愚，未尝竭思穷虑以试之耳"，肯用心思即可。

简而言之，李渔的美学思想并不是主要表现在戏剧、园林或其他某一具体的方面，而是把一种审美的生活态度、审美的生活方式带到普通百姓的日常生活中。有了审美的生活态度，生活中的一切都可以是美的；有了审美的生活方式，就可以"诗意地栖居"在人世间。

第三节　生活对象审美——器玩部、饮馔部

生活的构成要素，除生活主体、生活环境外，还有一些生活的必需品，即生活对象。李渔的生活对象审美主要表现在两方面：所用与所食，也就是《闲情偶寄》的"器玩部"和"饮馔部"。

一　器物审美

关于李渔器物审美特点，学界大致有以下观点：罗筠筠指出李渔工艺思想特点有四，"坚而后论工拙""非染弗丽，非和弗美""体舒神怡""宜简不宜繁，宜自然不宜雕斫"②；孙福轩指出李渔装饰美学的特点为追求自然和谐、雅趣与实用的统一、讲究景物的层次感、追求装饰的新巧

① （清）李渔：《闲情偶寄》，浙江古籍出版社 1985 年版，第 185 页。
② 罗筠筠：《李渔工艺思想四题》，《装饰》1994 年第 2 期。

和独创性①；王功龙、刘东指出李渔的居室布置有着实用、经济、简约的美学原则②；龚德慧指出李渔居室设计思想具有物质与人文环境并重、"崇变求新"的鲜明特点③；陈静勇则指出李渔传统住宅室内陈设艺术理论与设计思想是自己创作实践的经验总结，把深入生活作为自己设计创作之源泉，注重提高设计的适用性与实用价值，追求朴素美的设计作风，既研究传统，能独抒己见，又勇于创新④；胡冬蕾认为李渔家具设计的特点是能够细致入微地体察人体的感知和需要、注重与自然的交融、物尽其用化腐朽为神奇、推崇"简"⑤；另外朱孝岳也指出李渔家具美学崇尚俭朴、提倡简明坚实契合实用、追求创新等特点，他还独到地认识到李渔首先认为家具的主旨是"情"，并高度赞扬这种观点，"将家具人格化投之以感情交流创造出富人情味的氛围，这里所表现的以情感为中介的'人—物'关系是中国传统美学的特点之一，它较之西方现代主义中'房屋是居住的机器'之类的技术至上论不知道高明多少倍"，他还认为李渔在论及居室及家具经营时，时时透露出尊重自然、融入自然从而充分享受自然之美的观念，他所寄寓的理想，既不同于消极应顺的自然主义美学观，也不同于奴役自然的机械主义美学观，而表现为"依天理尽人力"应顺自然规律又积极地有所作为，使人与自然彼此相融充分享受在自然环境中自由驰骋的快乐⑥等。以上诸研究成果使我们从各个角度认识了李渔在器物审美方面的特点，其中最为突出、强调最多的就是实用第一、崇尚简单节俭、追求创新等，在这些研究的基础上，笔者还想补充三点：李渔对器玩的辩证认识、器物之制要美善兼顾和器物摆放要自然、灵活

---

① 参见孙福轩《论李渔的装饰美学》，《艺术设计》2004年第3期。

② 参见王功龙、刘东《李渔的居室美学思想》，《美与时代》（下半月）2005年第3期。

③ 参见龚德慧《李渔〈闲情偶寄〉中的居室设计思想》，《湖北美术学院学报》2004年第2期。

④ 参见陈静勇《对李渔〈一家言居室器玩部〉中传统住宅室内陈设艺术理论与设计的评析》，《北京建筑工程学院学报》1995年第1期。

⑤ 参见胡冬蕾《从李渔的〈闲情偶寄〉看其家具设计》，《家具世界》1999年第4期。

⑥ 参见朱孝岳《〈闲情偶寄〉中的家具美学》，《家具》2010年第1期。

多变。

第一，李渔对器物的辩证认识。从器物的性质看，器物可分为实用器物和玩好器物两种。实用器物，不论贵贱，不分贫富，人人必需；玩好器物则是富贵人家才有。但李渔认为实用器物和玩好器物并没有质的区别，"粗用之物，制度果精，入于王侯之家，亦可同乎玩好；宝玉之器，磨砻不善，传于子孙之手，货之不值一钱"①，粗用之物也可成为玩好之物，宝玉之器也会一钱不值。"荣瞻之堂"，辉煌错落星布棋列者，其材虽美，但"取材以制用者未尽善"的情况也屡见不鲜；相反，寒俭之家，以柴为扉，以瓮作牖，也会大有黄虞三代之风。对于实用器物来说，实用性是第一位的；对于玩好之物来说，第一位的则是制度精良。"如瓮可为牖也，取瓮之碎裂者联之，使大小相错，则同一瓮也，而有歌窑冰裂之纹矣。柴可为扉也，而有农户儒门之别矣。"② 同是一瓮，同是一牖，则一为农户一为儒门，这也是实用器物和玩好之物的区别。另外，李渔认为这种化腐朽为神奇、变俗为雅的技能不是可望而不可即的，"垒雪成狮，伐竹为马，三尺童子皆优为之"，"有耳目即有聪明，有心思即有智巧"，只要肯动脑筋、勤于思考，每个人都可以做到。

第二，器物之制要美善兼顾。器物的善也就是器物的实用性，实用价值是它存在的根本。正如墨子所说：食必求饱，然后求美；衣必求暖，然后求丽；居必求安，然后求乐。这表明"食饱""衣暖""居安"之后，人们自然会追求"食美""衣丽""居乐"，也就是说实用价值得到满足以后，人们就会追求它的审美价值。李渔是个在生活中追求审美的人，对于生活中的实用器物，他除了追求实用、便利之外，还非常注重实用器物的审美效果。他既不因为是实用器物而忽略它的审美性，也不过分追求审美效果而不顾其实用性，实用和审美并重是他器物审美的最大特点。李渔认为对于"人无贵贱，家无贫富，皆所必需"的"饮食器皿"等，应该"务使人人可备，家家可用，始为布帛菽粟之才，不则售

---

① （清）李渔：《闲情偶寄》，浙江古籍出版社1985年版，第185页。
② 同上。

冕旒而沾玉食，难乎其为购者矣"①。这也是李渔在生活审美中一以贯之的思想，即简朴、节约，这一思想在服饰、房舍等方面也都有体现。他的生活审美理念不是只为达官贵人服务，更值得大多数的普通人甚至贫困之人借鉴。

对生活中常用器物的改造淋漓尽致地体现了李渔的生活智慧，如他把椅、机改造为暖椅、凉杌。他对于床帐的加工改进有四个方面：一曰床令生花，二曰帐使有骨，三曰帐宜加锁，四曰床要着裙。所谓"帐使有骨""帐宜加锁"和今天的蚊帐差不多，看似没什么新奇，但是若从床帐之制发展史上看，意义就非同一般了。另外所谓"床令生花"，即使今天的人们也不能不为李渔的奇思妙想拍手称赞。李渔对箱笼箧笥和炉瓶的改进也相当精彩。对于箱笼箧笥，李渔认为前人之制已经非常完备，但唯一美中不足的是"其枢钮太庸，物而不化"，这个枢钮如果不能巧妙地设置，如"镜中着屑""玉上生瑕"一样难看，为此，他发明了一箱，名曰"七星箱"；一匣，前雕"博古图"，中系三足之鼎，列于两旁者一瓶一炉，后绘折枝花卉，兰菊竹石。如此不但"使有之若无，不见枢钮之迹"，而且还很好地利用了"枢钮之迹"，达到很好的审美效果。他还把铜锹改为木印，"非止省力，且极美观"，用木印压过的炉灰，"居中与四面皆平，非止同于刀削，且能与镜比光，共油争滑，是自有香灰以来，未尝现此娇面者也"②，但李渔仍然认为"尽美矣，未尽善也"，又"于着灰一面，或作老梅数茎，或为菊花一朵，或刻五言一绝，或雕八卦全形，只须举手一按，现出无数离奇，使人巧天工，两擅其绝，是自有香炉以来，未尝开此生面者也"③。连这些完全是废弃物甚至是生活垃圾的炉灰，李渔都能如此化腐朽为神奇。对于几案，他认为有三样小物必不可少：抽屉、隔板和桌撒。这三样东西物小而用大，有了它们，可以兼具方便、实用、审美之利。这些都是生活细节，但也正是在这些易为常人所忽略的细微之处体现了李渔生活审美的独具匠心，生活审美也正是在这样的生活细节中才能更好地体现出来。可以毫不夸张地说，

① （清）李渔：《闲情偶寄》，浙江古籍出版社 1985 年版，第 186 页。

② 同上书，第 199—200 页。

③ 同上书，第 200 页。

李渔的生活审美实践对大众生活审美的启发不亚于一本专业美学理论教材。

李渔对器物的审美仅限于日常生活中的实用器皿，而没有涉及古董。为此，他也作了解释，其一，崇古之风甚浓，"不敢侈谈珍玩，以为末俗扬波"①。"崇高古器之风，自汉魏晋唐以来，至今日而极矣。"② 崇古之风已达到极致，甚至走向了病态，如果再谈古董审美，只会助长这种不良风气。其二，事事都应崇尚简朴。饮食器皿，不论贵贱、贫富人人所需，"至于玩好之物，惟富贵者需之，贫贱之家，其制可以不问③"。其三，有人只是东施效颦，并不能真正审美。"乃近世贫贱之家，往往效颦于富贵，见富贵者偶尚绮罗，则耻布帛为贱，必觅绮罗以肖之；见富贵者单崇珠翠，则鄙金玉为常，而假珠翠以代之。事事皆然，习以成性，故因其崇旧而黜新，亦不觉生今而反古。"④ 李渔认为只有富贵之家才适合有古玩，而且有古玩是因为"金银太多，藏之无具"。这并不是从古董的审美价值、文物价值等出发来谈古董的，这是李渔对古董认识的不足之处，但是从生活现实出发，他的观点还是有道理的。他提倡节俭，反对过分地崇古之风，更反对东施效颦、人云亦云地看别人买古董自己生计都成问题还跟风买，这些观点显然是应该肯定的。

第三，器物摆放要自然、灵活多变。李渔认为器物摆放的位置非常重要。器物在制度精良的基础上，还要注意摆放。同样的器物，不同的摆放，给人不同的审美感受。他甚至认为位置器物与位置人才是同样道理。"设官授职者，期于人地相宜；安器置物者，务在纵横得当。"⑤ 他还把位置器物和位置人才的能力相提并论，"能于此等处展其才略，使人入其户、登其堂，见物物皆非苟设，事事具有深情，非特泉石勋猷，于此足征全豹，即论庙堂经济，亦可微见一斑。未闻有颠倒其家，而能整齐

---

① （清）李渔：《闲情偶寄》，浙江古籍出版社1985年版，第198页。

② 同上。

③ 同上。

④ 同上书，第198—199页。

⑤ 同上书，第211页。

其国者也"①。由此可见器物摆放看似小事，但是要想做好也并非易事。

那么该如何摆放家中的器物呢？李渔给出两条标准：一是忌排偶；二是贵活变。这两条标准都强调了器物摆放灵活多变的重要性。李渔认为"胪列古玩，切忌排偶"是一陈说，他"生平耻拾唾余"而在此再次提出，一是表明此项标准的重要性，二是因为他对"排偶"的理解有多重含义，需要加以分析，使读者能更好地理解和运用这一原则。李渔认为排偶之中除了大家一般理解的排偶外，还有"似排非排"和"非偶是偶"两种情况。"如天生一日，复生一月，似乎排矣，然二曜出不同时，且有极明微明之别，是同中有异，不得竟以排比目之矣。"② 太阳和月亮看似排偶，但是二者出不同时且亮度不同，就是同中有异，所以不能看作排偶，这就是"似排非排"或者说是"排偶其名，而不排偶其实"。"若夫天生一对，地生一双，如雌雄二剑，鸳鸯二壶，本来原在一处者，而我必欲分之，以避排偶之迹，则亦矫揉执滞，大失物理人情之正矣。即避排偶之迹，亦不必强使分开，或比肩其形，或连环其势，使二物合成一物，即排偶其名，而不排偶其实矣。"③ 此种排偶顺势而为、自然而然，所以虽曰排偶，但并不会给人死板之感，因此这种排偶也是"似排非排"，或是"排偶其名，而不排偶其实"，这也是不应该忌讳的。相反，若为了所谓的"忌排偶"，把本该在一起的两件东西强行分开，倒是不合情理的，也是应该反对的。另外，"左置一物，右无一物以配之，必求一色相俱同者与之相并"，这看似是两物，但是由于两物"色相俱同"，所以它们事实上还是构成了排偶，这就是"非偶是偶"，这是李渔认为最该忌讳的。李渔虽然提出了"忌排偶"的原则，但是他对排偶的理解是辩证的，所以在具体应用这一原则时也应该辩证地对待它。他所说的"当行之法，则有时变化，就地权宜，视形体为纵横曲直，非可预设规模者也"也是这个意思，也就是说具体摆放器物时，没有具体的指导方法，而是"就地权宜"，遵循自然、顺势而为。具体地说就是在各个器物摆放所形成的系统中，要错综变化、有主次、有疏密断连等节奏，不能太

---

① （清）李渔：《闲情偶寄》，浙江古籍出版社 1985 年版，第 211 页。

② 同上书，第 212 页。

③ 同上。

死板。

关于器物摆放，李渔还有第二个主张，即在遵从自然的基础上，要灵活地变换器物的位置。对于器物和器物之间的关系，李渔认为应该遵循"忌排偶"的原则。对于器物和整个家居环境来说，器物应该经常变化位置。一个器物的位置变化，会带来部分甚至整个家居环境的变化。同样，一组器物内部各个器物之间的位置调换或者整组器物的位置变化也会让人产生耳目一新之感。李渔认为"幽斋陈设，妙在日异月新"①，因为"眼界关乎心境，人欲活泼其心，先宜活泼其眼"②。幽斋陈设偶尔变化，人生活于其中，也会充满新鲜感，充满活力。相反，如果数十年如一日，没有任何变化，物会多腐象，人也会缺少生机，缺乏活力。俗话说："流水不腐，户枢不蠹"，物尚且如此，人更是这样。李渔还认为"居家所需之物，惟房舍不可动移，此外皆当活变"③，不同的变化会使人产生不同的心情，只需"左之右之，无不宜之，则造物在手，而臻化境矣"④。生活中一般人认为应该极静的香炉，李渔却认为其妙处在极动，他甚至主张香炉"当一日数迁其位，片刻不容胶柱"，应该顺着风的方向放置香炉，如果反着风的方向，则会"风去香随，而我不沾其味矣"，为了使香气更长久，还要"启风来路，塞风去路"，否则"如风从南来而洞开北牖，风从北至而大辟南轩，皆以风为过客，而香亦传舍视我矣"⑤，这样香气就会顺着风势一闪而过，不能长久。连香炉都要经常变换位置，其他器物就更是如此了。此外，不可移动的房舍，李渔也有使之发生变化的"起死回生之法"，"譬如造屋数进，取其高卑广隘之尺寸不甚相悬者，授意匠工，凡作窗棂门扇，皆同其宽窄而异其体裁，以便交相更替。同一房也，以彼处门窗挪入此处，便觉耳目一新，有如房舍皆迁者；再入彼屋，又换一番境界，是不特迁其一，且迁其二矣"⑥。一般人认为可

①　（清）李渔：《闲情偶寄》，浙江古籍出版社1985年版，第212页。

②　同上书，第212—213页。

③　同上书，第212页。

④　同上。

⑤　同上。

⑥　同上。

以活动的和不可以活动的家居陈设,李渔都能使它们活动起来,因此用"贵活变"来描述李渔的家居器物审美思想是再恰当不过了。

以上三点是李渔器物审美思想的主要内容,这三点看起来简单却容易为人忽略。李渔对器玩的辩证认识说明了日常用品和工艺品、艺术品的区别与联系,日常用品制度精良,也可以成为工艺品甚至艺术品。当今所谓的"古董"其实就是过去的日常用品,那些日用品天长日久失去了实用价值,只剩下观赏价值,就成了艺术品。这种思想告诉我们,日常生活中并不是只有花钱去买所谓的"古董"来装点门面,才能美化生活。只要肯用心思,把我们的日常生活中一些必需品变得更美,也可以是审美的生活。李渔对于日常生活中器物制度的追求是美善兼顾,也就是说既要讲求实用性,也要讲求审美性。这看起来是工艺品、日常生活审美的基本要求,也是很多学者所强调的,但是这一点却被李渔同时代人甚至现在的一些人忽略了。周纪文在谈到明清家具风格的特征时指出:"就明清这一段而言,家具的风格特征演化更为明显,尤其是工艺品装饰风格从明代的简朴、典雅转化为清代的华贵、繁缛,在家具制作的发展中一目了然。"① 樊美钧也认为清代在康熙以前制作的家具大体上还保留着明代风格,而只有雍正至乾隆时期所造的家具与明式家具迥然有别,因此,这一时期的清代家具最具有"清式"的特色,它一反明式家具简明、古朴、清雅、文秀的书卷气息,代之以绚丽、豪华、繁缛的富贵气派。② 只是形成这种华贵、繁缛的审美风格特征还无可厚非,更关键的是由于过分豪华、繁缛而影响了实用功能,"这些经过精心雕饰的家具,大部比较娇嫩,在使用上不及明式家具实惠。清式家具为追求豪华、艳丽的效果,注重装饰,往往显得雕饰太繁;加之多彩镂雕和深雕的手法,又必然造成积尘难拭的弊病。镶嵌家具多用突嵌法,同样有以上弊病,而且日久天长嵌件脱落,又会进一步影响外观"。③ 这种现象不只出现在家具方面,服饰、饮食等日常生活的其他方面也是如此。由此就可以看

① 周纪文:《中华审美文化通史·明清卷》,安徽教育出版社2006年版,第274页。

② 参见樊美钧《俗的滥觞》,河南人民出版社2000年版,第250页。

③ 同上书,第252—253页。

到李渔讲求实用与审美并重、崇尚节俭等思想的重要性了。另外，李渔提倡日常生活中器物摆放要自然、灵活多变也是在最经济实惠的条件下最大限度地追求审美效果，所以对于普通百姓来说无疑是最有效地追求生活审美的手段。总而言之，李渔的生活审美思想就是在力所能及的经济条件、物质条件下最大限度地追求审美的生活。

二 饮食审美

"吃"除了有保持生命的生理作用外，还有重要的文化内涵。吃的方式关系到人类文化的起源，吃的仪式关系到宗教、政治、民俗土风、社交节庆、集体活动的形式，吃所用的器皿发展为最早的工艺美术品，饮食养生产生了人类对自然的最早认识。"吃"对人类文明的起源与发展有着重要意义。中国更是饮食文化非常发达的国家，曾有人指出不懂中国的饮食文化就不要到中国来。既然饮食文化在中国具有非常重要的作用，那么李渔是如何谈论饮食的呢？

对李渔的"饮馔部"进行研究的文章有两种不同的视角：一是科学养生，二是饮食文化。从科学养生角度研究的文章多是介绍李渔的养生方法。从饮食文化角度研究的文章有如下几篇：叶琦主要讨论了李渔饮食文化的特点——"渐近自然"的饮食之道及其当代意义[①]；张谷平认为李渔的烹饪美学观继承了老庄美学力求符合自然、以自然本身为美的观点，以鲜美益人为本，追求清淡尚真的审美境界[②]；孙福轩指出李渔的饮食文化具有崇尚自然、富于审美与文化内蕴的特点，尤其注重养生之道，他还指出了李渔这种饮食文化的形成与他的个性、经历、心态思想有很大关系[③]；朱希祥认为李渔的饮食文化是世俗的美食品味却又有点特别，讨论的都是日常生活和普通百姓的蔬菜、谷食、肉食和水果，以及与此相关的烧煮调治原则、方法、技巧，但是又有些"特别"，即超出了一般

---

① 参见叶琦《"渐近自然"的饮食之道——从〈闲情偶寄〉看李渔的饮食文化观念》，《杭州医学高等专科学校学报》2003 年第 5 期。

② 参见张谷平《李渔的烹饪美学思想》，《无锡轻工业学院学报》1991 年第 4 期。

③ 参见孙福轩《李渔饮食文化略论》，《山东社会科学》2002 年第 5 期。

意义上的饮食谈品食如评人、食野味惜兽禽、吃东西的命运等①；杨岚高度总结了李渔饮食美学的特点，一择食——提倡饮食文明，二知味——建构素食为主的饮食结构、发掘饮食之美的不同层次，三品味——饮食之道与养生之道、审美精神的贯通②；蒋艳、方百寿则把李渔与袁枚的饮食观进行了比较，指出他们的饮食观都有重视饮食的清洁卫生、强调文明饮食、强调"自取自食"、反对铺张浪费的特点，不同点则是李渔更崇尚自然，袁枚更强调饮食要保持自身特色、反对落入俗套，袁枚比李渔更讲究饮食，其饮食观也更系统和完善，同时指出研究两人的饮食观有利于发展现代社会饮食文化③。以上文章对李渔的饮食文化、饮食审美进行了研究，各有侧重。本文在这些研究的基础上，着重指出李渔饮食的生活审美维度。

对于饮食，李渔首先主张崇尚自然。他认为最接近自然的食物才是最好的，"蔬食第一""谷食第二""肉食第三"，"脍不如肉，肉不如蔬"。这里的自然是指原生态的、没有人为加工的。所谓"肉不如蔬"，就是说肉食不如蔬菜，肉食需要人工更多的加工，蒸煮烹炸等，相对来说，蔬菜就可以减少一些人为加工。现代饮食科学也表明大多数蔬菜水果都是生吃营养价值最高，更有利于维生素等营养成分的吸收，而一些油炸或者烧烤食品经过高温则会使食物中的维生素、蛋白质等营养成分大量流失。养生学也主张多吃蔬菜、五谷杂粮，少吃大鱼大肉。李渔认为"食之养人，全赖五谷"。他还说："使天止生五谷而不产他物，则人身之肥而寿也，较此必有过焉，保无疾病相煎，寿夭不齐之患矣。试观鸟之啄粟，鱼之饮水，皆止靠一物为生，未闻于一物之外，又有为之肴馔酒浆、诸饮杂食者也。乃禽鱼之死，皆死于人，未闻有疾病而死，及天年自尽而死者，是止食一物，乃长生久视之道也。"④ 也许李渔的话过

① 参见朱希祥《有点特别的世俗美食品味——李渔随笔中的饮食文化》，《食品与生活》1999 年第 4 期。

② 参见杨岚《李渔的饮食美学》，《美与时代》（上半月）2010 年第 2 期。

③ 参见蒋艳、方百寿《李渔与袁枚的饮食观比较及其现实意义》，《九江师专学报》（哲学社会科学版）2003 年第 2 期。

④ （清）李渔：《闲情偶寄》，浙江古籍出版社 1985 年版，第 221 页。

于绝对，而且人与鸟鱼也不可同日而语，不过此番道理还是值得人们深入思考的。"人则不幸而为精腆所误，多食一物，多受一物之损伤，少静一时，少安一时之淡泊。其疾病之生，死亡之速，皆饮食太繁，嗜欲过度之所致也。"① 现代社会发展更是证实了这一点。近年各种传播、流行疾病时有发生，虽由各种原因造成，但吃是重要因素。过去曾有广东人"天上飞的，除了飞机，无所不吃；地上跑的，除了两条腿儿的人，无所不吃"之说，现在不只是广东，大多数地方都是如此，大大小小的城市里都有"生猛海鲜"的招牌。因此李渔建议，"人欲自爱其生者，即不能止食一物，亦当稍存其意，而以一物为君"②。人也许不能只食一物，但是一定要有个主次，酒肉无论如何也不能作为主食，不能超过蔬菜和五谷杂粮。李渔还说："食肉之人之不善谋者，以肥腻之精液，结而为脂，蔽障胸臆，犹之茅塞其心，使之不复有窍也。"③ 虽然，科学地说，"食肉"和"不善谋"也许并没有必然联系，但过多食肉导致肥胖从而导致行动不便甚至产生各种疾病却是大家有目共睹。因此，多食肉食，"非养生善后之道"，"多食不如少食"。

另外李渔之所以主张"后肉食而首蔬菜"，还有三个原因，即崇俭、复古和珍惜生命。一是崇俭。李渔认为人生有口腹就是累人之物，"口腹具而生计繁矣，生计繁而诈伪奸险之事出矣，诈伪奸险之事出，而五刑不得不设"，所以造物本不该让人生有口腹，"草木无口腹，未尝不生；山石土壤无饮食，未闻不长养"。即使生有口腹，也不该有太多嗜欲，"当使如鱼虾之饮水，蜩螗之吸露，尽可滋生气力，而为潜跃飞鸣"，这样，"则可与世无求，而生人之患熄矣"。④ 但是，事实却是"既生以口腹，又复多其嗜欲，使如溪壑之不可厌；多其嗜欲，又复洞其底里，使如江海之不可填。以致人之一生，竭五官百骸之力，供一物之所耗而不足哉！"⑤ 因此，口腹是欲望、罪恶的根源。《老子》第十三章中说："吾

---

① （清）李渔：《闲情偶寄》，浙江古籍出版社1985年版，第221页。
② 同上。
③ 同上书，第226页。
④ 同上书，第214页。
⑤ 同上。

所以有大患者，为吾有身，及吾无身，吾有何患?"同样，老子也把人的身体看作祸患、忧虑的根源。人因为有了身体，就要吃饭穿衣，要吃饱穿暖，还要吃好穿好。人的欲望是无止境的，有人通过正当手段来满足合理愿望，当正当手段不能满足欲望的时候，就会通过歪门邪道、投机取巧等非正当手段来达到目的，各种罪恶也就由此产生。"其止崇啬，不导奢靡者，因不得已而为造物饰非，亦当虑始计终，而为庶物弭患。如逞一己之聪明，导千万人之嗜欲，则匪特禽兽昆虫无噍类，吾虑风气所开，日甚一日，焉知不有易牙复出，烹子求荣，杀婴儿以媚权奸，如亡隋故事者哉! 一误岂堪再误，吾不敢不以赋形造物视作覆车。"① 司马光也曾说"由俭入奢易，由奢入俭难"，人一旦染上奢侈的毛病，就很难改掉。而且一旦形成奢靡的社会风气，后果就会不堪设想。因此李渔认为应当提倡节俭，不能倡导奢侈。

二是复古。"草衣木食，上古之风，人能疏远肥腻，食蔬蕨而甘之，腹中菜园，不使羊来踏破，是犹作羲皇之民，鼓唐虞之腹，与崇尚古玩同一致也。"② 李渔认为上古之民都是以草木树皮作衣服，以植物作食物，远离肉食，时人也应该像崇尚古玩一样，崇尚上古之民的饮食习惯——多食蔬食、少食肉食。

三是从珍惜生命的角度看人们也应该多食蔬菜、少食肉食。李渔认为食鱼"似较他物为稍宜"，因为"水族难竭而易繁"。这是从朴素的生态平衡角度考虑的，繁殖旺盛的动物，可以适当地捕食。如果不捕食可能会泛滥成灾，相反，适当地捕食反而更有益于维持生态平衡发展。基于此李渔还认为"惜禽而更当惜兽"，因为野禽易得，野兽则比较难得。同时禽之毙是毙于己，是为了觅食而自蹈死地；而兽之死，则是死于人，"是人往觅兽，非兽来挑人"。③ 从动物对人有益的角度看，人们也应该珍惜动物的生命。李渔谈过猪、羊之后，当及牛、犬，但是因为"二物有功于世，方劝人戒之之不暇，尚忍为制酷刑乎"，所以略去牛、犬。对比来说，鸡的功劳比牛、犬稍小，"天之晓也，报亦明，不报亦明，不似畎

----

① (清)李渔：《闲情偶寄》，浙江古籍出版社 1985 年版，第 214 页。

② 同上书，第 215 页。

③ 同上书，第 231 页。

亩、盗贼，非牛不耕，非犬之吠则不觉也"，但是"烹饪之刑，似宜稍宽于鹅鸭。卵之有雄者弗食，重不至斤外者弗食，即不能寿之，亦不当夭之耳"①。最后，出于人基本的怜悯之心，也要珍惜动物的生命。曾有一人，善制鹅掌，他所制之鹅掌，"丰美甘甜，厚可径寸，是食中异品"，但制法实在太过残忍，"每豢肥鹅将杀，先熬沸油一盂，投以鹅足，鹅痛欲绝，则纵之池中，任其跳跃。已而复禽复纵，炮瀹如初"，而且"若是者数四"，不只是惨不忍睹，李渔甚至惨不忍"听"，他认为"物不幸而为人所畜，食人之食，死人之事。偿之以死亦足矣，奈何未死之先，又加若是之惨刑乎？二掌虽美，入口即消，其受痛楚之时，则有百倍于此者。以生物多时之痛楚，易我片刻之甘甜，忍人不为，况稍具婆心者乎？"② 为一己一时的口腹之快，而不顾生物的痛苦，确实是稍具婆心者所不为。因此不论是为了人类自身，还是为了保护动物，都应该珍惜生命，少吃肉食。这一点对当今的动物保护、生态环保仍具有重要意义。

其次是注重味道鲜。不论蔬食还是肉食，鲜是第一要务。"论蔬食之美者，曰清，曰洁，曰芳馥，曰松脆而已矣。不知其至美所在，能居肉食之上者，只在一字之鲜。"③ 一般人谈到蔬菜的美味多是清脆、芳香等，而李渔认为蔬菜最美的甚至可以超越肉食的美只在于一个"鲜"字。鲜到底是一种什么样的口味，李渔并没有作出解释。他认为最鲜的蔬菜是笋，鱼也是"首重在鲜"，加上我们自己的亲身体验，约略可以知道鲜是不在酸甜苦辣等具体口味之中的一种美味。也许酸甜苦辣中包含相对的鲜，但真正的"鲜"是超出酸甜苦辣等具体口味之上的一种美味。李渔还引用《记》曰"甘受和，白受采"，认为鲜即甘之所从出也。要想明白什么是鲜及鲜与甘之关系，就要先考察"甘"的意思。古之"甘"是会意兼指事字，小篆从口，中间的一横像口中含的食物，能含在口中的食物往往是甜的、美的，本义是味美，也含有甜、鲜、淡等意思。但有味之味显然不能与无色之色的白相类比，所以"甘"作甜讲不够正确，

---

① （清）李渔：《闲情偶寄》，浙江古籍出版社 1985 年版，第 229 页。
② 同上书，第 230 页。
③ 同上书，第 215 页。

"甘"应是和无色之色的"白"相对的无味之味的"淡"。相反，能明显地感觉到酸甜苦辣咸的食物都不会有很鲜的口感。所以李渔谈到食笋之法的时候说："茹斋者食笋，若以他物伴之，香油和之，则陈味夺鲜，而笋之真趣没矣。白煮俟熟，略加酱油，从来至美之物，皆利于孤行，此类是也。"① 另外李渔所推崇的各类食物基本上都有一个共同特点——鲜，如笋、蕈、莼等；食物烹调也很注重保持食物的鲜美，如鱼和蟹等。李渔除注重味道鲜美外，还十分注重食物的色和香。李渔在所有的食物中最喜欢蟹，除味道鲜美之外，他还认为蟹之色、香、味都是食中极品，"蟹之鲜而肥，甘而腻，白似玉而黄似金，已造色香味三者之至极，更无一物可以上之"②。他不但对蔬菜、肉食等副食要求色香味俱佳，对于饭粥等主食，也是既要好看，又要好吃，口感好，味道香。他认为粥饭水和米的比例要适当，火候要均匀，这样煮出来的粥饭才能"刚柔合道，燥湿得宜，既有粥饭之美形，又有饮食之至味者"③，如果想精益求精，还可以在饭快熟的时候，浇上一点花露，这样会使饭更香。

最后，李渔还由食物之特性悟出处世之道、人情物理。李渔由"椿头明知其香，而食者颇少，葱、蒜、韭尽识其臭，而嗜之者众"而悟"善身处世之难"，因为"浓则为时所争尚，甘受其秽而不辞；淡则为世所共遗，自荐其香而弗受"，所以他"一生绝三物不食，亦未尝多食香椿"，奉行"夷、惠之间"的处世之道。④ 李渔还认为物性如同人性，如韭菜，"芽之初发，非特不臭，且具清香，是其孩提之心之未变也"⑤，韭菜小时清香老时臭，人亦如此，小孩都是天真可爱的，年纪大了，就会染上自私世故等各种恶习。萝卜的特性是"生则臭，熟则不臭"，这就像有的人，"初见似小人，而卒为君子"，吃芥辣汁则是"食之者如遇正人，如闻谠论，困者为之起倦，闷者以之豁襟"。⑥

---

① （清）李渔：《闲情偶寄》，浙江古籍出版社1985年版，第216页。

② 同上书，第235页。

③ 同上书，第222页。

④ 同上书，第219页。

⑤ 同上书，第220页。

⑥ 同上。

以上是李渔饮食审美的三个主要观点：崇尚自然、注重鲜美与借饮食说人世。崇尚自然是他生活审美的一贯特征，对于居室布置、人物妆扮他也有同样要求。出于健康养生之道，他主张多食蔬菜。从享受美味方面看，他也认为蔬菜味道清淡鲜美。借饮食说人世则可以说是他的一个思维、写作习惯了。作为一个饱尝世态炎凉、人情冷暖的落魄文人，在他的写作中总会不由自主地流露出自己的社会体验，不论是花草树木、饮食，还是女性装饰用品，他总能和世态人情联系起来。总体来看，其饮食审美的一个突出特点就是立足百姓日常生活、注重饮食自身。

众所周知，我们有着深厚发达的饮食文化。周代就已经形成成熟的饮食制度，包括专门的食官、特定的礼仪、丰富的饮食思想等，单是专门的食官就有多种，有膳夫职官、庖人职官、饔人职官、兽人职官、甸人职官等，而且周代饮食制度有着食前必祭、食必有乐、节制饮酒的特点，同时周代饮食制度对维持周人的政治统治秩序、维护周人的社会和谐稳定起着重要作用。[①] 在孔子看来，饮食不只是一种个人物质生活，还是一种社会文化生活，它起着协调人际关系的作用，体现着忠君、尊长、孝亲的仁爱和美德，呈现出尊卑有序、长幼有节的和谐之美。孔子明确表示："乡饮酒之礼，所以明长幼之序也。"明代饮食文化又有了一些新特征。刘志琴指出明代饮食有三个特点：其一，饮食风气由俭而奢，豪吃豪饮，越礼逾制，成为不可扼制的社会潮流；其二，以吃联谊，增强士大夫的凝聚力，促进了文人结社的发展；其三，饮食伦理中的人文关怀扩大，反对"虐生"。[②] 滕新才也指出明朝中后期饮食文化特征为：以挥霍奢侈为特征的饮食方式，以及时行乐为特征的饮食心态、重美食美器与养生保健。[③] 周代饮食文化重视的不是"吃什么"而是"怎么吃"，即重视的是吃的礼仪，吃的政治作用；明代饮食文化重视的是"吃什么"，以及"用什么吃"，也可以说重视的是吃的快感。"吃"不仅是为了满足口腹之欲，还成了炫耀财富的手段。而李渔的饮食审美和两者都

---

① 参见周粟《周代饮食文化研究》，博士学位论文，吉林大学，2007 年。

② 参见刘志琴《明代饮食思想与文化思潮》，《史学集刊》1999 年第 4 期。

③ 参见滕新才《明朝中后期饮食文化探赜》，《三峡学刊（四川三峡学院社会科学学报）》1995 年第 4 期。

不相同，他是站在普通百姓的立场上，提倡吃得健康、吃得简单、吃得节俭、吃得美味等，因此可以说李渔的饮食审美也同样具有突出百姓日常生活审美的特点。

通过与袁枚《随园食单》中体现的饮食思想进行比较，也可以鲜明地展现李渔饮食审美的特点。李渔与袁枚都是江浙文人，均受江南文化的影响，生活时代也比较接近，两人都非常注重生活品质与生活审美，但是两者的饮食思想却有很大差异。

第一，李渔反对饮食、袁枚肯定饮食。从根本上看李渔是反对饮食的。李渔非常注重生活审美，把四个季节四种不同的花比作自己的生命，"予有四命，各司一时：春以水仙兰花为命；夏以莲为命；秋以秋海棠为命；冬以腊梅为命。无此四花，是无命也。一季夺予一花，是夺予一季之命也"。① 但是，他却反对饮食，反对人有"口腹二物"。他认为"口腹"是"生人之累"，是"诈伪奸险"的根源。他说："吾观人之一身，眼耳鼻舌，手足躯骸，件件都不可少。其尽可不设而必欲赋之，遂为万古生人之累者，独是口腹二物。口腹具而生计繁矣，生计繁而诈伪奸险之事出矣，诈伪奸险之事出，而五刑不得不设。"② 他还说："即生口腹，亦当使如鱼虾之饮水，蜩螗之吸露，尽可滋生气力，而为潜跃飞鸣。若是，则可与世无求，而生人之患熄矣。"③ 但是，人并不像"鱼虾""蜩螗"那样容易满足，人的欲望无止境，如此，"既生以口腹，又复多其嗜欲，使如溪壑之不可厌；多其嗜欲，又复洞其底里，使如江海之不可填。以致人之一生，竭五官百骸之力，供一物之所耗而不足哉！"④ 李渔之所以编"饮馔部"，并不是教人怎么吃、怎样进行饮食审美，而是"谬及饮馔，亦是可已不已之事"，"其止崇俭，不导奢靡者"也是"不得已而为造物饰非"，"为庶物弭患"。李渔不敢提倡美食，他认为提倡美食的后果会不堪设想，"如逞一己之聪明，导千万人之嗜欲，则匪特禽兽昆虫无噍类，吾虑风气所开，日甚一日，焉知不有易牙复出，烹子求荣，杀婴儿

---

① （清）李渔：《闲情偶寄》，浙江古籍出版社1985年版，第262页。
② 同上书，第214页。
③ 同上。
④ 同上。

以媚权奸，如亡隋故事者哉！"① 简言之，李渔反对饮食。他之所以反对饮食，是因为他把"口腹"二物看成是"生人之累"，是各种罪恶的渊薮。

袁枚则肯定饮食。他引经据典，首先说明古人对饮食的重视："诗人美周公而曰'笾豆有践'，恶凡伯而曰'彼疏斯稗'。古之于饮食也若是重乎？他若《易》称'鼎烹'，《书》称'盐梅'，《乡党》、《内则》琐琐言之。"② 其次说明饮食与其他学问一样，亦非易事。"孟子虽贱'饮食之人'，而又言饥渴未能得饮食之正。……《中庸》曰：'人莫不饮食也，鲜能知味也。'《典论》曰：'一世长者知居处，三世长者知服食。'"③ 因此，他对待饮食也像对待其他学问一样认真、好学，"每食于某氏而饱，必使家厨往彼灶觚，执弟子之礼"。④ 如此才有《随园食单》传世。

第二，李渔重饮食之道、袁枚重饮食之技。虽然李渔从根本上反对饮食，但是他又不得不面对人只要活着就要吃喝的现实，因此谈及饮食就是必然之事。相对来说，李渔更重饮食之道，袁枚则更重饮食之技。李渔的饮食观是重自然饮食之道，"吾谓饮食之道，脍不如肉，肉不如蔬，亦以其渐近自然也"。⑤ 具体来说，其自然饮食之道是指"后肉食而首蔬菜"。李渔之所以提倡"后肉食而首蔬菜"，如上所述，原因有三：一是"崇俭"；二是"复古"；三是珍惜生命。"饮馔部"中也有一些饮食技术性的内容，如菜要"摘之务鲜，洗之务净"；"饭之大病，在内生外熟，非烂即焦；粥之大病，在上清下淀，如糊如膏"；"五香面""八珍面"的做法等，在这些饮食技术性的内容中，有个一以贯之的主线，那就是李渔的自然饮食之道，因此说李渔更重视饮食之道。

袁枚虽然在《随园食单》的"序言"部分旁征博引，赋予饮食以较高的文化地位，但是在后面的行文中，并没有体现饮食的文化意义，而

---

① （清）李渔：《闲情偶寄》，浙江古籍出版社 1985 年版，第 215 页。

② （清）袁枚：《随园食单》，沈阳万卷出版公司 2016 年版，第 1 页。

③ 同上。

④ 同上。

⑤ （清）李渔：《闲情偶寄》，浙江古籍出版社 1985 年版，第 215 页。

仅仅是一个"食单",所以,袁枚的《随园食单》更注重饮食之技,而且《随园食单》中谈到的饮食技艺非常实用,厨师读之会大有裨益。"序言"之后的"须知单"与"戒单"从整体上阐述厨师操作过程中的注意事项与禁忌。此部分内容非常详尽与细致,"须知单"包括先天须知、作料须知、洗刷须知等二十项内容,"戒单"包括戒外加油、戒同锅熟、戒耳餐等十四项内容,这些内容涉及厨师操作的诸多方面,较大程度地保证了饮食制作的质量。除上述总原则外,袁枚还分门别类地交代了各类食材或食物的注意事项与加工方法,内容也非常全面与详细。他谈到的食材或食物有海鲜、江鲜、特牲、杂牲、羽族、水族等几十种。很多食材的加工方法介绍都非常详细,完全可以照着操作。如"猪头二法","洗净五斤重者,用甜酒三斤;七八斤者,用甜酒五斤。先将猪头下锅同酒煮,下葱三十根、八角三钱,煮二百余滚;下秋油一大杯、糖一两,候熟后尝咸淡,再将秋油加减;添开水要漫过猪头一寸,上压重物,大火烧一炷香;退出大火,用文火细煨,收干以腻为度;烂后即开锅盖,迟则走油。一法打木桶一个,中用铜簾隔开,将猪头洗净,加作料闷入桶中,用文火隔汤蒸之,猪头熟烂,而其腻垢悉从桶外流出亦妙。"①"猪蹄四法","蹄膀一只,不用爪,白水煮烂,去汤,好酒一斤,清酱油杯半,陈皮一钱,红枣四五个,煨烂。起锅时,用葱、椒、酒泼入,去陈皮、红枣,此一法也。又一法:先用虾米煎汤代水,加酒、秋油煨之。又一法:用蹄膀一只,先煮熟,用素油灼皱其皮,再加作料红煨。有土人好先掇食其皮,号称'揭单被'。又一法:用蹄膀一个,两钵合之,加酒,加秋油,隔水蒸之,以二枝香为度,号'神仙肉'。"②作料用什么、用多少,大火烧还是小火烧,烧多长时间等都有详细说明,完全是一个详细的食谱。《随园食单》不论"须知单"与"戒单"饮食制作的总原则,还是"海鲜单""特牲单"等的详细、具体制作方法,都是为了达到最好的饮食效果,要色、香、味、口感等俱佳。所以,从整体看,袁枚的《随园食单》更重饮食之技,还是停留在满足口腹之欲的层次上,没有涉及饮食的文化内涵。

---

① (清)袁枚:《随园食单》,沈阳万卷出版公司2016年版,第46页。
② 同上书,第49页。

　　第三，李渔"不载果食茶酒"、袁枚茶酒并论。如杨岚所说："饮食之中，食偏功用，饮偏享受，而饮食文化、饮食美学离直接功用越远越靠近精神层面。"① 饮与食相比，离直接功用更远，也就更接近精神层面、审美层面，而李渔却"不载果食茶酒"。李渔认为茶与酒不能相提并论，"果者酒之仇，茶者酒之敌，嗜酒之人必不嗜茶与果，此定数也"②。一般而言，懂茶之人，必不懂酒；懂酒之人也必不懂茶。李渔对待茶与酒虽然都避而不谈，原因却是天壤之别。对于茶，李渔是"惧其略"而不谈，要谈就应"大收特书，而且为罄竹之书"，"恐笔欲停而心未许，不觉其言之汗漫而难收"，因此，欲"用专辑一编，名为《茶果志》"。由此可见，李渔此处不谈茶果，是想在别处大谈特谈，而且名字都想好了。据其传世著作可推测此《茶果志》若能成书，也必定是饮食美学方面之杰作。

　　对于酒，李渔则是因为自认不懂而不谈。"予至于曲蘖一事，予既自谓茫然，如复强为置吻，则假口他人乎？抑强不知为知，以欺天下乎？假口则仍犯剿袭之戒；将欲欺人，则茗客可欺，酒人不可欺也。倘执其所短而兴问罪之师，吾能以茗战战之乎？不若绝口不谈之为愈耳。"③ 他并不是真的对酒一无所知，李渔此言有些谦虚了，或者是与茶相比，他自认懂酒不多。"果者酒之仇，茶者酒之敌，嗜酒之人必不嗜茶与果，此定数也"，也许有人会吹毛求疵，认为此结论言过其实，或过于武断。但是李渔看到了茶性与酒性、茶文化与酒文化的巨大差别，从这一点看，李渔就不是真的对酒无知。在"随时即景就事行乐之法"部分李渔还谈到了饮酒的乐趣。他把饮酒之乐分为三种：宴集、家庭小饮与燕闲独酌。"宴集之事，其可贵者有五：饮量无论宽窄，贵在能好；饮伴无论多寡，贵在善谈；饮具无论丰啬，贵在可继；饮政无论宽猛，贵在可行；饮候无论短长，贵在能止。备此五贵，始可与言饮酒之乐；不则曲蘖宾朋，皆凿性斧身之具也。"④ 这是李渔对宴饮之乐看法的一家之言，他的这一

---

① 杨岚：《李渔的饮食美学》，《美与时代》（上半月）2010 年第 2 期。

② （清）李渔：《闲情偶寄》，浙江古籍出版社 1985 年版，第 237 页。

③ 同上。

④ 同上书，第 298 页。

看法是冷静、理智的。"若夫家庭小饮与燕闲独酌，其为乐也，全在天机逗露之中，形迹消忘之内。有饮宴之实事，无酬酢之虚文。睹儿女笑啼，认作斑斓之舞；听妻孥劝诚，若闻金缕之歌。苟能作如是观，则虽谓朝朝岁旦，夜夜无宵可也。又何必座客常满，樽酒不空，日藉豪举以为乐哉？"① 有人以"座客常满，樽酒不空，日藉豪举以为乐"，而李渔则认为"家庭小饮与燕闲独酌"也自有其乐。在李渔看来，酒不是目的，而是手段。酒可以带来宴集、家庭小饮与燕闲独酌的快乐，也可以成为"凿性斧身之具"。李渔虽然自谦不懂酒，也没有专门论述酒，但是他对酒的辩证认识还是非常深刻的。

按照李渔的观点，"果者酒之仇，茶者酒之敌，嗜酒之人必不嗜茶与果，此定数也"。而袁枚的《随园食单》却把茶、酒并作为"茶酒单"，这看似与李渔所说相矛盾，实则合理。李渔所说乃"嗜酒之人必不嗜茶与果"，反过来，嗜茶与果之人必不嗜酒，而有人则对茶与酒都谈不上特别的嗜好，又都略知一二，袁枚应是这类人。如果非常喜爱，而又知之甚深，茶与酒必不可兼得，而且在品评的时候，也容易感性战胜理性，作出不够客观的评价。事实上，袁枚对于茶的看法就有很强的主观性。他认为最好的茶是武夷山顶所生，"尝尽天下之茶，以武夷山顶所生、冲开白色者为第一"。② 只是产量太少，"入贡尚不能多，况民间乎？"其次是龙井。龙井茶又有"清明前者"与"雨前"之分，"清明前者，号'莲心'，太觉味淡，以多用为妙；雨前最好，一旗一枪，绿如碧玉"③。袁枚还对龙井茶的收藏方法、烹时用火、泡茶方法等都作了说明。"除吾乡龙井外，余以为可饮者，胪列于后。"④ 袁枚所列在他看来能饮者屈指可数，唯有武夷茶、常州阳羡茶与洞庭君山茶三种。武夷茶，"清芬扑鼻，舌有余甘，一杯之后，再试一二杯，令人释躁平矜，怡情悦性。始觉龙井虽清而味薄矣；阳羡虽佳而韵逊矣"⑤。其他茶也皆以龙井为参照。

---

① （清）李渔：《闲情偶寄》，浙江古籍出版社 1985 年版，第 299 页。
② （清）袁枚：《随园食单》，沈阳万卷出版公司 2016 年版，第 211 页。
③ 同上。
④ 同上书，第 212 页。
⑤ 同上书，第 213 页。

"阳羡茶，深碧色，形如雀舌，又如巨米。味较龙井略浓。"① "洞庭君山出茶，色味与龙井相同。叶微宽而绿过之。"② 袁枚比较喜欢"清"而有"韵"味的茶，所以见不得别人吃浓茶，"我见士大夫生长杭州，一入宦场便吃熬茶，其苦如药，其色如血"，而直言不讳地说别人"此不过肠肥脑满之人吃槟榔法也。俗矣！"

对于酒，袁枚认为他"性不近酒，故律酒过严，转能深知酒味"。③他的所谓"深知酒味"只是把酒分为清酒与烧酒两类，并且说明两类酒给人以不同的审美感受。清酒有绍兴酒、金坛于酒、金华酒等，烧酒有山西汾酒、山东膏粱烧。清酒，"如清官廉吏，不参一毫假，而其味方真。又如名士耆英，长留人间，阅尽世故，而其质愈厚"。④烧酒如"人中之光棍，县中之酷吏也"。⑤ 其他并没有涉及更深刻的酒文化。

综合来看，比较两人的饮食思想非常有意思。李渔从根本上反对饮食，把"口腹"之欲看成人类"诈伪奸险之事"的根源。这有一定道理，人类部分"诈伪奸险之事"可以归因于人类的"口腹"之欲，但是不能把人类所有的罪恶都归根于"口腹"二物。李渔虽然从根本上反对饮食，但在具体的饮食观上却旗帜鲜明地提出"后肉食而首蔬菜"的饮食之道，这一思想对当今人们的饮食仍具有指导意义。相对来说，李渔少谈具体的饮食技艺。对于茶酒，李渔也是从宏观上谈茶与酒的区别、"五贵""五好""五不好"等原则，没有具体品评。袁枚引经据典，从饮食文化的高度肯定了饮食的正当性与重要性。但是在后文的展开中，他只是停留在饮食制作与口味的品评上，并没有上升到文化的高度，对于茶、酒也是如此。他对饮食与茶酒口味的品评建立在个人经验的基础上，完全以个人好恶为依据，具有强烈的主观性。

李渔与袁枚都非常注重饮食，李渔于《闲情偶寄》中特设"饮馔部"，还自己发明了"五香面""八珍面""玉兰糕"等食谱，袁枚更是

---

① （清）袁枚：《随园食单》，沈阳万卷出版公司 2016 年版，第 213 页。

② 同上。

③ 同上。

④ 同上书，第 214 页。

⑤ 同上书，第 217 页。

把自己吃过的食物、饮过的茶酒，择其好的认真记录下来，编成《随园食单》。这与明清时期物质发展，举国上下，江南尤甚，追求生活享乐、生活审美的社会风尚息息相关。同时，二人的饮食思想又有很大差别，这则与两者的生活经历密不可分。李渔（1611—1680），生于江苏如皋，约二十四岁返回祖籍浙江兰溪，生活于明末清初。少有才华，但屡试不第，后又适逢改朝换代。明清鼎革后，便不求科举入仕，而走上卖文为生、卖艺为生（李渔家班）的道路。在那个时代，此路的艰辛可想而知，有时甚至靠"打秋风"过活，尝尽了世间白眼。对李渔来说，"口腹"就是"生人之累"，他的后半生几乎都在为解决"口腹"问题而奔波。与很多文人一样，李渔也游遍了祖国的大好河山，吃遍了南北美味，如他在《雨宴吴兴郡斋记》一文中所说，"予二十年来担簦负笈，周游四方……海内郡治共百五十有六，而予所未到者仅十之二三"。但是他并没有像袁枚那样"做笔记"，因为他的心思不在美食上。"在别人，是衣食无忧，到外面长见识，增阅历，或观赏大自然的美景；而在笠翁，则是去'就食'，即像牧民'逐水草而居'找饭吃。"① 在李渔很多诗词文章及与友人的书信中，都记录了其旅途的艰辛，所以对李渔来说，"口腹"就是"生人之累"，他不但要解决自己的温饱问题，还要解决一家大大小小四十几口人的温饱问题。

与李渔不同，袁枚则是辞官归隐、享受生活。袁枚（1716—1797），浙江钱塘人（今杭州），生活于康乾盛世。乾隆四年进士，外放江南任县令，先后任溧水、江宁、江浦、沭阳等地县令七年，为官清明勤政，深受百姓爱戴。无奈仕途不顺，于乾隆十四年（1749）辞官隐居于南京小仓山随园。袁枚在文学上倡导书写真性情，生活上他也是生性洒脱、放荡不羁。他为自己的园林取名为"随园"，晚年自号随园主人、随园老人，生活中他也是随性而为，这在他的《随园食单》中也可以体现。喜欢美食，就常常以宴会友，而且"每食于某氏而饱，必使家厨往彼灶觚，执弟子之礼"，"四十年来，颇集众美"，四十年来从不间断。可以不夸张地说，自三十三岁辞官归隐，到八十一岁驾鹤西归，袁枚后半生四五十

---

① 杜书瀛：《戏看人间——李渔传》，作家出版社2014年版，第235页。

年的时间，都是在享受生活，品味美食、美女、美景等，所以他更关注饮食之技艺，并有心编写《随园食单》。

总之，受明清物质发展、享受生活风尚的影响，同为江浙人、同受江南文化熏陶的李渔与袁枚，都非常关注生活审美、饮食审美，但是两者的饮食美学思想又有很大差别，一反对饮食、一肯定饮食，一注重饮食之道、一注重饮食之技，基于以上差别，李渔才会专门解释"不载果食茶酒"之原因，而袁枚则是饮与食并置，茶与酒合一，详细说明泡茶之注意事项、不同酒之味道差别等。这些饮食思想的差异又源于二者不同的生活经历。饮食，人人为之，日日为之，看似小事，实则关乎一个人的思想，反映一个人的经历，甚至折射一个时代之风尚。

第三章

李渔生活审美观念

从上文可知，李渔的生活审美实践主要在生活主体、生活环境与生活对象三个维度展开，在对李渔生活审美实践考察的基础上，可以进一步提炼可资借鉴的生活审美观念。从审美主体方面看，他认为人人都可以审美；从审美客体方面看，他认为时时、事事、处处都可以审美。他的生活审美观念还有一个突出特点，那就是辩证的审美观，即他的审美观中处处都体现了辩证法思想。

第一节 生活审美主体观——人人可以审美

审美主体是审美活动中人的因素，审美客体是审美活动中物的因素，审美主体与审美客体相对存在、互相规定。审美活动的发生需要同时具备审美主体、审美客体，而且审美主体与审美客体之间要有某种遇合性或某种机缘，才能发生审美。具体来说，审美主体是指欣赏和创造美的人。[①] 不论欣赏美，还是创造美，都需要具备一定的审美能力。审美能力，又称审美鉴赏力，是指人们认识美、欣赏美、鉴别美、评价美的能力，包括审美感受力、判断力、想象力、创造力等。[②] 由于受传统美学审美以艺术为中心的影响，人的审美能力往往是指对艺术以及和艺术接近的事物的欣赏力和创造力，而审美主体也往往是指具有这种能力的人。在古典美学中，这种能力往往被看成是神秘莫测的，很多人都曾经谈到

---

① 参见余源培等编著《哲学辞典》，上海辞书出版社 2009 年版，第 262 页。
② 同上书，第 263 页。

文学创作时的感受，如陆机《文赋》中的描述："若夫应感之会，通塞之纪，来不可遏，去不可止。藏若景灭，行犹响起……"刘勰《文心雕龙·神思》中也说："文之思也，其神远矣。故寂然凝虑，思接千载；悄焉动容，视通万里；吟咏之间，吐纳珠玉之声；眉睫之前，卷舒风云之色；其思理之致乎，理故思为妙，神与物游……夫神思方运，万涂竞萌，规矩虚位，刻镂无形"等，他们都想试图说明这种能力究竟是怎么回事，但他们都只能说出自己的感受，并不能给出科学的解释。这到底是一种怎样的能力，这种能力是怎么产生的？古希腊的柏拉图更是因为不能解释这种现象而把它归结为"神"的作用，他认为艺术家和诗人的创作，并不是艺术家和诗人本人在创作，而是神灵凭附在艺术家和诗人身上，艺术家和诗人是代替神灵在说话。既然艺术家和诗人是替神灵在说话，他们本身自然也像神灵一样是神秘的、高不可攀的。但在李渔看来，这种审美能力并不那么神秘莫测，他认为每个人都可以进行生活审美。

一　审美心态和审美能力——闲情和慧眼

李渔认为如果具有"一段闲情"和"一双慧眼"，在生活中人人都能进行生活审美。李渔在谈到窗户的取景作用时说道："若能实具一段闲情、一双慧眼，则过目之物尽是画图，入耳之声无非诗料。"① 只要具有"一段闲情"和"一双慧眼"，凡是眼前看到的东西就都可以成为图画，凡是耳朵听到的声音也都可以成为作诗的材料。"譬如我坐窗内，人行窗外，无论见少年女子是一幅美人图，即见老妪、白叟扶杖而来，亦是名人画幅中必不可无之物；见婴儿群戏是一幅百子图，即见牛羊并牧、鸡犬交哗，亦是词客文情内未尝偶缺之资。"② 不论少年女子，还是老妪、白叟；不论婴儿群戏还是牛羊并牧、鸡犬交哗，都可以成为名人画图词客诗文的内容。"牛溲马渤，尽入药笼。"牛溲马渤尚可以成为有价值的药物，只要具有"一段闲情"和"一双慧眼"，生活中处处都可以发现审美对象。

---

① （清）李渔：《闲情偶寄》，浙江古籍出版社 1985 年版，第 164 页。
② 同上。

　　要想进行生活审美，李渔强调了需要具有"一段闲情"和"一双慧眼"。"闲情"是指悠闲的心态、非物质功利的心态，也就是审美的心态；"慧眼"是指辨别事物的能力，在此是指辨别美的事物的能力，也就是指审美能力。审美现象的发生、审美主体的形成需要审美主体同时具备"闲情"和"慧眼"两种因素：只具有审美心态，审美现象不能发生；只具有审美能力，审美现象不会发生，两者缺一不可。有了审美心态和审美能力，人人可以成为审美主体，物物可以成为审美对象。

　　在审美心态和审美能力中，李渔更注重审美心态。他认为审美发生的关键在心态，"乐不在外而在心。心以为乐，则是境皆乐，心以为苦，则无境不苦"。[①] 审美能力的获得固然有多种复杂因素，但李渔并不像传统美学那样把审美能力看成是非常神秘的事情。"垒雪成狮，伐竹为马，三尺童子皆优为之，岂童子亦抱经济乎？有耳目即有聪明，有心思即有智巧，但苦自画为愚，未尝竭思穷虑以试之耳。"[②] 他认为，像小孩可以垒雪成狮、伐竹为马一样，每个人天生都或多或少有一定的审美欣赏能力与审美创造能力。为什么很多人"没有"这种审美能力或者说很多人的审美能力没有表现出来呢？是因为他们"自画为愚，未尝竭思穷虑以试之"。他们自己认为自己很笨，没有真正用心动脑筋去想这些问题。连小孩都具备的能力，大人反而没有了，其实并不是他们愚笨，而是他们没有把心智放在这方面，他们把心思都用在了对功名利禄等的追求上，审美自然就被遮蔽了。因此老子呼唤"赤子之心"，李贽也认为"天下之至文，未有不出于童心焉者也"。只有不被世俗污染的"赤子之心""童心"才能创作出"天下之至文"，才能具有高超的审美欣赏能力与审美创造能力。

　　总之，要想在生活中进行审美，需要具有"一段闲情"和"一双慧眼"。相对来说，"一段闲情"更重要，因为没有审美心态，审美能力再高也发挥不出来。具有了"闲情"与"慧眼"，人人可以成为审美主体，事事可以成为审美对象。

---

① （清）李渔：《闲情偶寄》，浙江古籍出版社 1985 年版，第 283 页。
② 同上书，第 186 页。

二 贵人可以行乐

有戏词说"不做高官不理事，不吃俸禄不担惊"，相反，做了高官就要处理很多事务；吃了俸禄，就要付出相应的劳动。因此有人认为帝王没有多少快乐时光，"有万几在念，百务萦心，一日之内，除视朝听政、放衙理事、治人事神、反躬修己之外，其为行乐之时有几？"① 天天要考虑、处理许多事情，还要反思自己、严格要求自己，根本没有心情也没有时间去享受快乐。王侯将相亦是如此。但李渔认为"人间至乐之境，惟帝王得以有之；下此则公卿将相，以及群辅百僚，皆可以行乐之人也"②，帝王和公卿将相以及群辅百僚等贵人也都可以"行乐"。

贵人怎样才能得到快乐呢？李渔认为要有良好的心态，这是快乐的关键。"乐不在外而在心。心以为乐，则是境皆乐，心以为苦，则无境不苦。"③ 这看似夸大了"心"的决定作用，但在现实生活中，心态对一个人是否能快乐地生活确实起着重要作用。这也说明了为什么有的人"孩子老婆热炕头"能生活得很幸福，而有的百万富翁甚至千万富翁却会自杀。既然良好的心态如此重要，那么怎样才能拥有一个良好的心态呢？李渔认为可以借鉴老子的"退一步"法。所谓"退一步"法，就是退一步和不如自己的人比较，看到自己比别人强，从而得到一种心理上的满足。"以不如己者视己，则日见可乐；以胜于己者视己，则时觉可忧。"④ 俗话说人比人气死人，那往往是和比自己强的人相对比，这样就会发现别人比自己强，自己事事不如别人，就会很痛苦，甚至失去生活的勇气。当为自己不如别人而感到痛苦的时候，要多看看那些还不如自己的人，这样就可以获得心理平衡，就能"知足"，从而获得一个良好的心态，所以李渔认为"善行乐者，必先知足"。学会知足，就不会因自己不如别人而痛苦。"身为帝王，则当以帝王之境为乐境；身为公卿，则当以公卿之境为乐境。凡我分所当行，推诿不去者，即当摈弃一切悉视为苦，而专

---

① （清）李渔：《闲情偶寄》，浙江古籍出版社1985年版，第283页。
② 同上。
③ 同上。
④ 同上书，第284页。

以此事为乐。"① 作为帝王，就满足作为帝王的现状，不要因为自己不是公卿或者平民百姓而痛苦；作为公卿就满足作为公卿的现状，不要因为自己不是帝王而痛苦。把作为一个帝王应有的一切之外的东西作为痛苦，以帝王拥有的一切为乐；如果相反，作为一个帝王，总是想着"有万几在念，百务萦心"，就不会快乐。

有了良好的心态，就能在日常生活中发现生活的乐趣；有了良好的心态，"为公卿将相、群辅百僚者"，"则不必于视朝听政、放衙理事、治人事神、反躬修己之外，别寻乐境，即此得为之地，便是行乐之场。一举笔而安天下，一矢口而遂群生，以天下群生之乐为乐，何快如之？"② 视朝听政、放衙理事、治人事神、反躬修己等在有些人看来是苦事的生活中也自有乐趣，"一举笔而安天下，一矢口而遂群生，以天下群生之乐为乐"，这可以说是世间最大的快乐了。"若于此外稍得清闲，再享一切应有之福，则人皇可比玉皇，俗吏竟成仙吏，何蓬莱三岛之足羡哉！"除日常视朝听政、放衙理事、治人事神、反躬修己之外，再有片刻的清闲，"再享一切应有之福"，就可以和神仙相媲美了。

李渔主张首先从自己的本职工作中去寻求快乐，进行生活审美，这也是李渔生活审美的独特之处。当代休闲美学主张研究人们的休闲生活，提高休闲生活质量，进行生活审美。这样固然也有利于人们生活质量的提高，但是休闲生活毕竟只是人们生活的一部分，甚至是一小部分，大部分人的大部分时间毕竟还需要工作，所以只研究休闲生活，只是对休闲生活进行审美还不够。如果人们都能从自己的本职工作中获得快乐、获得美感，那么人们的生活质量、幸福指数将会大幅度提高，因此李渔这种从本职工作中寻求快乐、寻找美的做法非常值得我们借鉴。

三 富人可以行乐

李渔认为富人比贵人更难行乐。虽然行乐需要一定的物质条件，但物质太丰富了，对于行乐并不一定是好事，这也就是李渔所说的"则为行乐之资，然势不宜多，多则反为累人之具"。像唐尧这样有美德有帝

---

① （清）李渔：《闲情偶寄》，浙江古籍出版社 1985 年版，第 284 页。
② 同上。

位，像陶朱公这样聪明的人，尚且不能很好地处理过多的钱财而不得不散去，对于普通人来说，就更不能拥有过多的钱财了。

在李渔看来钱财太多有三条坏处。一是财多就会算计，算计就会累人。"财多则思运，不运则生息不繁。然不运则已，一运则经营惨淡，坐起不宁，其累有不可胜言者。"① 二是财多就难免有防人之心，有防人之心就会天天胆战心惊。"财多必善防，不防则为盗贼所有，而且以身殉之。然不防则已，一防则惊魂四绕，风鹤皆兵，其恐惧觳觫之状，有不堪目睹者。"② 三是钱财多就会招人嫉妒，招人嫉妒就会"忧伤虑死"。《论语》中说："温饱之家，众怨所归"，就是说那些能够解决温饱的人家会招致其他受冻挨饿之人的埋怨。同理，那些钱财多的人也会招致一些没钱人的嫉妒，成为众矢之的，就会忧虑。天天生活在算计、惊恐和忧虑中的人是不可能快乐的，所有这一切不快乐都是钱财过多带来的，所以李渔认为富人要想获得快乐，就必须先"散财"。

对于富人来说，"行乐"有两个办法：一是"分财"；二是"少敛"。"分财"是指把自己手中的财物分散出去，"少敛"是指把本该是自己的财物在还没到手之前就分散出去。"少课锱铢之利，穷民即起颂扬；略蠲升斗之租，贫佃即生歌舞。"③ 这也就是俗话所说的"饱汉子一斗，饿汉子一口"，对于一个吃饱的人来说，即使给他一斗的粮食，他也不觉得多，对他来说也算不了什么；可是对于一个饥饿的人来说，仅仅是给他一口粮食，对他来说就是救命的一口粮食，他就会对你感恩戴德。但是人们总是"锦上添花"，而非"雪中送炭"，尤其是一些富人更是为富不仁，对穷人刻薄寡恩，所以李渔奉劝他们"少敛"。如果他们能做到"少敛"，就"大异于今日之富民，而又无损于本来之故我"④。也许这些"少敛"对于他们来说不算什么，但与"今日之富民"不同的是，他们可以从"少敛"中获得很多快乐。"少敛"就会受到别人的感激和尊重，也就没有了嫉妒、惊恐和算计，这样才能"行乐"。由此可见，富人并不是

① （清）李渔：《闲情偶寄》，浙江古籍出版社 1985 年版，第 285 页。
② 同上。
③ 同上。
④ 同上。

不能有钱，而是不能为富不仁。不能把钱财当目的，一心往"钱"看，这样不但不能快乐，反而会为钱财所累。钱财应是手段，是给人们带来快乐的工具。

当代社会基本不存在"少敛"的问题了，每个人都是凭自己的能力吃饭。李渔的富人行乐之法给我们的启示就是要把钱花在有意义的地方。这是富人要面对的问题，也是我们每个人都应面对的问题。那些明星、大企业家等富人应该多做慈善，我们一般人也应该力所能及地去帮助那些需要帮助的人，钱多钱少，意义与价值是同样的。赠人玫瑰，手有余香。帮助别人，哪怕是尽绵薄之力，也体现了我们存在的意义，我们也能从中获得快乐。

另外，李渔还强调生活之中自有乐境，不论贵人还是富人，都"不必于持筹握算之外，别寻乐境"。"此宽租减息、仗义急公之日，听贫民之欢欣赞颂，即当两部鼓吹；受官司之奖励称扬，便是百年华衮。荣莫荣于此，乐亦莫乐于此矣"①，贫民的赞颂和上级的奖励就是最大的荣耀和快乐。李渔始终强调从生活本身去发现快乐。除了这些生活中的自有快乐之外，富人还可以享受到其他人因没有钱财而享受不到的快乐。"至于悦色娱声、眠花藉柳、构堂建厦、啸月潮风诸乐事，他人欲得，所患无资，业有其资，何求弗遂？"所以，同是富人，"分财"之前是最难行乐之人，"分财"之后就成了最易行乐之人。只要"分财"，富人也可以行乐，而且是最易行乐之人。

四　贫贱之人可以行乐

一般人会认为富人、贵人具备了行乐、审美的物质条件，所以他们可以行乐、审美，贫贱之人不具备物质条件，所以不能审美，但是李渔认为贫贱之人也可以审美。李渔用显者、亭长和自己的经历说明，"穷人行乐之方，无他秘巧，亦止有退一步法"。

穷人的"退一步"法有两种：一是和更穷的人相比。"我以为贫，更有贫于我者；我以为贱，更有贱于我者；我以妻子为累，尚有鳏寡孤独

---

① （清）李渔：《闲情偶寄》，浙江古籍出版社 1985 年版，第 284 页。

之民，求为妻子之累而不能者；我以胼胝为劳，尚有身系狱廷，荒芜田地，求安耕凿之生而不可得者"①，这样就会"苦海尽成乐地"。二是和自己更惨的处境或想象中的更惨的处境相比。"即此一身，谁无过来之逆境？""大则灾凶祸患，小则疾病忧伤。"② 人的一生总会经历各种各样的事情，有好事也有坏事，身处逆境之时，想到还有比这更糟糕的情况，现在的处境还不是最糟糕的，就可以聊以自慰。相反，身处逆境，如果总是想着好的环境，就会觉得现在更惨，痛苦也会加倍。

李渔认为"凡人一生，奇祸大难非特不可遗忘，还宜大书特书，高悬座右"③。他还认为这样做对于自身有三条好处：一是"孽由己作，则可知非痛改，视作前车"④，如果是自己的过错造成的，就会提醒自己不会再犯同样的错误；二是"祸自天来，则可止怨释尤，以弭后患"⑤，如果灾祸不是自身的过错，而是不可抗力造成的，那么它也可以安慰人们不要怨天尤人；三是忆苦追烦，引出无穷乐境，除了前两者"警心惕目"之外，它还可以"忆苦追烦"，通过对比，享受当下的快乐。"退一步"法不但可以获得心理的快乐，而且可以获得身体的快乐。"譬如夏月苦炎，明知为室庐卑小所致，偏向骄阳之下来往片时，然后步入室中，则觉暑气渐消，不似从前酷烈；若畏其湫隘而投宽处纳凉，及至归来，炎蒸又加十倍矣。冬月苦冷，明知为墙垣单薄所致，故向风雪之中行走一次，然后归庐返舍，则觉寒威顿减，不复凛冽如初；若避此荒凉而向深居就燠，及其再入，战栗又作何状矣。"⑥ 这就是李渔的"退一步"法在现实生活中的应用。

李渔还认为"退一步"法"无地不有，无人不有，想至退步，乐境自生"，而且李渔还说："予为两间第一困人，其能免死于忧，不枯槁于迍邅蹭蹬者，皆用此法。"⑦ 从李渔的经历可知，李渔确实是几次置之死

---

① （清）李渔：《闲情偶寄》，浙江古籍出版社1985年版，第286页。

② 同上书，第287页。

③ 同上。

④ 同上书，第286页。

⑤ 同上书，第287页。

⑥ 同上。

⑦ 同上。

地而后生，李渔自言他靠的就是"退一步"法。"退一步"法确实可以称得上"无地不有，无人不有"。不论贵人、富人还是贫贱之人要想行乐都离不开"退一步"法。俗话说，人什么时候都是"比上不足比下有余"，也就是说，人要是退一步、往下比就会有余，相反如果眼睛总是往上看、往上比就会有差距。"人外有人，天外有天"，富人觉得自己没有贵人有地位，贵人觉得自己没有富人有钱，而富人、贵人之外还有更富更贵的人。即使是封建社会的集富、贵于一身的一国之君还会觉得自己不如神仙，所以这样比就不可能快乐。既然如此，则"退一步"法确是人人、处处所当有。只要有了"退一步"法，人人都可以审美。李渔的"退一步"法归根结底是说心态的转换，只有用"退一步"法去考虑问题，才会有一个乐观的心态，才能更积极地体验生活的美好，才能更好地对生活进行审美。如果天天生活在痛苦中，甚至悲观厌世，是不可能发现生活中的美的。在生活审美中，只要有了审美的心态，就能发现和创造生活中的美，因为"生活中不是缺少美，而是缺少发现"。

　　总之，李渔认为人人都可以行乐。李渔的这一思想是非常值得现代人深思的。首先他强调"乐不在外而在心"①。心态问题是关键问题，这一思想几乎适合所有人。审美发生首先要有审美的心态。李渔所提到的很多方法其实都是为了解决心态问题，要想拥有一个审美的心态，就要破"我执"，就要打破世俗生活中物质、功利之心的束缚。作为贵人，掌握着权力，要做很多事情，但是也不要只看到其中之苦，运用权力为百姓谋福利，以别人之乐为乐，也是一种快乐。作为富人，不能一心只往"钱"看，要打破对钱的执念，要先放下，然后才能用钱去做一些有意义的事情。贫贱之人更需要用"退一步"法去解决心态问题。其他还有强调"人要知足"也是让人有个平和的心态。李渔反复强调心态的重要性，这一点正是现代人所忽略的。现代社会中的人普遍缺乏一种满足感、幸福感，其中关键并不是外在物质条件问题，而是内在心态问题。与过去相比，现代社会人的物质条件得到了极大提高，但又被更大的物质诱惑所吸引，所以满足感、幸福感却还不如过去，这一点是值得深思的。

---

① （清）李渔：《闲情偶寄》，浙江古籍出版社 1985 年版，第 283 页。

第二节 生活审美对象观——时时、 事事、处处可以审美

李渔的日常生活审美观念包含了他对审美活动双方的看法，他的审美主体观认为只要具备了"闲情"和"慧眼"，人人都能成为审美主体。同样，他还认为有了"闲情"和"慧眼"，"则过目之物尽是画图，入耳之声无非诗料"，时时、处处都可以审美，事事都能成为审美对象。

一 春夏秋冬时时可以行乐

首先，从时间上说，春夏秋冬一年四季时时都可以行乐。

其一，春天。李渔认为"春之为令，即天地交欢之候，阴阳肆乐之时也。人心至此，不求畅而自畅，犹父母相亲相爱，则儿女嬉笑自如，睹满堂之欢欣，即欲向隅而泣，泣不出也"①。按照中国传统文化阴阳五行的说法，天为阳，地为阴，春天是天地交欢的季节。这时春暖花开，万物复苏，有些动物也从冬眠中苏醒过来，到处是一派生机盎然、欣欣向荣的景象。春游的传统也是自古就有，早在春秋时期，《论语》中就记载了孔子和学生们同到郊外春游的事情——"莫春者，春服既成，冠者五六人，童子六七人，浴乎沂，风乎舞雩，咏而归。"晋朝王羲之脍炙人口的《兰亭集序》记载的诗友盛会也是在春天举行——"永和九年，岁在癸丑，暮春之初，会于会稽山阴之兰亭，修禊事也。"所以，春天无疑是一年四季中最适合行乐的季节。人们可以在这个时候出外踏青游春、访亲会友、饮酒赋诗等，"花可熟观，鸟可倾听，山川云物之胜可以纵游"。

其二，夏天。和春天相比，夏天太热，似乎不适合行乐。李渔也认为酷夏很可畏，他甚至认为"使天只有三时而无夏，则人之死也必稀，巫医僧道之流皆苦饥寒而莫救矣。止因多此一时，遂觉人身叵测，常有

---

① （清）李渔：《闲情偶寄》，浙江古籍出版社 1985 年版，第 290 页。

朝人而夕鬼者"①。一些人因为忍受不了夏季的酷暑，而失去性命。《戴记》云："是月也，阴阳争，死生分"，按照《戴记》的说法，这个季节是阴阳抗争、确定生死的时候。因此李渔认为"凡人身处此候，皆当时时防病，日日忧死"②，具体的做法就是"刻刻偷闲以行乐"③。李渔所谓的"偷闲以行乐"是指不要纵欲过度、不要劳累过度，在夏天要注意多休息，放松自己，做自己想做的事情。他认为夏天"行乐"更重要，"以三春神旺，即使不乐，无损于身；九夏则神耗气索，力难支体，如其不乐，则劳神役形，如火益热，是与性命为仇矣。"④ 也就是说，一般人往往在春天"行乐"、休息、放松，但是实际上夏天"行乐"更重要，因为春天精力旺盛，即使不休息放松，也不会伤害到身体；而夏天天气炎热，人本来就容易疲乏，如果不休息放松，对身体的危害也就更大。相对来说，冬天也是如此，冬天天冷人更有精神，所以李渔甚至主张"凡人苟非民社系身，饥寒迫体，稍堪自逸者，则当以三时行事，一夏养生"⑤，如果可以的话，人们应该在一年里的春、秋、冬三个季节做事情，夏天专门用来休息、放松、养生。李渔还以自己一生中最幸福的三年美好生活说明了他是怎么在夏天"行乐"的：摆脱世俗名利，没有人情世故的应酬，除去一切约束和限制，独享一份清闲；"或裸处""或偃卧"，"随心所欲"；或洗砚石，试茗奴，"为所欲为"，彻底摆脱世俗的烦扰，与自然完全融为一体，用李渔的话说是"极人世之奇闻，擅有生之至乐"⑥。因此，夏天非常需要"行乐"，而且夏天也可以享受人生之至乐。

其三，秋天。秋天适于行乐的原因有二：一是劫后余生，理当庆贺。"过夏徂秋，此身无恙，是当与妻孥庆贺重生，交相为寿"⑦，夏天是死生的分界线，能躲过死神的召唤，自然应该好好享受生活的快乐。二是炎夏初退，霜雪未至，气候适宜。"炎蒸初退，秋爽媚人，四体得以自如，

---

① （清）李渔：《闲情偶寄》，浙江古籍出版社1985年版，第291页。

② 同上。

③ 同上。

④ 同上。

⑤ 同上。

⑥ 同上书，第292页。

⑦ 同上。

衣衫不为桎梏"①，夏天天气太热，冬天天气太冷，对人来说都会行动不便。而且冬天一到，霜雪就会来临，"诸物变形，非特无花，亦且少叶；亦时有月，难保无风"②，春天夏天盛开的花朵败了，连树叶都凋零了，所以相对夏天和冬天来说，秋天是更适合行乐的季节。一般人认为"春宵一刻值千金"，而李渔认为"秋价之昂，宜增十倍"，秋天的时光比春天更宝贵。秋天行乐的方法有三：一是登览山水之胜，"有山水之胜者，乘此时蜡屐而游，不则当面错过。何也？前此欲登而不可，后此欲眺而不能，则是又有一年之别矣"③。二是会亲访友之乐，"有金石之交者，及此时朝夕过从，不则交臂而失。何也？襁褓阻人于前，咫尺有同千里；风雪欺人于后，访戴何异登天？则是又负一年之约矣"④。三是家庭天伦之乐，"过夏徂秋，此身无恙，是当与妻孥庆贺重生，交相为寿"⑤，劫后余生，自当与妻妾儿女共同庆贺享受家庭的天伦之乐，再加上因为"暑月汗流，求为盛妆而不得"的姬妾此时却能"全副精神，皆可用于青鬟翠黛之上"，所以"久不睹而今忽睹"，"有如久别乍逢，为欢特异"。以此观之，秋天无疑也是行乐的好时节。

其四，冬天。相对春、夏、秋三个季节来说，冬天天寒地冻，万物肃杀，似乎最不善行乐，但是李渔也有冬天的行乐之法——"退一步"法。冬天即使在家也难免遭受风雪之苦，但是想到还有更有甚者，自然也就会快乐幸福百倍，即"设身处地，幻为路上行人，备受风雪之苦，然后回想在家，则无论寒燠晦明，皆有胜人百倍之乐矣"⑥。李渔所说自是一乐，除此之外，冬天尚有很多乐趣。大雪之后，玉树琼花、银装素裹，此乃冬天之美景；溜冰、滑雪，堆雪人、打雪仗，则是冬天之乐事，因此冬天也自有无限乐趣。

---

① （清）李渔：《闲情偶寄》，浙江古籍出版社 1985 年版，第 292 页。
② 同上。
③ 同上。
④ 同上。
⑤ 同上。
⑥ 同上书，第 293 页。

二 生活起居、休闲活动等事事可以行乐

除四季都可以行乐之外，李渔还认为随时、即景、就事都可以行乐，即事事皆可以为乐。"睡有睡之乐，坐有坐之乐，行有行之乐，立有立之乐，饮食有饮食之乐，盥栉有盥栉之乐，即袒裼裸裎、如厕便溺，种种秽亵之事，处之得宜，亦各有其乐。"① 但是家常受用、日常起居之乐行乐多端，不能拘泥其一，要能因便制宜，"见景生情，逢场作戏"，如此，则"可悲可涕之事，亦变欢娱"；相反，"应事寡才，养生无术"，则"征歌选舞之场，亦生悲戚"。这仍然强调了行乐、审美的能力，具备了这种能力就事事都可以行乐。

李渔认为日常生活中事事都可以行乐，他还列举了日常生活中的一些事例加以说明。他谈到的事例有睡、坐、行、立、饮、谈、沐浴、听琴观棋、看花听鸟、蓄养禽鱼、浇灌竹木等活动，他所谈论的这些活动大致可以分为生活起居和日常休闲两类，这些活动中都包含着丰富的生活乐趣。

首先是生活起居之乐。生活起居主要包括睡、坐、行、立四部分，在这些活动中都有着无限的人生乐趣。在生活起居中李渔谈论最多的是睡之乐。

第一，李渔认为睡是养生第一要诀。李渔认为在所有的养生之术中，睡眠是最重要的，所谓的"导引""打坐"等都应在睡眠之后，"欲从事导引，并力坐功，势必先遣睡魔，使无倦态而后可"②。他说："天地生人以时，动之者半，息之者半。动则旦，而息则暮也。苟劳之以日，而不息之以夜，则旦旦而伐之，其死也，可立而待矣。吾人养生亦以时，扰之以半，静之以半，扰则行起坐立，而静则睡也。如其劳我以经营，而不逸我以寝处，则岌岌乎殆哉！其年也，不堪指屈矣。若是，则养生之诀，当以善睡居先。"③ 他认为天地生人有一定的规律，日出而作，日落而息，人的养生也应该按照天地生人的自然规律，"扰之以半，静之以

---

① （清）李渔：《闲情偶寄》，浙江古籍出版社 1985 年版，第 294 页。

② 同上书，第 295 页。

③ 同上书，第 294—295 页。

半", 如果违反了这个规律, 那么人的生命就会岌岌可危。这是李渔对自然和人类自身规律的朴素认识。现代科学研究也表明睡眠对人身心健康有重要作用。虽不能如李渔所说"动之者半, 息之者半", 但是大多数人都是一生中约有三分之一时间都是在睡眠中度过。人们在经过一天紧张的学习或工作之后, 睡眠是最好的休息和调节方式, 睡眠可以保护人的大脑神经细胞, 很好地恢复体力和智力, 以保持健康的体魄和充沛的精力。睡眠甚至比吃饭喝水对于一个人的生命更重要, 一个人可以几天不吃饭不喝水, 但如果几天不睡觉就可能会有生命危险。

第二, 李渔认为睡眠有很多好处。"睡能还精, 睡能养气, 睡能健脾益胃, 睡能坚骨壮筋"①, 总之睡眠对人之健康有着至关重要的作用。李渔还说: "试以无疾之人与有疾之人, 合而验之。人本无疾, 而劳之以夜, 使累夕不得安眠, 则眼眶渐落而精气日颓, 虽未即病, 而病之情形出矣。患疾之人, 久而不寐, 则病势日增; 偶一沉酣, 则其醒也, 必有油然勃然之势。"② 所以李渔认为睡眠简直是药, 甚至比药更好, 药一般也只能治疗一种或者几种病, 而睡眠却可以治百病。另外, 现代生活中因为工作、学习压力大而导致神经衰弱、失眠的人也有很多, 正是因为长期的睡眠不足、睡眠质量不好而使很多人的身体处于亚健康状态。现代医疗和美容业都把睡眠作为治病或美容的一种重要方法, 出现了很多从事催眠的机构和个人。

第三, 李渔认为睡眠也有很多讲究。根据睡眠时间的不同睡眠可分为夜间睡眠和午睡。李渔认为一般情况下正确的睡眠时间是由戌至卯, 早了或者晚了都不好。虽然睡眠对人的健康很重要, 但也并不是说睡眠时间越长越好。春秋冬三季有夜间睡眠就足够了。李渔认为"人生百年, 夜居其半, 穷日行乐, 犹苦不多, 况以睡梦之有余, 而损宴游之不足乎"③。人们必需的睡眠时间已经占据了人生全部时间的三分之一, 甚至一半, 虽然这个分量有点多, 但这是保证健康身体所必需。除此之外, 再把时间用在睡眠上就是浪费了, 所以李渔嘲笑那个名士"便活七十年,

---

① （清）李渔:《闲情偶寄》, 浙江古籍出版社 1985 年版, 第 295 页。

② 同上。

③ 同上。

止当三十五",因此他主张"当睡之时,止有黑夜,舍此皆非其候矣"①。

对于春、秋、冬季来说,黑夜的睡眠已经足够,但是对于夏天来说,只有黑夜睡眠就不够了,还需要午睡。"长夏之一日,可抵残冬之二日;长夏之一夜,不敌残冬之半夜,使止息于夜,而不息于昼,是以一分之逸,敌四分之劳,精力几何,其能堪此?"②夏天夜短昼长,只有夜间休息不足以恢复白天的劳作。除此之外,"暑气铄金,当之未有不倦者。倦极而眠,犹饥之得食,渴之得饮,养生之计,未有善于此者"③,夏天天气炎热,容易使人困倦,困倦了就应该休息。鉴于以上两条,李渔认为夏天还要有午睡,而且午睡有更多讲究。他认为午睡的最佳境界是自然而然,不能有心觅睡。午睡要在午餐之后,等食物消化之后,然后去做一些事情,在做事情的时候,自然而然地瞌睡,自然而然地睡去,这才是午睡的最佳境界。为了达到最佳睡眠状态,李渔认为午睡还要选择睡眠地点,"地之善者有二:曰静,曰凉"④。"不静之地,止能睡目,不能睡耳,耳目两岐,岂安身之善策乎?不凉之地,止能睡魂,不能睡身,身魂不附,乃养生之至忌也。"⑤此外,李渔还认为人也分可睡和可不睡之人。由此可见,李渔对于睡眠是深有研究、深得其乐的。

除睡之乐外,坐、行、立也各有其乐。生活中除睡眠之外,还有坐、行、立等其他活动。李渔认为坐应以孔子为师,"勿务端庄而必正襟危坐,勿同束缚而为胶柱难移"。坐既要讲究正襟危坐、胶柱难移,但又不能"泥塑木雕其形","面与身齐,久而不动","五官四体,不复有舒展之刻",要"抱膝长吟,虽坐也,而不妨同于箕踞;支颐丧我,行乐也",这样才能体会到坐的乐趣,否则"好饰观瞻,务修边幅,时时求肖君子,处处欲为圣人","其寝也,居也,不求尸而自尸,不求容而自容",不但不利于养生,反而不能"久长于世"⑥。至于行,李渔认为贵人有贵人的

---

① (清)李渔:《闲情偶寄》,浙江古籍出版社1985年版,第295页。
② 同上书,第296页。
③ 同上。
④ 同上。
⑤ 同上。
⑥ 同上书,第297页。

行之乐、贫士有贫士的行之乐。乘车策马之人的行之乐是"有时安车而待步，有时安步以当车"，"或经山水之胜，或逢花柳之妍，或遇戴笠之贫交，或见负薪之高士"，有此之时，可以"安步以当车"，"欣然止驭，徒步为欢"；无此之时，可以"安车而待步"①。贫士的行之乐是自由，缓急出门均可，"事属可缓，则以安步当车；如其急也，则以疾行当马。有人亦出，无人亦出；结伴可行，无伴亦可行"②。至于立，李渔认为可偶尔"亭亭独立"，也可"或倚长松，或凭怪石，或靠危栏作轼，或扶瘦竹为笻；既作羲皇上人，又作画图中物，何乐如之!"③ 总之，睡、坐、行、立各有其乐。

其次是休闲之乐。李渔谈到的休闲活动有饮酒、沐浴、聊天、听琴观棋、看花听鸟、畜养禽鱼、浇灌竹木等活动。

其一，饮之乐。中国有着丰富的酒文化，中国古诗里描写酒的诗句有很多，如"酒逢知己千杯少""醉翁之意不在酒""酒不醉人人自醉"等。李渔认为，饮酒之乐有两种：一是宴集宾朋之乐；二是家庭小饮与燕闲独酌之乐。宴集宾朋之乐全在五贵和五好之中。五贵有："饮量无论宽窄，贵在能好；饮伴无论多寡，贵在善谈；饮具无论丰啬，贵在可继；饮政无论宽猛，贵在可行；饮候无论短长，贵在能止。"④ 在五贵的基础上，李渔还有五好和五不好："不好酒而好客；不好食而好谈；不好长夜之欢，而好与明月相随而不忍别；不好为苛刻之令，而好受罚者欲辩无辞；不好使酒骂坐之人，而好其于酒后尽露肝膈。"⑤ 由这五好可知，饮酒之乐，不仅仅在酒之乐，更在于与酒相伴而来的"好客""好谈""好与明月相随""好于酒后尽露肝膈"等。而家庭小饮与燕闲独酌之乐，则全在于自然、真实、随意、无拘无束，没有应酬中的虚伪客套。"其为乐也，全在天机逗露之中，形迹消忘之内。有饮宴之实事，无酬酢之虚文。

① （清）李渔：《闲情偶寄》，浙江古籍出版社 1985 年版，第 297—298 页。
② 同上书，第 298 页。
③ 同上。
④ 同上。
⑤ 同上书，第 299 页。

睹儿女笑啼，认作班斓之舞；听妻孥劝诫，若闻金缕之歌。"① 借此小饮更好地增进家庭的亲情，在这小饮之中也可以更好地体会天伦之乐。由李渔的"五贵""五好、五不好"可知，李渔论饮酒主要是强调饮酒之乐，而不是像传统饮酒强调饮酒文化、饮酒礼仪等。通过宴集宾朋，或家庭小饮、燕闲独酌，友情、亲情在酒创造的气氛中得到升华。

其二，谈之乐。李渔认为聊天有三大快乐：一是"就乐去苦"；二是"避寂寞而享安闲"；三是受益匪浅，"'与君一夕话，胜读十年书'，既受一夕之乐，又省十年之苦"②。李渔认为读书是最快乐的事，可以使人受益，但是有人却认为读书太辛苦；李渔认为清闲是最快乐的事，却有人认为一个人清闲了就会寂寞，于是"就乐去苦，避寂寞而享安闲"的最好办法就是"与高士盘桓，文人讲论"。"与高士盘桓，文人讲论"有"与君一夕话，胜读十年书"之效，"既受一夕之乐，又省十年之苦"；"'因过竹院逢僧话，又得浮生半日闲'，既得半日之闲，又免多时之寂"③，这些不但可以"就乐去苦""避寂寞而享安闲"，而且可以从中受益很多。不过，聊天对象很重要，不是随便和任何人聊天都可以有这般好处的，李渔认为"善养生者，不可不交有道之士"，更要交"有道而善谈者"，因为"有道而善谈者，人生希觏，是当时就日招，以备开聋启聩之用者也"④。

其三，沐浴之乐。李渔认为在炎炎夏日，除睡觉之外，沐浴也是一大乐事。"潮垢非此不除，浊污非此不净，炎蒸暑毒之气亦非此不解"⑤，沐浴不但能够除垢净污，而且还可以排毒祛暑。有养生家认为沐浴能"损耗元神"，李渔却认为错误的沐浴会"冲散元神，耗除精气"，正确的沐浴并不能危害到身体而且可以"盆中取乐"。李渔还指出，"此事非独宜于盛夏，自严冬避冷，不宜频浴外，凡遇春温秋爽，皆可借此为乐"⑥，

---

① （清）李渔：《闲情偶寄》，浙江古籍出版社 1985 年版，第 299 页。
② 同上。
③ 同上。
④ 同上。
⑤ 同上书，第 300 页。
⑥ 同上。

事实上，冬天也适宜沐浴。夏天沐浴可以祛暑，冬天沐浴却可以驱寒。沐浴对人的身心都有很多益处，除如李渔所说的除垢净污、排毒祛暑之外，沐浴也是人们放松身心的一种重要方法，它也成了现代人休闲娱乐的一种重要方式。除沐浴外，与之相关的按摩、蒸桑拿、泡温泉等也是人们休闲、娱乐、健身、美容等的重要手段。

其四，听琴观棋之乐。李渔认为"弈棋尽可消闲，似难借以行乐；弹琴实堪养性，未易执此求欢"，因为"琴必正襟危坐而弹，棋必整槃横戈以待。百骸尽放之时，何必再期整肃？万念俱忘之际，岂宜复较输赢？"① 因此他总结"喜弹不若喜听，善弈不如善观"。琴棋都是我国传统文化中的精华，听琴观棋固然有其乐趣，弹琴下棋也有很多乐趣。"人胜而我为之喜，人败而我不必为之忧，则是常居胜地也；人弹和缓之音而我为之吉，人弹噍杀之音而我不必为之凶，则是长为吉人也"，听琴观棋能置身事外，保持一定的审美距离，才能体会到乐趣，而不必"为之忧""为之凶"；弹琴下棋者往往会拘泥于吉凶、输赢，只能影响心情，而不能得到快乐。因此，李渔认为"或观听之余，不无技痒，何妨偶一为之，但不寝食其中而莫之或出，则为善弹善弈者耳"②。由此可知，不必是弹琴下棋，也不必是听琴观棋，只要能做到"不寝食其中而莫之或出"，调整好自己的心态，就能体会到无尽的琴棋之乐。因此，李渔并不是简单地认为弹琴下棋不能体会琴棋之乐，而是说不能太拘泥于吉凶、输赢，这样才能更好地体验其中的乐趣。

其五，花鸟禽鱼之乐。李渔认为花鸟二物，天生就是用来媚人的，"既产娇花嫩蕊以代美人，又病其不能解语，复生群鸟以佐之"，花鸟在"媚人"这一点是与美人相同的，"此段心机，竟与购觅红妆，习成歌舞，饮之食之，教之诲之以媚人者，同一周旋之至也"③。然而有人却看不到这一点，"常有奇花过目而莫之睹，鸣禽悦耳而莫之闻者。至其捐资所购之姬妾，色不及花之万一，声仅窃鸟之绪余，然而睹貌即惊，闻歌辄喜，

---

① （清）李渔：《闲情偶寄》，浙江古籍出版社 1985 年版，第 301 页。

② 同上。

③ 同上。

为其貌似花而声似鸟也"①，李渔认为这是"贵似贱真"，与叶公好龙无异，并不是真心地喜欢花鸟，也不能真正地欣赏花鸟。他既然把花鸟看得与美人无异，自然以一颗虔诚的心来对待花鸟，所以"每值花柳争妍之日，飞鸣斗巧之时，必致谢洪钧，归功造物，无饮不奠，有食必陈，若善士信妪之佞佛者。夜则后花而眠，朝则先鸟而起，惟恐一声一色之偶遗也。及至莺老花残，辄怏怏有所失"②，感谢造物生此二物以媚人，乐花鸟之乐，对花鸟的欣赏不肯错过一声一色；悲花鸟之悲，"及至莺老花残，辄怏怏有所失"，伤感美人迟暮。他完全把花鸟当作朋友，还为"不负花鸟"、为花鸟知己而自得，这也就是中国传统美学中的"感时花溅泪，恨别鸟惊心""相看两不厌，独坐敬亭山"式的对自然的欣赏。李渔还谈到对其他所畜养之物的审美，如"鹦鹉所长止在羽毛"③"画眉之巧，以一口而代众舌，每效一种，无不酷似，而复纤婉过之，诚鸟中慧物也"④"鹤、鹿二种之当蓄，以其有仙风道骨也"⑤ 等。

另外，除这些花鸟禽鱼本身带给人们的乐趣外，对它们的浇灌和饲养，这些看起来很辛苦的劳作也自有一番乐趣。不过"能以草木之生死为生死，始可与言灌园之乐"⑥，否则，就只能感受到劳作的辛苦，而不能体会其中的乐趣。李渔认为浇灌竹木之乐有三：一是生命的快乐。以竹木之生为生，看到竹木在自己的精心照料下茁壮成长，自然能从中体验到一种生命的快乐。二是"殊不知草木欣欣向荣，非止耳目堪娱，亦可为艺草植木之家，助祥光而生瑞气。"⑦"助祥光而生瑞气"之说看似是风水迷信，但是草木欣欣向荣可以娱耳目确是实情。三是有助于"颐养性情"⑧，"督率家人灌溉，而以身任微勤，节其劳逸"⑨，亲自参加劳

① （清）李渔：《闲情偶寄》，浙江古籍出版社 1985 年版，第 301 页。
② 同上书，第 302 页。
③ 同上。
④ 同上。
⑤ 同上。
⑥ 同上书，第 304 页。
⑦ 同上。
⑧ 同上。
⑨ 同上。

动，劳逸结合，在劳动中舒展筋骨、锻炼身体、修身养性等也有助于颐养性情。因此在生活中，即使是辛苦的劳动，只要用心去体验，也能发现无穷的乐趣。

三 家庭、道途处处可以行乐

李渔不但认为人人可以行乐，时时、事事可以行乐，他还认为家庭、道途等处处都可以行乐。

关于家庭之乐，李渔主要谈了三个方面。一是家庭之乐是世间最大的快乐。李渔认为"世间第一乐地，无过家庭"①。圣人也以"父母俱存，兄弟无故"为一大快乐。"而后世人情之好向，往往与圣贤相左"，舍家庭而向外求乐。二是后世人情好向与圣贤相左的原因是一念之差，即"恶旧喜新，厌常趋异"②。事实上"后世人情之好向"与圣贤并不一定是相左的，只是常人更多地屈从于自己的感性欲望，而圣人能较好地以理性约束控制自己的感性，也就是说大多数人在本质上都有"恶旧喜新，厌常趋异"的心理。既然如此，我们就应该去利用这种心理而不是压制或者改变它，所以李渔据此提出对策。三是家庭要常变常新。李渔认为后世人之所以舍家庭而向外求乐，并不是不爱家庭，而是天长日久产生了厌倦，产生了审美疲劳。李渔所说"荡尽家资而不顾，其妻迫于饥寒而求去"的"好游狭斜者"和"不孝而为亲所逐者"的"人子"都是如此。每一个人的天性和良知都是热爱家庭的，一个人来到这个世界，首先享受到的快乐就是家庭的天伦之乐，所以连小孩离家都会哭泣。怎样才能消除这种由天长日久产生的审美疲劳呢？李渔提出家庭要常变常新。不但家里的摆设要常变常新，家人穿着打扮也要富于变化，"时易冠裳，迭更帏座，而照之以镜，则似换一规模矣"。

关于道途之乐，李渔认为主要有两点：一是经受道途之苦可以更好地体验居家之乐；二是道途本身之乐。俗话说："在家千日好，出门一日难"，人们往往把旅行称为"逆旅"，这说明大多数人都把出门在外看作很辛苦的事。李渔认为"不受行路之苦，不知居家之乐，此等况味，正

---

① （清）李渔：《闲情偶寄》，浙江古籍出版社 1985 年版，第 288 页。

② 同上。

须一一尝之"①，不管是行路之苦还是居家之乐，都应一一品尝，只有经受了行路之苦，才能更好地体会居家之乐。同样是边陲之地，有人认为"地则不毛，人皆异类，睹沙场而气索，闻钲鼓而魂摇"，而李渔却从边陲之游的经历中受益匪浅，"向未离家，谬谓四方一致，其饮馔服饰皆同于我，及历四方，知有大谬不然者。然止游通邑大都，未至穷边极塞，又谓远近一理，不过稍变其制而已矣。及抵边陲，始知地狱即在人间，罗刹原非异物，而今而后，方知人之异于禽兽者几希，而近地之民，其去绝塞之民者，反有霄壤幽明之大异也。不入其地，不睹其情，乌知生于东南，游于都会，衣轻席暖，饭稻羹鱼之足乐哉!"② 经受道途之苦，更好地体验居家之乐，自然是一种快乐，但真正能欣赏、体验道途之乐的人应该是不以道途为苦，能真正以道途为乐的人，是李渔所说的"视家为苦，借道途行乐"的人。李渔认为真正的男子汉天生都有畅游天下的志向，"不得即以为恨"，向平、李固、太史公等都是如此。"过一地，即览一地之人情，经一方，则睹一方之胜概，而且食所未食，尝所欲尝"③，到不同的地方，就会有不同的收获，就会产生不同的认识和体验。古人云："读万卷书，行万里路"，"见多"才能"识广"，在这"见"和"识"中自有无穷乐趣。旅行会不可避免地经受身体之苦，但是人生就是经历，人生就是体验，从这个意义上说，苦和乐都是一种收获，也都是一种快乐。只要用心去体验，不论在家庭还是在道途中都可以享受快乐。

综上所述，李渔生活审美思想的一个重要方面就是时时、处处都可以审美，事事都可以成为审美对象。与传统生活审美思想相比，李渔的生活审美思想更加彻底，他把对生活进行审美的理念贯彻于生活的方方面面。20世纪八九十年代的生活审美所谈生活多为个人休闲生活。今天所谓"日常生活审美化"中之"生活"也大体如此，对生活的审美也多指对休闲生活的审美。而李渔却几乎把个人所有的生活，包括工作、休闲、饮食、睡、坐、行、立等都囊括了进去，这也是李渔生活审美的一

---

① （清）李渔：《闲情偶寄》，浙江古籍出版社 1985 年版，第 289 页。
② 同上。
③ 同上书，第 290 页。

个突出特点。公卿将相、群辅百僚者的"视朝听政、放衙理事、治人事神、反躬修己"等是贵人的本职工作，富人们的"少敛"，君子爱财，"取之有道、用之有度"，也是他们的本职工作，在李渔看来，这其中也自有乐趣。这就启示我们对于自己的本职工作，也要善于发现其中的乐趣。

李渔之所以能从他们的工作中发现生活的乐趣，是因为从他们的工作中发现了生命的价值、生活的意义。贵人能"一举笔而安天下，一矢口而遂群生，以天下群生之乐为乐，何快如之"①；富人则"此宽租减息、仗义急公之日，听贫民之欢欣赞颂，即当两部鼓吹；受官司之奖励称扬，便是百年华衮。荣莫荣于此，乐亦莫乐于此矣"②。以带给别人快乐为乐，这样的人生也是快乐的。这样的生活是道德的，也是审美的生活。实质上，每一种工作都是为满足别人的需要，为别人谋幸福，能做到以别人之乐为乐、以带给别人快乐为乐，那么每一种工作便都自有乐趣。工作一是为社会、为人民创造价值，二是使自己的生命更有意义。很多人之所以以工作为苦，就是没有看到工作的意义与价值，而只是把工作作为挣工资的手段。

要做到对业余生活、休闲生活的审美并不难，难的是如何以审美的心态面对日复一日重复的工作与吃饭、睡觉等琐事，并从中发现美。只有对业余生活、休闲生活的审美还不够，这些只是人们全部生活中的很小一部分。如果我们只是业余生活、休闲生活审美化了，在这些生活中能感受到满足、快乐与美，而以工作为苦、为累，为其他琐事烦心，这样的生活显然还不够美好。工作与吃饭、睡觉等琐事才是人们生活的大部，因此如何对这些生活进行审美才是生活审美研究的重点。如果每个人都能以自己的本职工作为乐，把工作当成一种美的享受，从吃饭、睡觉等琐事中发现快乐、发现美，这样的生活才是真正的、全面的审美的生活。李渔的上述生活审美思想正可以使我们引以为鉴，它教给我们怎样发现工作的意义与价值，如何从苦事、琐事中寻找快乐与美。

---

① （清）李渔：《闲情偶寄》，浙江古籍出版社 1985 年版，第 284 页。

② 同上。

第三节　辩证审美观

综合考察李渔生活审美实践与他对审美主体、审美对象的看法，可以得出李渔生活审美思想的一个突出特点，即辩证的审美观，也就是他的审美观中体现了明确的辩证法思想。李渔的辩证审美观贯穿于生活审美的各个方面，具体表现为：实用与审美结合、自然与创新统一、创造与欣赏并重、通俗与高雅共赏。其生活审美从生活出发，强调审美的实用性、自然性、创造性和通俗性，但又不拘泥于生活而是生活的审美化，所以又强调生活的审美性、创新性、欣赏性和高雅的特点，把生活与审美辩证地统一在一起。

一　实用与审美结合

李渔的辩证审美观有多种体现，其中最为突出的就是追求实用与审美结合，这也是其生活审美思想的突出特点之一。在生活审美中，实用是基础，实用价值是第一位的，在具有实用价值的基础上，才能谈审美价值，实用价值和审美价值都不可或缺。

李渔实用与审美结合的辩证审美观念主要体现在：

第一，主体审美方面。李渔不但重视对主体的外在审美，而且也非常重视对主体的内在审美。外在方面，他重视主体身材的高矮胖瘦、各部分的组合比例、肌肤、眉眼等人体美，还重视在人体美基础上对之修饰的装饰美，他认为每个人都需要修饰。由此可知，他非常重视对主体的外在审美。但是他并没有忽略对主体的内在审美，而是更重视内在美。他认为外在美只能悦目，只有内在美才能打动人心，甚至认识到多数情况下主体的内在美对外在美的决定作用。如果说外在美是指容貌并侧重于审美的话，那么内在美就是指心地善良、性情温顺、知书达礼等，侧重于实用。虽然有爱心将会有婉容，内在的善会呈现为外在的美，但是内在美本身还是一种善，还是侧重于实用，这种内在的善更易于在主体之间形成良好的人际关系，形成和谐的社会环境，从而形成一种生活美，所以，李渔对于主体审美主张内在美和外在美的辩证统一，实质上也是实用与审美的辩证统一。

李渔不仅对于女性审美主张内在美和外在美统一，对于男性审美，也是如此，也同样是更注重内在美。他赞美一白氏子"美哉不止富才华，温然又复好颜色"，而且还直言"人生最难才与貌，我欲兼之不可得"①，人最难得的是才貌双全。他还称赞一曾经馈赠金钱给他的友人是"眉宇自轩昂，吐气干云霄"②，这种由内在豪情而显示于外的英雄之气，更是一种内外不可分割的统一体。所以对于主体审美来说，主体之美的最佳状态就是内在美和外在美统一。对于男性审美，李渔也更重视内在美。在李渔众多赠友人的诗篇中，很多都是赞颂友人的才气、正直、善良、豪爽、仗义等内在美的。他的《赠吴玉绳》诗云：

> 琴剑本殊致，匣中时并藏。弓矢异曲直，其用恒交相。人苟意气孚，奚分狷与狂。君能志独行，举世称凉凉。人摈我自收，为汝同桂姜。年老性弥辣，世圆尔独方。风霜不凌骨，骨喜凌风霜。我性本疏纵，议者憎披猖。汝能略其短，拾村收微长。许以任天真，文少多肝肠。舟子徒昭昭，人涉否独卬。时以伯夷口，来倾柳下觞。嗜痂但觉甘，遑问痍与疮。以子而交子，兰蕙齐芬芳。相庆韦弦佩，共期年齿忘。各自赴歧路，行到同家乡。③

这首诗就赞美了吴玉绳性情狂狷、为人诚实、处世刚直、性同桂姜、愈老愈辣的性格。作者认为自己性格也是如此，有相见恨晚之感，不论生死，两人永远是朋友。他的《题程雪池小像歌》赞美程雪池"一授遗经一课射，才兼六艺称通儒""才智尽多偏守拙，黄金非无不屑有。去官容易折腰难，傲吏从来轻五斗"④，此人不但才识渊博，而且淡泊功名利禄，为人正直有骨气。其他类似的诗句还有"常惜买笑钱，以

---

① （清）李渔：《笠翁一家言诗词集》，浙江古籍出版社 1992 年版，第 50 页。
② 同上书，第 9 页。
③ 同上书，第 15 页。
④ 同上书，第 53 页。

之资贫交"① "人以面交我,我亦交以面。借伪全吾真,庶几两无怨"②等。由此可见李渔对主体的评价多倾向于内在品格。一个人拥有漂亮的外表固然可以给人留下美好的第一印象,但是"路遥知马力,日久见人心",时间久了,他的内在性情、道德品质就会被人认识,因此一个人要想得到别人的认可和称赞,还要注意修身养性,提高自己的道德素质。总之,李渔对于主体审美,不论男性还是女性,都主张内在美与外在美的统一,即实用与审美的统一。

第二,环境审美方面。李渔的环境审美方面也体现了其实用与审美相结合的辩证审美观,其中最突出地表现在房舍和窗栏两个方面。房舍方面,李渔强调了两点:房舍要"与人相称"和"忌奢靡"。这两点都是从实用出发要求房舍的,房舍适合居住就需要与人相称,过大或过小,都不合适。其他一些制度性建筑就并非如此,如西方的教堂要表达与上帝沟通的理念,设计了高高的塔尖直入云霄;为了表现封建帝王的权威,封建帝王的宫殿建得巍峨壮观,以显示臣子和百姓的渺小。"忌奢靡"也主要是从实用性和现实性方面考虑的,他不只是为少数达官贵人服务,而是为大多数普通百姓服务。对于大多数普通百姓而言,奢靡是不现实的;从实用性上说,奢靡也会造成不必要的浪费。在强调实用性的同时,他还强调创新,认为"人之其居治宅,与读书作文同一致也"③,都强调创新,要"因地制宜,不拘成见,一榱一桷,必令出自己裁"④。创新即是美,所以他还注重在实用基础上的审美。

他对窗户的要求也有两点:"制体宜坚"⑤ 和"取景在借"⑥。"制体宜坚"强调要结实耐用。他还提出"宜简不宜繁,宜自然不宜雕斫",这样做出的窗户才能既结实耐用,又简洁美观,这一要求也同样包含着实用与审美两方面。"取景在借"则强调窗户的审美作用。一般窗户都具有

---

① (清)李渔:《笠翁一家言诗词集》,浙江古籍出版社 1992 年版,第 9 页。
② 同上。
③ (清)李渔:《闲情偶寄》,浙江古籍出版社 1985 年版,第 144 页。
④ 同上。
⑤ 同上书,第 152 页。
⑥ 同上书,第 157 页。

透气、透光、通风等实用性价值，李渔又提出发挥窗户的审美作用。他把窗户设计成便面窗、尺幅窗、梅窗等样式，这些窗户本身就很美，还能把外面的美景"借"进来。总之，他在传统窗户实用性的基础上，最大限度地发挥了窗户的审美作用。

对于居住生活环境，单有房舍已经足以容身，可以满足人们的居住需求，但是在房舍周围还要垒山叠石、养花种草，使居住、生活环境变得更美。"以柴为扉，以瓮作牖"对于寒俭之家来说实用价值足矣，李渔却"又怪其纯用自然，不加区画"，而主张把瓮弄碎再连起来，使之有歌窑冰裂之纹，使牖有儒门之风。这些都同样体现了李渔对于生活环境实用与审美的双重追求。

第三，对象审美方面。实用与审美的结合在对象审美中体现得更为充分。他的对象审美主要包括日用与饮食两方面。日用方面，他对器物之制的要求是善、美兼顾，他把椅、杌改造为暖椅、凉杌，尤其是暖椅，不但"利于身"而且"利于事"，最大限度地发挥了椅、杌的实用功能。对于橱柜、茶具等也是首先要求最利于实用。但他并不只是停留在实用方面，而是在实用基础上最大限度地追求器物的审美。他对床、箱笼箧笥和炉瓶的改进等，无不令人叹服，可谓是实用与审美的完美结合。如果说他对器物之制要求善、美兼顾是主张实用与审美结合的话，那么器物摆放要自然、灵活多变，就纯粹是追求审美效果了。器物不论如何摆放，它们的实用价值是基本不变的，而李渔既要求器物本身的制度，又要求器物的摆放，这也是既追求实用价值又兼顾审美价值。饮食方面，他主张"蔬食第一""谷食第二""肉食第三"，"脍不如肉，肉不如蔬"[1]。从审美角度看，有些蔬菜固然味道鲜美，如笋、蕈等，但有些鱼类和肉类与蔬菜相比也并不逊色。李渔之所以认为"蔬食第一""谷食第二""肉食第三"，是因为他除考虑食物味道鲜美外，还注意食物养生的实用价值，蔬菜更有利于人们的身体健康。因此饮食方面也同样体现了李渔实用与审美相结合的辩证审美观。

综合上述可知，李渔的主体审美、环境审美、对象审美等方面都体

---

① （清）李渔：《闲情偶寄》，浙江古籍出版社 1985 年版，第 214 页。

现了实用与审美相结合的辩证审美观。强调审美，又不脱离实用，这正是其生活审美思想的突出特点，也是与艺术审美的最大差别。

二　自然与创新统一

李渔的辩证审美观也体现在其自然与创新统一的主张上。自然原则也是体现李渔生活审美诸多方面的一个重要原则。女子妆容发型配饰要自然、山石造型要自然、窗栏制造要自然，饮食之道也以自然为贵。不过此自然不是指完全的、原生态的自然，而是人工通过遵循自然原则加上主体创新所达到的不是自然胜似自然的"巧夺天工"的境界。因此李渔在生活审美中崇尚自然但又不拘泥于自然，自然与创新也是辩证地统一的。

第一，女性审美方面。李渔在女性审美方面，既主张遵循自然原则，同时又强调要进行创新。虽然人体可以进行后天人为修饰，但后天修饰只能在先天自然基础上"锦上添花"，改变不了先天自然的本质，因此李渔首先肯定人体本身自然美的基础作用。后天修饰也必须遵循自然原则。比如擦粉要擦得均匀自然；发型要"随手绾成"，"全用自然，毫无造作"[1]；饰品不能"满头翡翠，环鬓金珠，但见金而不见人"[2]，因为人为因素太重，不够自然；妇人衣服"不贵精而贵洁，不贵丽而贵雅，不贵与家相称，而贵与貌相宜"[3]，衣服精和丽，与人、与貌协调，才是合于自然。他对于女性最高层次的美——媚的论述更说明了自然的重要性，媚就是由内而外自然呈现的一种美。东施效颦之所以丑，就是因为她的动作不是由内而外地自然流露，只是外部动作，是假装出来的。他虽然强调自然原则的重要性，但并不是完全被动地服从自然，并没有否定创新，而是主张积极利用人的创新能力。女性的天生丽质很重要，后天的修饰也必不可少。女人可以在修饰装扮上发挥自己的创造性，他反对雷同、人云亦云，"楚王好细腰，宫中皆饿死；楚王好高髻，宫中皆一尺；

---

① （清）李渔：《闲情偶寄》，浙江古籍出版社 1985 年版，第 111 页。

② 同上书，第 119 页。

③ 同上书，第 122 页。

楚王好大袖，宫中皆全帛"①，反而会弄巧成拙、贻笑大方。但是创新要遵循恰当、自然原则，不能一味地求新、求巧，以致失真。他曾经批判他所生活的时代大众"一时风气所趋"，"一人求胜于一人，一日务新于一日，趋而过之，致失其真之弊"②。因此李渔的女性审美既遵循自然，又不拘泥自然，在自然的基础上要进行创新，同时创新不能一味地求新、求异，而违背真实、自然原则。自然与创新既相辅相成，又互相制约。

第二，环境审美方面。在环境审美方面，李渔也要求自然与创新统一的原则。他对于山石审美首先强调自然逼真，追求虽是人工胜似天然的审美效果，为此他提出了"以土代石"叠石方法，另外他还要求叠石要"石纹石色取其相同"，顺应石性，这样叠出的假山才会自然真实，也更结实。对于窗栏制作他也是追求自然原则，自然才能既结实耐用又美观大方。便面窗、尺幅窗、梅窗等发挥审美作用之窗户也要注意自然真实。不过他也不是拘泥于天然的自然，把天然的山石随意堆放，这样确实自然，但不一定有较好的审美效果，所以还要在遵循自然原则前提下，发挥主体的创新精神，通过人力，达到胜似天然的审美效果。便面窗、尺幅窗、梅窗等各种窗户的设计也是他追求创新的明证。他还认为不论修建房屋还是构造园亭都要追求创新，反对"必肖人之堂以堂，窥人之户以立户，稍有不合，不以为得，而反以为耻"，主张"因地制宜，不拘成见，一榱一桷，必令出自己裁"③。

第三，对象审美方面。李渔认为器物制作要讲究实用和审美兼顾。从审美方面说，他又认为器物制作既要符合自然原则，又要善于创新。自然即是美，他对"床上生花"的要求是"妙在鼻受花香，俨若身眠树下，不知其为妆造也者"④，他虽然对床进行了大胆的改进，但是这个改进完全符合自然原则。他对于箱笼箧笥之制的改进也是如此，他认为箱

---

① （清）李渔：《闲情偶寄》，浙江古籍出版社 1985 年版，第 109 页。
② 同上。
③ 同上书，第 144 页。
④ 同上书，第 192 页。

笼箧笥"枢钮太庸，物而不化"①，经过李渔的改进，"使有之若无，不见枢钮之迹"②，这样看起来浑然一体，更加自然。日常生活中李渔非常注重创新，不过他又反对只顾求新不顾自然真实。另外，李渔对于器物摆放也要求"忌排偶"③，因为排偶就会死板，不够自然，摆放器物也要遵循自然原则，"就地权宜，视形体为纵横曲直"④。因此，李渔对于对象审美也是既要求创新，又要求符合自然原则，不能失真。

三 创造与欣赏并重

李渔的辩证审美观还体现在创造与欣赏并重的思想上。李渔的生活审美主体观认为，生活中每个人都可以成为审美主体，都能够进行生活审美的欣赏与创造。而其他审美形态并非如此，艺术的审美欣赏与创造是少数人的专利，而且审美创造重于审美欣赏。"智者乐水，仁者乐山""子在川上曰：逝者如斯夫，不舍昼夜""岁寒，知松柏之后凋也"等都只是少数文人玩赏品味的对象。大多数普通劳动者并不去理会智者与水、仁者与山、逝者与人之间有什么必然联系。作为广泛艺术的《诗经》"六艺"尚且是少数贵族的专利，那么狭义的艺术就更是与普通百姓没有任何关系的存在了。一般情况下，审美欣赏能力和审美创造能力是相辅相成的，没有较高的审美欣赏能力，想拥有较高的审美创造能力也是不可能的。相对来说，审美创造能力是比审美欣赏能力更高的一种能力，在其他审美形态中，审美创造，尤其是艺术创造更是少而又少的人才具有的一种"特殊"能力，以至于古希腊的柏拉图不得不把它看成是"神灵附体"的产物，所以在其他审美形态中，也很看重审美创造能力。直到今天还是如此，如在艺术审美中，杜尚把一个小便器加以命名放在博物馆进行展出，他把它当作艺术，它就成了艺术，至于大多数人是否承认它是艺术，或者说大多数人能不能把它作为艺术来欣赏并不重要。

在生活审美中，每个人都是生活中美的创造者和欣赏者。只要稍微

---

① （清）李渔：《闲情偶寄》，浙江古籍出版社 1985 年版，第 195 页。
② 同上。
③ 同上书，第 211 页。
④ 同上书，第 212 页。

用心、动脑就有能力去创造和欣赏生活中的美。"垒雪成狮，伐竹为马，三尺童子皆优为之"①，人人都可以成为生活审美的创造者。生活审美中，每个人都是审美主体，每个人也都是其他审美主体的审美对象。一窗之隔，坐在窗内，"则两岸之湖光山色、寺观浮屠、云烟竹树，以及往来之樵人牧竖、醉翁游女，连人带马尽入便面之中，作我天然图画"；行在窗外，窗内"拉妓邀僧，呼朋聚友，与之弹棋观画，分韵拈毫，或饮或歌，任眠任起，自外观之，无一不同绘事"，"以内视外，固是一幅理面山水；而以外视内，亦是一幅扇头人物"②。在自然审美中，每个人都是自己生活的主人，人人都可以是欣赏者，人人也都可以成为创造者。在艺术审美中，大部分人可以是欣赏者，只有极少数的一部分人才能成为审美的创造者，欣赏者与创造者基本是分离的。在生活审美中，审美欣赏和审美创造最大限度地结合在一起。相对来说，审美欣赏并不难，难的是成为审美创造者。但李渔认为像垒雪成狮与伐竹为马一样，只要具有一段闲情和一双慧眼，人人都可以成为生活审美的创造者，这也是他对大家的鼓励与期盼，希望大家都能成为生活审美的欣赏者与创造者。

四　通俗与高雅共赏

李渔的辩证审美观还有一个突出表现，那就是通俗与高雅共赏。他的审美观中有追求高雅的一面，但他所追求的高雅又不是超尘拔俗的，而是有着大众化的群众基础，是建立在通俗基础上的高雅，是通俗和高雅的辩证统一。李渔的雅是百姓日用之"人情"中的雅，李渔的俗也是蕴含着大雅的俗。

李渔的雅俗共赏在《闲情偶寄》中有许多表现。在他的女性审美中，他对于女性梳妆打扮要求高雅，饰品要少而精，不能"满头翡翠，环鬓金珠，但见金而不见人"③，如此，反不如"去粉饰而全露天真"④；"饰

---

①　（清）李渔：《闲情偶寄》，浙江古籍出版社 1985 年版，第 186 页。

②　同上书，第 157 页。

③　同上书，第 119 页。

④　同上。

耳之环，愈小愈佳"，"既当约小其形，复宜精雅其制"①，"簪珥之外，所当饰鬓者，莫妙于时花数朵，较之珠翠宝玉，非止雅俗判然，且亦生死迥别"②，他认为女性饰品并不是金银珠宝越多越好，这样反而俗气。对于女性衣服他也是要求高雅，女性衣服不一定要显示身为豪门望族，也不一定要华贵、精致，而是要整洁、雅致，要"与人相称""与貌相宜"。李渔的女性审美不是停留在色相表面，甚至把她们作为玩物，而是兼顾外在美和内在美，甚至更注重内在美。相对于只注重表面、色相的审美，这显然是他女性审美深刻的一面，也是其高雅的一面。他对女性的态度也是值得肯定的，他不只是把她们作为玩赏对象，而是发自内心地尊重她们、欣赏她们：对女儿像对待儿子一样，教她们读书识字，肯定她们的能力和价值；对待妻妾，不是把她们看作附庸，而是对她们有着真挚的爱情；对待生活中的女性朋友，与她们建立了深厚的友谊，欣赏她们的才能、尊重她们的个性和人生选择。传统审美观一般认为对女性外表、色相的审美就是低俗的，对女性道德、品性等的审美才是高雅的，因此以传统审美观来看，李渔女性审美表现出了雅俗共赏的一面，其女性审美既注重外表、色相的外在美，又追求道德、品性的内在美。

李渔对于生活环境、生活对象等也是事事求雅。生活环境方面，对于房舍，李渔追求创新，反对雷同。雷同即俗，创新即雅。他认为"土木之事，最忌奢靡"，奢靡就会流于庸俗，要求房舍之制"贵精不贵丽，贵新奇大雅，不贵纤巧烂漫"③。对于庭中小路他也是既要求便捷，又要求雅致，"径莫便于捷，而又莫妙于迂。凡有故作迂途，以取别致者，必另开耳门一扇，以便家人之奔走，急则开之，缓则闭之，斯雅俗俱利，而理致兼收矣"④。对于墙壁他也追求雅致，反对流俗。用零星碎石垒成的界墙，"嶙刚崭绝，光怪陆离，大有峭壁悬崖之致"，泥墙土壁则"极

---

① （清）李渔：《闲情偶寄》，浙江古籍出版社1985年版，第122页。
② 同上书，第120页。
③ 同上书，第145页。
④ 同上书，第146页。

有萧疏雅淡之致"①。"厅壁不宜太素，亦忌太华。"② 书房壁"壁间书画
自不可少，然粘贴太繁，不留余地，亦是文人俗志"③。李渔认为"以人
之一生，他病可有，俗不可有"④，因此生活中他可谓是事事求雅、物物
反俗。李渔之所以对"荣阮之堂"与"寒俭之家"都不以为然，就是因
为这些都未能"变俗为雅"。为了求雅，院中不可无石，有条件的，可以
叠石成山，没有条件的，也要有如拳之零星小石，因为石和竹一样可以
医"俗"。对于生活中的一些器具，李渔也总是追求尽善尽美，如经过李
渔改进的木印印灰，既光又滑，"是自有香灰以来，未尝现此娇面者"，
但是李渔仍不满意，又"命梓人镂之"，"凡于着灰一面，或作老梅数茎，
或为菊花一朵，或刻五言一绝，或雕八卦全形，只须举手一按，现出无
数离奇，使人巧天工，两擅其绝，是自有香炉以来，未尝开此生面者
也"⑤。在李渔手中，一个日常实用器具转而变成了一件艺术品。诚如李
渔自己所说，"湖上笠翁实有裨于风雅，非僭词也"⑥。

　　虽然李渔生活审美事事追求高雅，但这种高雅又不是"阳春白雪"
的高雅，不是可望而不可即的，而是以普通百姓的日常生活为基础，只
要用心、动脑人人都能做到的。生活中他主张节俭、反对奢靡，这一方
面可以避免流俗，另一方面也可以更好、更多地服务于大多数普通百姓。
他要把开窗借景之法"公之海内"，"使物物尽效其灵，人人均有其
乐"⑦，他所设计便面窗也力求"家家可用，人人可办"⑧。李渔还认为
"凡人制物，务使人人可备，家家可用，始为布帛菽粟之才，不则售冤瓶
而沽玉食，难乎其为购者矣"⑨，这些都表明李渔是站在平民立场上，关
注百姓日常生活，力求其美学思想人人可懂、美学主张人人可行。

---

① （清）李渔：《闲情偶寄》，浙江古籍出版社 1985 年版，第 168 页。

② 同上书，第 169 页。

③ 同上书，第 171 页。

④ 同上书，第 184—185 页。

⑤ 同上书，第 200 页。

⑥ 同上。

⑦ 同上书，第 157 页。

⑧ 同上书，第 159 页。

⑨ 同上书，第 186 页。

　　总之，李渔认为日常生活中只要具有一段闲情与一双慧眼，富人、贵人、贫贱之人等都可以成为审美主体，事事可以成为审美对象，时时、处处可以进行生活审美。他的生活审美观主张实用与审美结合、自然和创新统一、创造与欣赏并重、通俗和高雅共赏，具有鲜明的辩证法思想，处处体现了辩证审美的特点。

第四章

李渔生活审美思想之成因

李渔生活审美实践与生活审美观念有着鲜明的特色，其生活审美的产生既有社会原因，又有个人原因。从社会方面看，享乐主义生活传统不论在西方还是在中国一直存在，明清时期享乐主义生活风尚更是发展到顶峰。从个人方面看，李渔的享乐主义生活观是其生活审美产生的根源，由传统文人向书商、剧团老板等的身份转变则直接决定了其生活审美样貌。

第一节 享乐主义之社会原因

李渔生活审美思想有诸多闪光之处，这一部分要归功于他的智慧，但他的智慧也需要社会土壤的滋养才能生根发芽、开花结果，因此探讨其生活审美产生的原因需要从社会风尚说起。

一 享乐主义生活传统

要探讨享乐主义生活传统，首先要对什么是享乐主义有个正确的认识。"享乐"（hdenoe，源自希腊文）是指"享受快乐"，获得物质上或精神上的满足。"主义"（ism）是指："1. 对客观世界、社会生活以及学术问题所持有的系统的理论主张如马克思主义、达尔文主义、现实主义等。2. 思想作风如本位主义自由主义。3. 一定的社会制度；政治经济体系如社会主义、资本主义等。"① 作为享乐主义（hedonism）的"主义（ism）"

① 中国社会科学院语言研究所词典编辑室：《现代汉语词典》，商务印书馆1983年版，第 1512 页。

显然是指前两层含义。享乐主义就是指把获得物质上或精神上的满足作为一种思想作风或对此所持的理论主张、思想观点等。

享乐主义产生于古希腊的爱利亚学派。在西方，享乐主义最早是与"欢乐主义""快乐主义"和"幸福论"等价值观联系在一起的。根据弗洛姆的研究，最早的享乐主义者应当是古希腊哲学家、苏格拉底的弟子亚里斯提卜（Aristippos），他认为"生活的目的就是最佳地去享受身体上的快乐，幸福就是快乐享受的总和。……在他看来，既然存在着要求，那就有权去满足这种要求，从而实现人生的目的——享乐"①。亚里士多德也认为我们生活中具有快乐和痛苦，我们应该采取相应的行为，追求给予我们快乐的事物，而避开引起我们痛苦的事物，幸福是人的终极目的，要获得幸福，必须奉行中庸之道，用德行使情感和行为保持适中，防止过度或不及。德谟克利特认为，"避苦求乐是人生之目的，人应该去做对自己有利的，快乐的事"②。德谟克利特还说："肉体的、感官的快乐是必须满足的，一生没有宴饮，就像一条长路没有旅馆一样，不会使人有快乐之感"，但是"这种肉体的、感官的快乐是暂时的，瞬息即逝的，如果人们听任它支配行为，沉溺于口腹之乐……就不可避免地会产生贪婪心理，欲壑难填，进而蒙蔽灵魂，毁坏身体。"因此他更重视精神上或灵魂的快乐，强调"人更应去追求灵魂的善"。并且他还认为"人们只有通过享乐上的节制和生活的宁静淡泊才能得到幸福；节制使快乐增加并使享乐得以加强"③。

伊壁鸠鲁认为，"快乐是幸福生活的开始和目的。因为我们认为幸福生活是我们天生的最高的善，我们的一切取舍都从快乐出发；我们的最终目的乃是得到快乐，而以感触这标准来判断一切的善"④。他还明确指出快乐和幸福的标准，"肉体的健康和灵魂的平静乃是幸福生活的目

---

① ［美］埃里希·弗罗姆：《占有还是生存——一个新社会的精神基础》，关山译，三联书店1989年版，第5—6页。

② 张海仁：《西方伦理学家辞典》，中国广播电视出版社1992年版，第20页。

③ ［美］埃里希·弗罗姆：《占有还是生存——一个新社会的精神基础》，关山译，三联书店1989年版，第20—21页。

④ 周辅成：《西方伦理学名著选辑》上卷，商务印书馆1964年版，第103页。

的"①。他主张人应该按照是否有利于肉体的健康和灵魂的平静，自由地去寻求和享受人间的快乐，因为趋乐避苦是人的本性。他说："如果抽掉了嗜好的快乐，抽掉了爱情的快乐以及听觉和视觉的快乐，我就不知道我还怎样想象善。"② 但是，伊壁鸠鲁同时又指出："当我们说快乐是最终目的时，我们并不是指放荡者的快乐或肉体享乐的快乐，而是指身体上无痛苦和灵魂上无纷扰。"③ 他认为，在考量一个行动是否有趣时，我们必须同时考虑它所带来的副作用。在追求短暂快乐的同时，也必须考虑是否可能获得更大、更持久、更强烈的快乐。伊壁鸠鲁也把"纯粹的"享乐看作最高目的，但是他与亚里斯提卜所主张的享乐主义不尽相同。伊壁鸠鲁的快乐是指"没有痛苦"（aponia）和"灵魂的安宁"（ataraxia）。"伊壁鸠鲁认为，通过满足某些欲望而获得的那种快乐不是人生的目的，因为继这种享乐而来的必然是厌倦，从而使人背离了他的真正目的，即没有痛苦。"④

由此可见，享乐主义起初也就是快乐主义，它是和快乐、欢乐、道德、幸福等联系在一起的。早期享乐主义所享受的快乐是广泛的快乐，既有伦理的快乐又有心理的快乐。伦理的快乐又有感性的快乐和理性的快乐，因此早期的享乐主义是个外延广泛的概念，肉体快乐和精神快乐都是享乐本身应有之义。但是后来一少部分人使享乐主义走向了极端化、狭隘化，这种现象在资本主义社会尤其严重。随着资本主义经济的极大发展，两次世界大战带来的社会问题，人们精神空虚、自甘堕落等心理问题，导致享乐主义走向极端化——片面强调物质、肉体的快乐甚至生理的刺激。如霍布斯认为，幸福不过是一个接一个的欲望（cupiditas）。拉梅特里甚至向人们推荐吸毒，因为毒品起码可以唤起幸福的幻觉。法国作家德·萨德（de sade 1740—1814）对人的变态心理作了大量的描写，他认为，满足那些残忍的冲动本身就是合理的，因为这些冲动存在

① 周辅成：《西方伦理学名著选辑》上卷，商务印书馆 1964 年版，第 108 页。
② 转引自罗素《西方哲学史》上卷，商务印书馆 1981 年版，第 350 页。
③ 周辅成：《西方伦理学名著选辑》上卷，商务印书馆 1964 年版，第 104 页。
④ ［美］埃里希·弗罗姆：《占有还是生存——一个新社会的精神基础》，关山译，三联书店 1989 年版，第 6 页。

和要求得到满足。此享乐主义通常与个人主义、拜金主义、物质主义、消费主义等挂钩，其实质为狭隘的享乐主义、极端享乐主义。再加上意识形态、政治宣传等因素影响，很多人一提到享乐主义就理解为狭隘、极端的享乐主义，不自觉甚至无意识地给它贴上资本主义标签，视之如瘟疫。

事实上，即使在资本主义社会，与幸福、德行、快乐相连的快乐主义也仍然是存在的。19世纪英国哲学家约翰·斯图亚特·穆勒与杰瑞姆·边沁由他们功利主义的伦理理论提出了享乐主义的基本原理：所有行为皆是基于要给最多的人数获得最大的快乐。19世纪末20世纪初，德国古典哲学的创始人康德，也有这种享乐主义思想的倾向，他说："人觉得他自己有许多需要和爱好，这些完全满足就是所谓的幸福。"[1] 到了近代这种享乐主义仍然存在。费尔巴哈认为，"如果没有条件取得幸福，那就缺乏条件维持德行"。"防止人陷入恶德和犯罪行为的只是幸福。"同时又指出这种幸福"不是奢侈的、贵族式的幸福，而是寻常的、平民式的、与在工作后享受必需的物质福利有关的幸福"[2]。这些享乐主义都是与快乐、幸福、德行、善行等紧密相连的。因此，享乐主义在西方历史上一直存在，正当的享乐主义是应该肯定的。我们应该正确认识和理解享乐主义，不能用简单化、狭隘化、极端化甚至庸俗化的享乐主义代替正当的、合理的享乐主义，而是要区别对待，支持、赞成正当的合理的享乐主义，反对、批判狭隘的、极端的享乐主义。

享乐主义生活哲学在中国传统文化中虽然一直都处在非主流的位置，但它从来没有消失过。中国享乐主义的源头可以追溯到先秦，从理论上说，有《列子·杨朱》明确提出的"恣意所欲，其乐无比"的主张，人性不是无情无欲的，而是有情有欲、有乐有苦，"从性而游"就是"欲无不尽，情无不达"，追求快乐、避免痛苦，不违自然所好。吴虞引《杨朱篇》云："尊礼义以夸人，矫情性以招名，吾以此为弗若死矣，为欲尽一

---

① 北京大学哲学系外国哲学史教研室编译：《十八世纪末—十九世纪初德国哲学》，商务印书馆1975年版，第111页。

② 周辅成：《西方伦理学名著选辑》下卷，商务印书馆1964年版，第470—471页。

生之观，穷当年之乐，唯患腹溢而不得恣口之饮，力惫而不得肆情于色，不遑忧名声之丑，性命之危也。"人生的价值、人性的实现、人生的快乐和美就在于感性欲望的满足。丰屋美服，厚味美色，有此四者，何求于外？

从生活实践上看，当时生活中充满了纵欲、享乐之风。《史记·货殖列传》云："虞夏以来，耳目欲极声色之好，口欲穷刍豢之味，身安逸乐，而心夸矜势能之荣，使俗之渐民久矣。虽户说以眇论，终不能化。"据史料记载，大约从夏朝开始，权贵们就已经开始在宫廷中上演沉迷女乐的纵欲之风。相传夏桀在宫中所养专为他唱歌跳舞奏乐的"女乐"便有三万人。《史记》记载商纣王也好酒淫乐，"以酒为池，悬肉为林"，喜爱"北里之舞，靡靡之乐，使男女裸相逐其间，为长夜之饮"。诸侯贵族在制度不立、纲纪废弛的乱世中拼命追求生理、物质欲望的满足。当时儒、道、墨各家也都不约而同地对这一现象作了批判，这也从反面说明了享乐之风在当时的普遍性与严重性。春秋战国时期政治瓦解，宗教衰落，旧道德遭到怀疑和否定，人的行为失去了准则与约束，陷入了私欲放纵的深渊。"礼"失去了规范功能，"乐"更是沦为感官享乐的工具，以至于孔子不得不提出"放郑声"的主张。墨子以纣为例描写了统治阶级的享乐生活，"鹿台糟丘，酒池肉林，宫墙文画，雕琢刻镂，锦绣被堂，金玉珍玮，妇女优倡，钟鼓管弦"[1]。老子也指出，"五色令人目盲；五音令人耳聋；五味令人口爽；驰骋田猎，令人心发狂"。从表面上看，他们好像是反对声色欲望的满足，本质上，他们并不是反对全部的声色欲望，他们反对的是过度地沉迷于声色，尤其反对统治者把自己声色欲望的满足建立在百姓痛苦的基础上，不顾百姓死活，只管自己享乐。

过度地放纵欲望自然应该反对，但是完全禁止欲望的苦行主义也是不合理的。不论中国，还是西方，对待欲望的正确态度都是提倡合理地满足人本能的声色欲望。完全放纵欲望，屈服于欲望，甚至成为欲望的奴隶，从中得到的快乐只是暂时的，而且还会危害生命；相反，完全禁

_____

① 《附录·墨子佚文》，载北京大学哲学系美学教研室编《中国美学史资料选编》（上），中华书局1980年版，第22页。

绝人的饱暖声色之欲也是不符合自然规律的，因为这些都是人基本的、本能的需求。因此，人们应该合理地满足生理需求，从而体会生命的快乐，同时又不能过分放纵生理欲望，以"欲"害"生"。

主张"舍生取义"的儒家也非常注重对生命快乐的追求，孔子就是一个非常注重快乐生活的人。在《论语》中"乐"字共出现四十六次，是出现次数较多的实词之一，其中属快乐、嗜好之义者二十四次。还出现同"悦"的"说"字十六次。此外，与"乐"义相近或相关的"不忧""不怨""不愠""不惧"等词也出现多次。可见，有关"乐"的论述在《论语》中占有相当大的比重。孔子说自己是个"乐以忘忧"（《述而》）之人。同时，他对别人的"乐"也很赞赏。他赞叹颜回说："贤哉，回也！一箪食，一瓢饮，在陋巷，人不堪其忧，回也不改其乐。贤哉，回也！"（《雍也》）

生活中，孔子追求欣赏的"乐"有很多种：音乐之乐，"子在齐闻《韶》，三月不知肉味，曰：'不图为乐之至于斯也！'"（《述而》）；山水之乐，"子曰：'知者乐水，仁者乐山'"（《雍也》）；美食之乐，"食不厌精，脍不厌细"（《乡党》）；出游之乐，"点曰：'莫春者，春服既成，冠者五六人，童子六七人，浴乎沂，风乎舞雩，咏而归。'夫子喟然叹曰：'吾与点也！'"（《先进》）。同时他也不排除获得财富之乐和追求女色之乐："子曰：'富而可求也，虽执鞭之士，吾亦为之。'"（《述而》）他还多次说过"吾未见好德如好色者也"，也就是说"好德"和"好色"都是人的正当追求，只是不要好色甚于好德。孔子追求乐的其他方式还有以德求乐、以道求乐、以礼求乐、以教求乐、以学求乐、以友求乐等。

另外，《老子》也讲究知足常乐，"甚爱不费，多藏必厚亡。知足不辱，知止不殆，可以长久"。《庄子》对"逍遥游"境界的追求，实质上也是对快乐的追求。以白居易为代表的唐宋中隐理论也是追求身、心的快乐。白居易的《中隐》诗云："大隐住朝市，小隐入丘樊。丘樊太冷落，朝市太嚣喧。不如作中隐，隐在留司官。似出复似处，非忙亦非闲。不劳心与力，又免饥与寒。终岁无公事，随月有俸钱……人生处一世，其道难两全。贱即苦冻馁，贵则多忧患。唯此中隐士，致身吉且安。穷通与丰约，正在四者间。"白居易在大隐与小隐之间找到一条折中之途——中隐，这种隐既可免饥寒之患，又可以躲避朝堂纷争，在为政之暇的山水登临中、在壶中天地的杯酒声色中、在与朋友的过往唱酬中享受欢乐闲适。

传统中国人以现实生活为最终目标,他们不像基督教徒把希望寄托在天国,也不像佛教徒把追求放置在来世,他们以现实生活之乐为乐,只追求现世生活的满足,享受现实生活中的点点滴滴,注重天伦之乐,这也就是李泽厚所说的"乐感文化"、实用理性。

> (中国文化)不如用"乐感文化"为更恰当。《论语》首章首句便是"学而时习之不亦悦乎,有朋自远方来不亦乐乎"。孔子还反复说,"发奋忘食,乐以忘忧,不知老之将至云耳","饭疏食饮水,曲肱而枕之,乐亦在其中矣"。这种精神不只是儒家的教义,更重要的是它已经成为中国人的普遍意识或潜意识,成为一种文化——心理结构或民族性格。中国人很少真正彻底的悲观主义,他们总愿意乐观地眺望未来。[1]

这种文化肯定日常世俗生活的合理性和身心需求的正当性,这种观念渗透在人们的生活习惯、行为方式和思维方式中,成了中华民族的一种集体无意识。因此可以说,中国传统文化从骨子里就是追求享乐的。总之,享乐主义不论在西方还是在中国,都一直存在,或隐或显,或多或少。

二 明清享乐主义审美风尚

享乐主义生活传统到明末清初发展到高峰。明中叶,开始出现资本主义萌芽,商品经济获得极大发展,人们的物质生活水平获得极大提高,为享乐主义生活方式的出现奠定了物质基础。人们物质生活水平提高,能识文断字之人也随之增多,人们有时间、有能力去娱乐,出现了新的社会阶层——市民阶层。市民阶层的不断壮大,为享乐主义生活方式的出现奠定了主体基础。统治阶级昏庸腐败统治松弛,是享乐主义生活方

---

[1] 李泽厚:《中国古代思想史论》,人民出版社1985年版,第311页。

式出现的政治土壤。再加上李贽、袁宏道等思想家倡导的思想解放运动的推波助澜，社会上享乐主义风气风靡一时。人们渴望摆脱理性的束缚和限制，追求心灵自由和个性解放，此时"审美已经成为解决精神贫乏的一剂良药"①。广大市民阶层是这种新的生活方式和生活趣味的主要践行者。一些士人也由于政治黑暗、仕途险恶而抛弃了传统知识分子以治国齐家平天下为己任、通过立德立言立功而达到人生不朽的人生目标和人生理想，投身于现实社会世俗生活的享乐，他们或游山玩水，或赋诗作画，或听音赏舞，或品茗饮酒，或蓄妓纳妾等。享乐主义在生活、哲学和艺术中均有突出表现。这种享乐主义审美风尚的特点就是注重物质享受和娱乐，以享乐为审美，以审美为享乐，表现在审美趣味上，就是审美的世俗化。

关于享乐主义在生活中的突出表现，可以参考张春树、骆雪伦的《李渔时代的社会与文化及其"现代性"》一书，此书把李渔研究放在了一个更广阔的政治、经济等社会背景下，对当时的政治、思想状况及社会风气等都有详细描述。为了让大家看到当时追求享乐风气的惊人程度，现对此书内容作了大段引用。

所有社会风尚的转变都源于思想观念的转变：

> 用何良俊、顾起元、谢肇淛、范濂、徐树丕（约 1600—1683）等当时社会名流的意思来讲，社会上原来的传统是强调精神生活，现在已被对物质的热烈追求——豪华的住宅、昂贵的衣着、丰盛的食品、放纵的娱乐——取而代之。人们对思想观念的看重已被崇尚财富取而代之，道德修养已被追求享乐和拼命牟利取而代之。以前人们服从权威，热爱和平与秩序，在法律面前平等，现在都已消逝殆尽；现在人所热衷的是辛辣的公开诉讼，似乎随时都可以激烈反抗和发生暴乱。尤其是社会主要群体的举止态度更令人担忧，士大夫不重文学，不顾道德，不讲办事效率，心思全都用于集聚土地和经商牟利，为了歌姬美女而拼命竞争。士大夫对读书治学不再感兴

---

① 张兆林等：《非物质文化遗产保护领域社会力量研究》，中国社会科学出版社2017 年版，第 8 页。

趣，而沉溺于吃喝嫖赌，却还要保官求名。普通百姓不再从事农耕，不再勤劳节俭，也不再尊重权威，而是千方百计购买官职，置办豪宅大院，穿戴华丽。他们的行为举止与自己的身份地位不合。女子原先大门不出二门不迈，只在室内纺纱织布，现在却走出去把时间和精力用于购置珠宝、化妆品和昂贵的衣饰，跟妓女比起时髦来，并为男人而争风吃醋。可能有人认为，这样一种物质至上观念和反儒家态度的潮流只是在中国南方的富饶地区和城市中心流行，但实际情况并非如此。有很多书籍和方志都记录了这样的生活态度在山东、河南、山西、陕西等北方省份也相当风行。①

享乐主义的生活风尚表现在生活中的各个方面，其中主要有饮食方面：

> 大吃大喝，大摆宴席在各阶层人们当中都是日趋普遍与频繁。譬如何良俊说，他小时候，在松江地区一般四至六人的宴席仅上菜五大盘五小盘，绅士家庭比较讲排场的酒席一年也不过一两回。但是在 16 世纪 60 年代，甚至平民百姓家的小型酒席也要摆上十多个大盘，富绅人家款待贵宾的宴席则会有上百盘菜肴，其中还不乏野鸽等山珍海味。何良俊叹道，大吃大喝已变成家常便饭，到了如此地步，即使孔子再世也无法恢复以往人们勤劳节俭的美德了。顾起元于 1617 年曾提到南京地区也有类似的吃喝之风。譬如，从 15 世纪到 16 世纪，六人小型饭局的菜肴书目普遍从四大盘增加到十二大盘，涨到三倍。此外，在 16 世纪，宴会上还加有歌舞音乐陪伴。最令顾起元担忧的是，大摆宴席的现象在百姓当中如同在绅士当中一样普通。这种大吃大喝之风在明末几十年继续蔓延。据松江府娄县叶梦珠（1628—1693 年间活动）所言，长江下游地区士大夫人家举办酒席通常要上三十多道菜，平常人家的也有二十多道；正餐十道菜是

---

① ［美］张春树、骆雪伦：《明清时代之社会经济巨变与新文化——李渔时代的社会与文化及其"现代性"》，王湘云译，上海古籍出版社 2008 年版，第 116—117 页。

极为普通的。在中国南方富庶地区以外，如此大吃大喝的风气显然也很流行。17世纪前期所编的山东省各地方志和各种史料都有对大吃大喝之风哀叹的表示。据1639年徐弘祖记载，云南某富人一次宴请三位客人，居然上菜八十余道。① 不仅吃喝变得越来越奢华，各地区的食物品种也由于有效的运输系统以及人们对于新鲜风味的向往而扩大增多。作为新的食文化的一部分，餐具也随之变得格外讲究。越来越多的金银用于制作碗盘杯盏。②

服饰方面：

对物质生活追逐的新浪潮还表现在服装的式样和时尚。当时有文人认为，不同阶层原来在服饰上的界限已经逐渐模糊，时尚的更新越来越频繁，刺激着市场的上下波动，在品质上超过人们一般的预想。所有这些潮流始于嘉靖后期，亦即16世纪50—60年代。在16世纪后期，中国南方的蚕丝等原料的昂贵价格由于供应分外充足而开始逐渐下跌，原来只有富人才可能享用的，现在普通百姓也有能力支付了。与此同时，原来那些对于士大夫及平民等不同阶级需穿不同服装的规定开始松弛。某些衣帽原先只有士大夫才有资格穿戴，现在也允许普通人穿戴了。这就进一步促进了衣料的生产，使得丝绸织品大大增殖。中国南方主要纺织品市场在16世纪后期有七种不同的时髦薄纱和五种流行的花绸缎。同一时期，时装的更新比以往任何时候都来得迅速频繁。男人的头巾有14种，还有特别设计的鞋袜式样。女人的发式、衣裙、首饰、化妆品及小饰物每两三年就会变换一次，有些新的时髦设计据说非常怪诞，令人不敢正眼观看。女人的衣袖越来越短，衣裙越来越紧身，鞋子越来越高，甚至内衣也越来越精致。红、紫、黄、绿等鲜艳夺目的色彩取代了传统

---

① ［美］张春树、骆雪伦：《明清时代之社会经济巨变与新文化——李渔时代的社会与文化及其"现代性"》，王湘云译，上海古籍出版社2008年版，第117—118页。

② 同上书，第118页。

认为可以接受的单调暗淡的黑色和蓝色。最让道学家和保守人士不安的是，士大夫居然喜爱使用女人的首饰或穿戴仆从的衣服式样，而士大夫家庭的夫人太太又热衷异性的装扮或者妓女的时髦服装。①

虽然在长江下游某些富庶地区，服装奢华和"乱序"的新潮流可能比全国其他地区更为明显，但到 17 世纪初期，连山东一些农业地区也出现了同样的现象——甚至小贩、仆人、劳工等下层人也穿戴起他们以前买不起的丝绸来。所以，在中国晚明时期，发生了一个几乎是全国范围的消费革命，转变了中国人的物质生活。②

居住环境方面：

在晚明的社会，中国人品味方面的物质倾向最突出地表现在对规模宏大的宫殿和庭园的热衷。这些豪宅面积一般从几亩到 60 余亩，最大的甚至达数百亩。不但规模宏大，它们也是明末清初伟大的建筑奇迹。从建筑材料到微妙细节，有关建筑的点点滴滴都要求最出色的设计和最杰出的工艺。③ 修建高贵典雅的庭园，其花费之巨，难以想象。范濂曾经提到，仅劳工费用一日需万余钱。一般庭园造价 200 万—250 万，相比之下，一匹骏马价值仅 1 万，一头牛不到 5 千 5，一亩好地 3 千。④

娱乐消闲方面：

城市工人生活节奏快而紧张。因此，城市居民需要经常的通俗娱乐和消闲放松。有两种形式最为普遍：说书与戏曲，在所有的城

---

① [美] 张春树、骆雪伦：《明清时代之社会经济巨变与新文化——李渔时代的社会与文化及其"现代性"》，王湘云译，上海古籍出版社 2008 年版，第 118—119 页。

② 同上书，第 119 页。

③ 同上。

④ 同上书，第 120 页。

市中心都有娱乐场所，在那里有定期的表演。戏曲则由专业剧团在剧院或城外露天剧场表演。除了大城市的娱乐业之外，全国范围内某些地方还建起了娱乐休闲的小城市。这些"小城市"仅仅因娱乐而存在，只提供一个服务：让人高兴。私人的家庭戏班数目也在增加，其中有的拥有四十余名演唱者。①

由上述描述可知当时物质发达程度之高和重视物质享乐风气之重。除此书外，其他介绍明、清历史与社会的书对这种享乐风尚也多有介绍。如陈宝良也说自成化以后，饮食时尚日趋奢华，宫廷中吃的豆腐不是由黄豆制成，"而是用百鸟脑酿成，一盘豆腐，需花费近千只鸟脑"②。服饰方面也发生了大变化，"万历年间，在江南的一些城市中，服饰穿戴上出现了令人惊骇的怪现象，以致被当时的人们称为'服妖'，甚至被视为一种'乱象'"，"'服妖'的出现，与其说是对传统的反叛，毋宁说是基于一种城市繁华之上的商业社会的生活特质"③。凡此等等，可以想见当时社会的奢侈程度已经到了令人惊诧的程度，而且不是一时一地如此，而是明末清初、全国大部分地区都是如此。

生活领域注重物质享乐表现在艺术中就是追求世俗化的审美趣味。樊美筠认为美学中的"世俗化"倾向是指人们对世俗之美、世俗之乐的肯定与追求。它是与商品经济的发展和市民阶层的形成密切联系在一起的，是与俗文化的繁荣分不开的。④ 从某种意义上说，俗文化的繁荣也即是生活审美的大发展。俗文化的繁荣、生活审美的发展总是与物质生活水平的极大提高、政治统治黑暗或松懈而思想极大自由相伴随，魏晋和明清时期就是两个典型的例子。宗白华在《论〈世说新语〉和晋人的美》一文中说过："汉末魏晋六朝是中国政治上最混乱、社会上最苦痛的时

---

① ［美］张春树、骆雪伦：《明清时代之社会经济巨变与新文化——李渔时代的社会与文化及其"现代性"》，王湘云译，上海古籍出版社2008年版，第123—125页。

② 陈宝良：《明代社会生活史》，中国社会科学出版社2004年版，第271页。

③ 同上书，第197页。

④ 参见樊美筠《中国传统美学的当代阐释》，北京大学出版社2006年版，第159页。

代，然而却是精神史上极自由、极解放，最富于智慧、最浓于热情的一个时代。因此也就是最富有艺术精神的一个时代。……这几百年间是精神上的大解放，人格上、思想上的大自由。人心里面的美与丑、高贵与残忍、圣洁与恶魔，同样发挥到了极致。"① 汉代的经济大发展，加上汉末魏晋六朝的黑暗统治使得人们避开政治躲进个人的小天地，在一个生命时刻处在朝不保夕危机中的时代，人们由生命的无常而衍生出对生命的珍视或对生命的挥霍，在不涉及政治的前提下，获得个人的最大自由，注重物质享受、放纵七情六欲，这些都为审美和艺术的发展提供了条件，使审美和艺术走向了自觉。

　　而明清时期则是世俗化、享乐化审美趣味大发展的一个时期。樊美筠认为，虽然俗文化在中国传统美学数千年的历史上从未消失过，但是始终占据主导地位的却是雅文化。真正从美学理论上自觉而又全面地为"俗"正名的是明代美学家，为"俗"正名既是明代所发生的大规模的美学世俗化思潮的一个首要目标，又是这一思潮的一个重要内容和表征，明代以前对"俗"的推崇只是停留在零星的不自觉的层面上。② 薛富兴也认为，元明清是中国古典社会下半段，也是中华古典审美的收尾阶段。文化的雅俗之变是本时期文化史的最基本事实，小说、戏剧及生活审美的大发展是本时期审美实践的最重要内容。元是古典社会裂变期，大众审美开始登上历史舞台；明是古典社会异代新声之酝酿期，小说与戏剧同时获得大发展，审美趣味开始世俗化、享乐化；清是整个古典文化的盘点期，戏剧与小说都臻于极境，园林建筑则是古典审美的总结形态③，元明清时期中国古典美学完成了裂变，由雅而俗，世俗化、享乐化的大众审美获得了大发展。因此，明清审美最为突出的特点就是享乐化、世俗化的审美风尚。

　　享乐主义审美风尚之所以一路高歌猛进，除社会发展为之提供一个良好环境外，还有哲学思潮为之张本。王守仁的"心学"打开了朱熹

---

①　宗白华：《宗白华美学与艺术文选》，河南文艺出版社 2009 年版，第 140 页。

②　参见樊美筠《中国传统美学的当代阐释》，北京大学出版社 2006 年版，第161 页。

③　参见薛富兴《元明清美学主潮》，《中州学刊》2006 年第 6 期。

"理学"的一个缺口，泰州学派主张"百姓日用即道"，李贽主张"穿衣吃饭即是人伦物理"，王夫之说："王道本乎人情。人情者，君子与小人同有之情也。……私欲之中，天理所寓"，夏敬渠认为"人心不可强抑，王道必本乎人情"，戴震主张"天下之事，使欲之得遂，情之得达，斯已矣"，陆耀也认为"遂天下之至私，乃成天下之大公"，袁枚也说："且天下之所以丛丛然望治于圣人，圣人之所以殷殷然治天下者，何哉？无他，情欲而已矣。老者思安，少者思怀，人之情也；而'老吾老以及人之老，幼吾幼以及人之幼'者，圣人也。'好货''好色'人之欲也，而使之有'积仓'、'有裹粮'，'无怨'、'无旷'者，圣人也。使众人无情欲，则人类久绝而天下不必治；使圣人无情欲，则漠不相关，而亦不肯治天下。"凡此等等。这种哲学思潮把百姓日用、穿衣吃饭、人情私欲提高到了王道、人伦物理、天下之至公、圣人之治等的高度，也就给了它们充分的合理性和必然性。

总之，明末清初，不论日常生活，还是艺术、哲学中都充斥着享乐主义风尚。在这种社会环境中，李渔生活审美思想的产生也就是水到渠成、自然而然的事情了。

第二节　生活哲学与身份转变之个人原因

李渔生活审美产生的社会原因是享乐主义的社会风尚，其个人原因就是他的享乐主义的生活哲学与自身身份的转变。享乐主义的生活哲学是其生活审美产生的哲学根源，从传统文人向书商、剧团团长等的身份转变直接决定着其生活审美的样态，比如其实用与审美结合、通俗与高雅共赏等辩证的审美观。

在整个社会都奉行享乐主义的生活环境中，李渔的生活哲学自然也会受到大的社会环境的影响，所以他的生活哲学也极大可能是享乐主义的生活哲学。不过要想对这个问题给出一个必然性、完全肯定性的答复，还是需要进行一番证明的。

一　享乐主义生活哲学

对李渔生活哲学进行探讨的学者并不多，胡元翎是其中之一。她在其论著《李渔小说戏曲研究》一书与论文《李渔及其拟话本艺术精神新解》中对李渔的生活哲学问题进行了讨论，她对研究界的几种说法——享乐主义、喜剧主义、劝惩主义、文学末流的代表者，逐一进行了分析批判，她认为"李渔其人及其作品所反映的总体精神应是鉴赏主义生活哲学"①。她的结论主要存在两个问题，一是李渔其人的精神能否等同于其拟话本作品反映的总体精神；二是把它们归结为鉴赏主义生活哲学是否准确。

首先是第一个问题。李渔自身的生活哲学与其艺术作品中表现的生活哲学，一个是现实的，一个则可以虚构，二者能否等同，在多大程度上可以等同，胡元翎并没有作出解释，而是直接用"及其"一词将二者生拉硬拽在一起。从胡元翎的论文看，她在进行论证的时候，也完全是以其拟话本作为论据，并没有结合李渔生活的实际，没有证明"李渔其人"的生活哲学，所以"李渔其人及其作品所反映的总体精神应是鉴赏主义生活哲学"的结论很难让人信服。

其次，我们再来看李渔的生活哲学归结为鉴赏主义是否准确呢？胡元翎说她的"鉴赏主义"是源自鲁迅翻译的日本学者厨川白村的一段话：

在人类可以营为的艺术生活上，有两面。第一，是对着自然人生一切的现象，先想用了真挚的态度，来理解它。

但是如果更进一步说，则第二，也就成为了将已经理解了东西更加味识，而且鉴赏它的态度。使自己的官能锐利，感性灵敏，生命力丰饶，将一切都收纳到自己的生活内容里去。溶和在称为"我"者之中，使这些成为血肉的态度，这姑且称为享乐主义罢。

真爱人生，要味其全圆而加以鉴赏的享乐主义，并非像那漂浮在春天的花野上的蝴蝶一样，单是寻欢逐乐，一味从这里到那里似的浅薄的态度。

所谓观照享乐的生活这一个意义的根柢里，是有着对于人生的燃烧着似的热爱，和肯定生活现象一切的勇猛心的。②

---

① 胡元翎：《李渔小说戏曲研究》，中华书局 2004 年版，第 15 页。
② 同上书，第 21 页。

作者之所以得出"鉴赏主义"的结论是基于两个原因，一是厨川白村的后悔，二是作者自己的理解。首先，作者说厨川强调了"姑且"是因为他一时没找到更合适的字眼，而且后来厨川在谈到与一位先辈就"dilettantism"是翻成"享乐主义"还是"鉴赏主义"一事时，后悔当初只从语源方面考虑而翻成"享乐主义"，但从内容看似不如"鉴赏主义"。胡元翎引用鲁迅翻译的日本学者厨川白村的原话是这样的：

> 从此以后，享乐主义的名就被世间各样滥用，也常被误解，以为就是浅薄的不诚恳的快乐主义。毕竟也因为"享乐"这两个字不好的缘故呵，还是译作鉴赏主义倒容易避去误解罢。虽在现在，我还后悔着那时的太多话。①

由此可见，胡元翎所说的厨川的"后悔"并不是因为从内容看"享乐主义"不如"鉴赏主义"，而是因为"享乐主义的名就被世间各样滥用，也常被误解，以为就是浅薄的不诚恳的快乐主义"，"译作鉴赏主义倒容易避去误解罢"。这就表明单从词源上看享乐主义更准确，但是在日本或者说在中国"享乐"一词容易引起人们的误解。也就是说"享乐"一词本身并没有不妥，只是人们对它的理解有偏差。之所以会这样，前面谈享乐主义发展的时候也有交代，是经济大发展、两次世界大战带来的社会问题、人们的心理问题、意识形态政治宣传等多种因素共同作用使享乐主义走向了狭隘化、极端化。

那么鉴赏主义是不是就更恰当呢？胡元翎所引这大段文字都是说明一个核心——什么是享乐主义。在厨川白村看来，享乐主义就是用真挚的态度来理解生活，理解了之后还要以一种鉴赏的态度接受它，把一切都收纳到自己的生活中，"溶和"为"我"的一部分。厨川白村还对享乐主义作了进一步解释，"真爱人生，要味其全圆而加以鉴赏的享乐主义，并非像那漂浮在春天的花野上的蝴蝶一样，单是寻欢逐乐，一味从这里到那里似的浅薄的态度。所谓观照享乐的生活这一个意义的根柢里，是

---

① 北京鲁迅博物馆编：《鲁迅译文全集》第 2 卷，福建教育出版社 2008 年版，第 341 页。

有着对于人生的燃烧着似的热爱，和肯定生活现象一切的勇猛心的。"厨
川白村的享乐主义并不是"像那漂浮在春天的花野上的蝴蝶一样，单是
寻欢逐乐"，而是"味其全圆而加以鉴赏"，"是有着对于人生的燃烧着似
的热爱，和肯定生活现象一切的勇猛心的"。此享乐主义超越了一般身体
上或精神上的快乐，而是对人生、生活有着"燃烧着似的热爱"，以一颗
勇敢的心，以一种鉴赏的、感恩的、乐观的态度面对生活中的一切，不
论悲还是喜，不论幸福还是灾难，因此享乐主义更富有深刻的哲学内涵，
而胡元翎却把它置换为"鉴赏主义"。从原文看，"味其全圆而加以鉴赏"
是作为定语修饰"享乐主义"，一偏一正，中心词是"享乐主义"，而作
者却置换成了"鉴赏主义"，明显属于偷换概念，所表达的意思也就相应
地发生了变化，由强调"享乐"变成了强调"鉴赏"。虽然作者也说明了
"鉴赏主义具有一种乐观主义性质"，但是突出的仍是"鉴赏"，"乐观主
义性质"只是处在一种从属位置，因此以"鉴赏主义"代替"享乐主
义"并不合适。

最后，再来看胡元翎对研究界所持的"享乐主义"的批判。胡元翎
对"享乐主义"的批判还是停留在感官与精神的二元对立上。"享乐主义
多强调感官的满足，而快乐主义兼顾到了精神。特别是经过从 18 世纪以
来西方社会的极端提倡，享乐主义已有其区别于快乐主义的特别含义。
享乐主义的根本追求及其对人的片面理解使这一主义的信徒们必然陷入
失落、悲哀、沮丧、紧张、焦虑等不良的心态之中。"[1] 前面说过，这是
一种狭隘化、极端化的享乐主义，并不是真正的享乐主义。德谟克利特
和伊壁鸠鲁都主张享乐主义，但他们又反对纵欲或者沉溺于口腹之乐，
因为这违背了快乐的最终目的。一般人之所以反对"享乐主义"，就是因
为把"享乐主义"误解为狭隘的、极端化的享乐主义了。作为人文学者，
我们有责任向大众讲明什么是真正的、正确的享乐主义，并引导大众正
确认识享乐主义，而不是逃避这个问题。

李渔所奉行的也是享乐主义的生活哲学。首先，他为自己奉行的享
乐主义生活哲学找到了形而上的理论依据——"人情"即"王道""天

---

① 胡元翎：《李渔及其拟话本艺术精神新解》，《文学评论》2004 年第 6 期。

道"。受当时社会思潮的影响，李渔把"行乐"提高到"造物"、天道的高度。他认为"造物"之所以以生老病死"恐我"，就是"欲使及时为乐"，人应该体察造物之心，及时行乐，"欲体天地至仁之心，不能不蹈造物不仁之迹"。同时李渔还认为人为"造物"所生，人的手足口腹耳目等均为造物所赋，人的情欲也为造物所赋，那么"造物"的意志就是终极之真、终极之善，人世之一切都应该顺应"造物"的意志。此"造物"也可以说是天道、天理，所以"行乐"不但合乎王道，而且合乎天道。"世间万物，皆为人设"，"造物"不但使人生而有自然欲望，而且还用世间万物来满足人的欲望。"造物"不仅满足人的生理欲求，还满足人的审美欲求，所以他有"花鸟二物，造物生之以媚人者也""花中之茉莉，舍插鬓之外，一无所用。可见天之生此，原为助妆而设，妆可少乎?"等等之论。"人情"本乎"造物"，"人情"即"王道""天道""天理"，这就肯定了世俗情欲的必然性与合理性，满足人自然欲望的主张就有了形而上的依据。

其次，李渔还从人生实际出发，为享乐主义生活哲学找到了现实依据——人生苦短，应及时行乐。"造物生人一场，为时不满百岁"，人生在世，时间短暂。那些夭折之辈不用说，即使是得以永年者，最多也只有三万六千日的时光。人生短暂，"追欢取乐"的时间更加短暂。在短暂的三万六千日里，人生在世还有很多痛苦，不能全部用来享乐，还有"无数忧愁困苦、疾病颠连、名缰利锁、惊风骇浪"等围绕左右。掐指算来，"使徒有百岁之虚名，并无一岁二岁享生人应有之福之实际"，而且除忧愁、疾病、名利等增人烦恼外，人们还不得不日日面临最大的恐怖——死亡，"百年以内，日日死亡相告，谓先我而生者死矣，后我而生者亦死矣，与我同庚比算、互称弟兄者又死矣"①。明知死亡不可避免，却又毫不避讳，"日令不能无死者惊见于目，而怛闻于耳"，李渔认为这是造物最大的不仁。同时，李渔又认为这种最大的不仁又是"仁之至"、最大的仁，因为"知我不能无死，而日以死亡相告，是恐我也。恐我者，欲使及时为乐，当视此辈为前车也"②，"劝人行乐，而以死亡怵之，即祖

---

① （清）李渔:《闲情偶寄》，浙江古籍出版社 1985 年版，第 282 页。
② 同上。

是意。欲体天地至仁之心，不能不蹈造物不仁之迹"①，造物之所以让人有各种烦恼，甚至不惜日日"以死亡怵之"，就是为了劝人行乐，看到造物的大不仁，才能体会造物的大仁。鉴于人生在世的这些实际问题，李渔认为人们也应该体会造物的良苦用心，及时行乐。

最后，李渔不但为追求享乐找到了形而上的理论根据、人生短暂的现实依据，而且在现实生活中他也身体力行，切实履行了自己的主张——追求享乐。他认为春夏秋冬时时可以行乐、家庭道途等处处可以行乐、睡坐行立等事事可以为乐。他是这么说的，也是这么做的。他说自己"有四命"，"春以水仙兰花为命；夏以莲为命；秋以秋海棠为命；冬以腊梅为命"。他把这些花比作自己的命丝毫没有夸张。

> 记丙午之春，先以度岁无资，衣囊质尽，迨水仙开时，索一钱不得矣。欲购无资，家人曰："请已之，一年不看此花，亦非怪事。"予曰："汝欲夺吾命乎？宁短一岁之寿，勿减一岁之花。且予自他乡冒雪而归，就水仙也。不看水仙，是何异于不反金陵，仍在他乡卒岁乎？"家人不能止，听予质簪珥购之。②

在生活都要靠典当衣物才能维持的情况下，他"质簪珥"还要购水仙，而且是"自他乡冒雪归"。为了审美，为了享乐，这种精神着实令人佩服。他还记叙了明朝失政以后，大清革命之先自己终生难忘的一段快乐时光："夏不谒客，亦无客至，匪止头巾不设，并衫履而废之。或裸处乱荷之中，妻孥觅之不得；或偃卧长松之下，猿鹤过而不知。洗砚石于飞泉，试茗奴以积雪；欲食瓜而瓜生户外，思啖果而果落树头。可谓极人世之奇闻，擅有生之至乐者矣。"③ 这真可谓是"人世之奇闻""有生之至乐"，神仙也不过如此了。他生活中诸如此类追求享乐的经历还有很多，如暖椅凉杌、床令生花等，总之活着就要追求身体的舒适、精神的惬意。因此可以肯定地说他的生活哲学就是享乐主义。

---

① （清）李渔：《闲情偶寄》，浙江古籍出版社1985年版，第282页。
② 同上书，第262页。
③ 同上书，第282页。

不过李渔的生活哲学并不是极端的享乐主义。他虽然主张生活中时时、事事、处处可以为乐，但并不是一味地、片面地强调口腹、肉体之乐，而是和精神相联系的。他认为生活中应该满足口腹之欲，但是在居室、衣服、饮食等生活中各个方面又主张节俭。快乐不是建立在奢侈浪费的基础上，不是注重物品本身的商品价值而是更注重物品的审美价值。他认为"食色性也""行乐之地，首数房中"，但也不是纵欲无度而是反对纵欲，主张节欲养生。他的这些主张和西方德谟克利特、伊璧鸠鲁对于享乐主义的认识非常接近。他还认为生活中应该处处求乐，但更主张"乐不在外而在心。心以为乐，则是境皆乐，心以为苦，则无境不苦"，内心的快乐不是由外在物质决定，而是内心的满足感、幸福感。甚至在对于女性的态度方面，在那个视女性为玩物、为工具的男权社会里，他还能把女性当作朋友、当作爱人。总之，他并不是极端的享乐主义者，而是优游于物质和精神之间，充分享受物质之乐，又不会成为物质的奴隶，如他所说，"市井之念不可无，垄断之心不可有。觅应得之利，谋有道之生，即是人间大隐。若是，则高人韵士，皆乐得与之游矣，复何劳扰锱铢之足避哉？"因此，他的生活哲学是享乐主义，但又不是极端的、狭隘的享乐主义。他的生活哲学的形成与享乐主义生活传统、当时社会思潮的发展有着密不可分的关系。

二 从书生到商人的身份转变

如果说享乐主义是李渔生活审美形成的根本原因的话，那么李渔身份转变则是其生活审美形成的直接原因。目前已出版多部李渔传记，随便翻开其中一本，就会发现李渔的人生经历伴随明清的改朝换代，也是以之为界发生了重大变化。他前半生走的是传统文人的路子，读书、考取功名、济世报国。后半生绝意于功名，决心靠自己的能力吃饭，先后以"卖赋为生"，成为书商、家班班主等。在此过程中，他开始留心经营生活，以一种审美的态度审视生活，并形成辩证的审美观。

李渔明万历三十九年（1611）生于江苏如皋。李渔的父亲是个药材商人，他的伯父是如皋有名的"冠带医生"。"何谓'冠带医生'？就是被官方认定、具有正式行医资格、医术高明的医生。"① 家境虽说不上大富大贵，也是吃喝不愁，日子过得还算滋润、惬意。在那个重农轻商的时代，虽然凭借经商也能积累一定的财富，过上不错的生活，但地位总是低人一等。再加上李渔从小天资聪颖、聪明伶俐，是块读书的料儿，所以全家把考取功名、光宗耀祖的希望都寄托在他的身上了。用他自己的话说是"襁褓识字，总角成篇，于诗书六艺之文，虽未精穷其义，然皆浅涉一过"②。可以说从识字开始直到三十多岁这前半生的时间，他一直把考取功名、光宗耀祖作为自己的人生理想与目标。这是父母之命，也是每一个接受传统教育读书人的自觉追求，他也不例外。从出生到二十三岁他一直在如皋读书，为考科举作准备。大约二十四岁那年，为参加童子试，他从江苏如皋回到了故里浙江兰溪。明崇祯八年（1635）参加童子试，初战大捷，一举成名，取得了五经童子第一名的好成绩，受到了提学副使许玉史许大人的大力称赞。成为秀才后，李渔在金华名声大振，官府、士人以"才子"称之，普通民众对他的大名更是无人不知，这也更加激发了他心中"达则兼济天下"的豪情与抱负。这一阶段的李渔写下了很多诗词抒发心中的豪迈志向，如《赠侠少年》《龙灯赋》《古从军别》等。此时的他也更加坚定了自己的信心与决心——通过科举获得功名，一方面光宗耀祖，另一方面建功立业，上报朝廷、下济苍生，实现人生理想与价值。

崇祯十二年（1639），李渔怀着满腔的热情与必胜的信心到省城杭州参加乡试。然而事不遂人愿，这次乡试最终以落榜而告终。这次落榜给他很大的打击，使他开始思索科举道路是否适合自己，同时对科举的热情也减淡了许多。毕竟科举不是他个人的事情，他还背负着家族的希望。崇祯十五年（1642），他再次赴杭州应试。这次却是中途"闻警"——母亲病重，他需要回家侍奉老母，时间不久，老母病逝。接着丁慈母忧、频繁的战乱、兵匪祸害、明清易代等种种原因，使李渔最终决心告别科举，另寻生路。从四十岁左右开始，李渔在杭州开始了"卖赋糊口"的职业写作生涯。五十岁左右又移居南京，一边继续写作，一边又开办

---

① 杜书瀛：《戏看人间——李渔传》，作家出版社2014年版，第7页。

② （清）李渔：《闲情偶寄》，浙江古籍出版社1985年版，第23页。

"芥子园"书社，集编辑、出版、销售于一身，后来还组织家庭戏班演出，最终成了著名的小说家、散文家、诗人、戏曲理论家、园林艺术家、编辑家、出版家、日常生活美学家等"艺术多面手和学术杂家"（杜书瀛语）。虽然他后半生生活中表现出的个性气质与才能，在前半生已初露端倪，但他前半生仍是以科举为重，他的生活就是读书为科举作准备，他在小说、戏曲、散文、编辑、出版、生活审美等方面所取得的成绩都是他后半生所为。所以可以大胆地假设，如果没有他放弃科举，没有他从前半生的传统文人向后半生职业写作、自谋职业者等身份的转变，就没有现在广为学界关注的集戏曲理论家、小说家、生活美学家等多"家"于一身的李渔。

身份的转变不但成就了李渔，而且决定了其生活审美的样态与格局。不能"兼济天下"，只好"独善其身"。面对战争带来的灾难，他甚至曾经怀疑人存在的意义。但是战争过去，生活还要继续。他是个有责任感、敢于担当、勇于创造的人。他还有妻妾儿女等一家人要养活，他要活着，还要使一家人都好好活着，这就是他人生在世的目标。他在《与陈学山少宰》的信中曾说："一艺即可成名，农圃负贩之流，皆能食力。古人以技能自显，见重于当世贤豪，遂至免于贫贱者，实繁有徒，未遑仆数。即今耳目之前，有以博弈、声歌、蹴踘、说书等技，遨游缙绅之门，而王公大臣无不接见恐后者。"除了科举，人还可以有很多选择。他首先选择了回乡隐居。为了躲避战火，这是他迫不得已的选择。相对而言，乡下生活更安全、更好过一些。在当时情况下，乡间隐居不失为一种最好的选择。既来之则安之。李渔甚至想在乡间就这样闲适安逸地过一辈子了。经过一年多的奋斗，他还买下了一片荒地建成了伊山别业。然而好景不长，终因乡间生活与他的才能、性格、兴趣爱好等相差太大，在乡间生活了两三年后，他决定离开乡间，到省城杭州去开辟一条新的道路。到省城后，经过一番考察，结合自己的性格、爱好等，决定以创作传奇、小说、稗官野史等，卖赋糊口，从传统文人转变为职业作家，后来还逐渐成为书商、书店老板。

职业作家、书商、书店老板的身份决定了他写书、出版作品的主要目的是多赚钱。要想使自己的作品被人接受，卖好价钱，有市场，就要使作品雅俗共赏、老少咸宜。李渔的"传奇"常在达官贵人寿宴、婚庆

的时候搬演，在文人学士聚会的场合演出，在广大村镇、乡间其作品也
非常受欢迎。李渔的作品之所以广受欢迎，是因为他写作的目的是给读
者带来快乐。如他的《偶兴》诗所说："尝以欢喜心，幻为游戏笔。著书
三十年，于世无损益。但愿世间人，齐登极乐园。纵使难久长，亦且娱
朝夕。一刻离苦恼，吾责亦云塞。"他的作品能使人片刻脱离苦恼，他的
辛苦就没有白费。他还说："传奇原为消愁设，费尽杖头歌一阕。何事将
钱买哭声，反令变喜成悲咽。惟我填词不卖愁，一夫不笑是我忧。"他的
理想是希望世间人能"齐登极乐园"，所以看他的传奇有一人不笑，他就
认为是自己没有做好。为了能让人笑，李渔的作品就要做到通俗。但是
如果只是通俗、好笑，就只能满足低层次受众的审美需求，不能满足高
层次受众的审美需求，因此其作品还要有雅的一面。比如李渔的朋友杜
于皇认为"今笠道人之小说，固画大士者也"。"其深心具见于是，极人
情诡变，天道渺征，从巧心慧舌，笔笔钩出，使观者于心焰熛腾之时，
忽如冷水浃背，不自知好善心生，恶恶念起。予因拍案大呼，吾友泂当
世有心人哉！经史之学仅可悟儒流，何如此作为大众慈航也。"（杜于皇
和李笠翁的话分别见《十二楼》序和《连城璧》序）在杜于皇看来，李
渔的小说甚至超过了经史之学，因为经史之学"仅可悟儒流"，而李渔的
小说则可以为"大众慈航"。文人学士在欢笑之余还能满足更高层次的精
神追求。杜书瀛也认为李渔传奇风格上发生了两次明显变化，第一次是
从第一部《怜香伴》之"文"，迅速转变到第二部《风筝误》及其之后
诸多传奇的"俗"。[1] 第二次变化是李笠翁自己明确说的，从前八部传奇
只肆意"风流"，到第九部《慎鸾交》开始自觉践行"风流道学结合"。[2]
总之，李渔为了使其作品最广泛地占有市场，就需要使其作品满足更多
不同层次受众的审美需求，其雅俗共赏的审美观念应受到其职业作家、
书商、书店老板身份的影响。

李渔的身份在当时是个比较特殊的存在。从政治地位上看，他也是
读书人，而且中过秀才，是五经童子，再加上其传奇、小说等方面的创
作才能，这些也为他赢得部分达官贵人、文人学士的青睐，成为他们的

---

[1]　参见杜书瀛《戏看人间——李渔传》，作家出版社 2014 年版，第 132 页。
[2]　同上书，第 134 页。

座上客。同时，他把自己的作品拿来换钱，靠着自己的造园技能、家班等打抽风，这些行为又为传统文人所不耻。从经济地位上看，他不像一些官宦那么有钱，但是他靠销售自己的传奇、小说作品，官宦朋友的接济、资助等，也挣得了一些资本。他的经济地位应略高于当时大多数普通的农民或小手工业者、小商人等。从总体上看，他的社会地位应是中等甚至略偏下的，这也会影响到他平民立场的审美趣味。他辩证审美观中重实用、重自然等的部分，都是其平民立场的体现。比如他主张房舍之制要与人相称，"妇人之衣，不贵精而贵洁，不贵丽而贵雅，不贵与家称，而贵与貌相宜"①，饮食方面主张"蔬食第一""谷食第二""肉食第三"等，这些都是从平民立场出发讨论的。但他又不同于一般的平民，他是读过万卷书、行过万里路的读书人，所以他的审美趣味中又有许多超过普通民众的、非常精致的部分。比如他认为同是一瓮，同是一牖，却有着一为农户一为儒门之别。因此，他的审美趣味也体现了社会上层人们审美趣味与社会下层审美趣味的折中与调和，这也不能不说是受到他特殊身份与地位的影响。

三 享乐主义生活与生活审美之关系

从理论上说，享乐主义生活追求的是生活中的快乐，得到的是快感；生活审美追求的是生活中的审美，得到的是美感，二者是不同的。但是审美活动处在由物质活动到精神活动的过程中，快乐和审美、快感和美感有着密切而复杂的关系，那么享乐主义生活与生活审美也有着密切而复杂的关系。要想厘清享乐主义生活与生活审美的关系，就要先厘清快感和美感的关系。快感和美感的关系问题是美学研究的基本问题，也是重要问题。对此问题不能一味地强调区别而看不到两者的联系，也不能只看到两者的联系而看不到区别，而是应该辩证地去看待两者的区别和联系。

如薛富兴所言，"美学的学术起点是审美经验与现实经验的区别"②，"美感与快感的区别是审美经验研究中的重要话题。……传统美学又严于

---

① （清）李渔：《闲情偶寄》，浙江古籍出版社1985年版，第123页。
② 薛富兴：《文化转型与当代审美》，人民文学出版社2010年版，第34页。

快感与美感之辩，如康德即将趣味与快乐严格地区别开来。此区别当然自有其意义，主要是突出人类审美活动的精神性质，将它与现实生活经验，特别是和满足纯生理需要的物质生产与消费活动区别开来，从原则上确定人类审美活动超物质需求的精神性质。从这个意义上讲，快感是指从生理需要满足的活动中所获得的生理愉快，如食、色之欲的满足而带来的愉快，美感则是指从精神性活动，如山水欣赏、艺术体验中所获得的愉快。前者是生理快感，后者是心理快感。"① 也就是说为了美学学科的独立和自觉，为了突出审美活动的精神性质，必须对快感和美感作出区分，也只有在这个意义上，区分快感和美感才是有必要的。但是又不能过分夸大两者的区别，还应该看到两者的联系，"美感与快感又有两方面的深刻联系：其一，从美感的哲学内涵上说，我们必须承认，美感之所以成为积极性心理感受与体验，正在于审美活动与对象对人类现实生活正价值之表现，此乃美与善，进而美感与快感的正面内在联系；其二，从生理、心理功能上说，快感乃美感产生的生理基础，必先有快感而后方可产生美感，美感中同时也包括了，且必须包括快感，否则便不能成为美感。美感的获得离不开快感产生的生理、心理机能，比如审美体验始终离不开快感所依赖的耳、目、触、味等感官的应用，因为审美必须首先是感性的，其次才是精神性的。"② 对于美感与快感的关系问题，薛教授作了如下总结："其一，为突出审美活动总体上的精神性质与层次，有必要对此二者做出区别；其二，在人类审美经验（美感）价值的哲学内涵意义上，仍必须强调美感与快感、美与善的同一性，而非异质性，否则我们对美感的实质内涵就无法说清，对美感的解说就会失去根本方向；其三，在美感生理、心理功能研究的意义上，美感与快感共享生理感官的感知、感受功能，无法，也没有必要区分；其四，在形而下的个体审美态度，即审美个体对审美活动、对象性质与功能的心理意向选择上，精神性态度表现得十分重要，这种精神性态度在很大程度上可以通过设置精神性心理距离的方式，成功地实现美感与快感的区别。总之，在宏观层面，无论审美价值内涵还是审美生理功能，美感与快感均

---

① 薛富兴：《文化转型与当代审美》，人民文学出版社 2010 年版，第 87 页。
② 同上书，第 86 页。

高度同一，在形而下的审美个体精神性审美态度上，可有效地区别快感与美感，制约快感，提升美感，以保证审美经验的精神性质。"① 我们不但要能够认识快感与美感的区别和联系，还要能认识到在什么意义、什么层次上的区别与联系，要辩证地看待快感、美感、审美活动甚至美学，不能过分地拔高美感，夸大快感与美感的区别，也不能简单地把快感与美感混为一体。

对应于快感与美感的关系，享乐主义生活与生活审美也是既有区别也有联系。享乐主义生活不等于生活审美，但是享乐主义生活与生活审美都追求生活中的快感与美感，所以享乐主义生活中包含着审美的成分，而生活审美中也包含着快乐的因子。"从哲学价值论的角度上说，审美经验与现实经验并无根本价值原则上的区别，它们都是人类生命追求不同方式的现实。……现实经验与审美经验的区别只是条件性、功能性的区别，是物理时、空条件上的错位与转换，造成了审美经验的非物质功利性，造成了审美经验对现实经验的精神性态度。"② 简言之，审美经验与现实经验的区别只是物理时、空条件造成的条件性、功能性的区别，非物质功利性、精神性态度的区别。而且这种区别也是很小的，因为所谓的精神性、超越性，只是"与吃喝拉撒相比，审美确实已有了超越性，已然是一种精神性活动……但是，在人类精神现象学内部，与人类其他精神文化活动相比，与科学、哲学、宗教相比，审美又大为不同"③。"与人类其他精神文化活动相比，审美之精神性因素最少，物质性因素最多，它实际上并非完全意义上的精神性活动，而是对物质世界有着极大的依赖。人类现实生命活动有五种基本类型——物质功利、审美、伦理、科学和宗教。其中，审美正处于人类物质生命活动与精神生命活动相过渡的中介环节，它是人类对自身物质生活的第一次超越，是人类第一种精神生活，是人类精神现象学的真正起点。"④ "作为精神性活动，审美之中至少有二分之一的因素是非精神性的。审美经验既包括以愉悦为职志的

---

① 薛富兴：《文化转型与当代审美》，人民文学出版社 2010 年版，第 88 页。
② 同上书，第 99 页。
③ 同上书，第 15 页。
④ 同上书，第 16 页。

生理快感的基础性环节，又包括以自由为目的的精神快感的超越性环节。"① 应该说薛教授对人类审美活动的定位是非常准确恰当的，他不是像传统美学理论那样一味地强调审美的精神性、超越性，而是辩证地看待审美的精神性、超越性。他承认审美的精神性和超越性，但是他更清楚地分析了审美超越的程度，在何种程度上看审美是超越的，在何种程度上看审美的超越又是有限的。既然审美活动既有物质性，又有精神性，享乐主义生活与生活审美也同样是既有物质性又有精神性，那么享乐主义生活与生活审美就有着密切的联系。其联系具体表现在如下两个方面：

其一，享乐主义生活培养了发达的感觉器官，为生活审美奠定了基础。前文已对享乐主义做过介绍，享乐主义本义是指追求生活的快乐，此享受之快乐既指身体、感性的快乐，也指精神、理性的快乐。享乐主义生活具体是指在生活中追求满足身体口腹耳目等的需要，从而获得一种身体或精神上的快乐。人体的各种器官和四肢、大脑等一样，都有一个逐步进化的过程，这所有进化的根本动力都可以归结为口腹之欲。为了基本的生命、生活需要，先民们曾经过着茹毛饮血的生活。在他们为生存同自然作斗争的同时，人类日益增长的物质需要不断地得到满足，人类的文化也得以创造，其中包括饮食文化。为了满足口腹之欲，先民们先是茹毛饮血，燧人氏发明火之后，人们发现"只要合理地控制烧烤的时间和火候，被烧烤的肉类食品就会散发出诱人的香味，吃起来也会格外的松软和易于咀嚼"②。如果只是满足吃饱，生的食物也足以满足这样的需求了，但是相对来说，熟食更健康，也更美味，所以从生到熟的转变，就是由吃饱到吃好的转变。黄帝时代人们已经不只是把猎获的野兽直接拿到火上烤，而是出现了炊具，可以"蒸谷为饭，烹谷为粥"，而且粥还有"薄粥"和"厚粥"之分。同样的食物经过或蒸或煮不同方法的处理，会有不同的口感。食物种类、食物蒸煮方法的增多说明人们饮食水平的提高，同样，人们的味觉器官也更加发达。"黄帝时代还有一项

① 薛富兴：《文化转型与当代审美》，人民文学出版社 2010 年版，第 15—16 页。

② 金跃军、才永发：《中华趣味饮食》，金城出版社 2008 年版，第 12 页。

重大发明，这就是煮海水为盐。……盐的出现，是人类饮食史上的又一个飞跃。在此之前，有'烹'无'调'；有盐之后，'烹调'这个概念才算完整。这不仅会使食品的滋味更加鲜美，而且更有益于人体健康。"①如果单纯从吃饱的角度考虑，盐更是可有可无的，盐不能作为食物填饱人们的肚子，但是如果从美食的角度考虑，盐的出现则是人类饮食发展史上具有里程碑意义的创举。

"商代青铜器的问世，为人们提供了更能传热的金属锅，炊具得到了改进。有了铜锅，可以烹油炒菜，炸、熘等烹调方法也随之产生。这一时期的厨人重视选料、配菜，讲究火候和调味。周代时调味品种类更多，已能生产酱、醋、饴蜜等做调料，肉食必用姜、桂（桂皮）。周人的餐席已出现许多新品种类的菜肴，例如用醋浸渍而成的瓜菜，用牛百叶、大蛤蜊制成的菹，还有鹿脯、豕脯、麋醢、蟹醢、腌鱼等。"② 随着人们口腹之欲要求的提高，人们的饮食也越来越讲究，食物品种、食物烹调方法等的不同，所制成的食物味道也不同，食物的种类越来越精细，人们的味觉也越来越发达，对食物的要求也由能吃到好吃，饮食也由满足人们生命需要的口服之欲发展成为一种具有超越意义的饮食文化，从而形成了"南甜北咸、东酸西辣"的饮食习惯，标注了华夏的味觉图谱。③ 与食物发展紧密相伴的是饮食器具的发展。在中国历史上，陶器从诞生之初，经过仰韶文化、半坡文化、庙底沟文化、马家窑文化、大汶口文化等几千年的发展，最终形成灿烂的彩陶文化。彩陶是史前时期优秀的艺术形式之一，是人类艺术史上的一座丰碑，是史前人类审美情趣的集中体现，也是史前艺术成就的集中体现。这样蔚为大观的彩陶艺术最初的源头却是作为炊具的陶器。正是先民们不断地寻求烹饪食物的新方法，才有了陶器的出现。为了满足人们的烹煮食物的需要，有了陶器的出现，为了满足人们对审美的追求，由满足人们实用需要的陶器发展成为既满足人们实用需要又满足人们审美需要的彩陶。人们在满足了美味的口腹

---

① 金跃军、才永发：《中华趣味饮食》，金城出版社 2008 年版，第 12 页。

② 同上书，第 21 页。

③ 张兆林等：《非物质文化遗产保护领域社会力量研究》，中国社会科学出版社 2017 年版，第 8 页。

之欲之后，还要追求盛放食物的器皿的精美。美食的发展促进了人们的味觉、嗅觉、视觉等器官的发展，而这些器官同样也是审美活动发生所依赖的器官，人们有了发达的敏锐的审美器官，自然有助于审美活动的发生。

其二，享乐主义生活还是生活审美发生、发展的土壤。享乐主义生活追求生活的快乐，而生活审美所追求的美感中也有着快乐的成分，所以追求生活快乐的享乐主义生活中总是酝酿着审美的种子。由满足口腹之欲的饮食发展成为具有审美性质的饮食文化，现在看来是高雅艺术的宋词、元曲，包括现代京剧当时也不过是人们茶余饭后娱乐消遣之具，它们都是追求生活享乐的结果。

明清时期是享乐主义生活方式盛行的时期，与这种生活方式相伴随，这一时期也是生活审美大发展的时期，出现了大量的艺术、文人世俗化的现象，这种现象也是一种生活即审美、审美即生活的现象，也就是享乐主义生活与生活审美的融合。艺术世俗化在唐代已经初现端倪，唐代大诗人白居易就有一种以"俗"为美的创作意识，他在《新乐府序》中明确地指出："其辞质而径，欲见之者易喻也。"他作诗，"必令老姬听之，问曰：'解否？'曰：'解'，则录之，'不解'则易。作俺戏，亦须令老姬解得，方入众耳，此即本色之说。"① 宋元时代世俗文化已经相当发达，宋词、元曲，作为一代文学的代表，都是世俗文化的产物，宋代的文学家、诗人由于受当时市民文化的影响，在其创作中也很喜欢用俗词俗语。柳永的许多词篇，达到了"凡有井水饮处即能歌柳词"的普及程度（叶梦得《避暑录话》）。苏轼、黄庭坚、梅尧臣等人也都既有以俗为雅的主张，也有"老子平生，江南江北，最爱临风曲""归去不妨簪一朵，人也道，看花来"之类俗中透雅、语俗意雅的词句。② 明清时期，这种艺术、文人世俗化现象达到了古典美学史上的高潮。汤显祖提出重"情"说、袁宏道提出"性灵说"、李贽提出"童心"说，其他还有徐

---

① 北京大学哲学系美学教研室编：《中国美学史资料选编》（下），中华书局1981年版，第163页。

② 参见樊美筠《中国传统美学的当代阐释》，北京大学出版社2006年版，第160—161页。

渭、张岱等人，他们都自觉地为"俗"正名，把"俗"和真、自然、情、美等联系起来，"俗"也就是真的、自然的和有情的，因而也就是美的。它不再是一种被否定的价值，而是人生和社会中一种完全值得肯定的积极力量。[①] 徐渭认为文学作品"越俗，越家常，越警醒。越俗越雅，越淡薄越滋味，越不扭捏动人越自动人"（《又题昆仑奴杂剧后》）。在传统看来为"经国之大业""不朽之盛事"的文学艺术中，也有了日常生活琐事的新内容，如金圣叹的《金圣叹三十三不亦快哉》，就是写从日常生活琐事中体验的生活的快乐。在"文以载道"的传统观念中，这些事是不能登大雅之堂的。但是既然"王道本乎人情""遂天下之至私，乃成天下之大公"，那么"雅"即是"俗"、"俗"亦是"雅"了。一直被传统文人视为绝对雅事的丹青绘画，在郑板桥看来就是俗事，他说："写字作画是雅事，亦是俗事。大丈夫不能立功天地，字养生民，而以区区笔墨供人玩好，非俗事而何?"[②] 传统的"雅文学"完全"世俗化"了，传统的"雅"事，变成了"俗"事。他们还从传统的"俗"事中看到了"雅"，贺贻孙曾指出："吾尝谓眼前寻常景、家人琐俗事，说得明白，便是惊人之句"[③]，清代大诗人袁枚《遗兴》诗云："但肯寻诗便有诗，灵犀一点是吾师。夕阳芳草寻常物，解用都为绝妙词"，在他们眼里，任何一件寻常事物，都自有其诗情画意，过去曾经不屑一顾的柴米油盐、衣食住行等俗事也都变得富有诗情画意了，都可以成为绝妙好词，成为一件赏心乐事。在这种生活中，分不清哪是生活，哪是艺术，哪是享乐，哪是审美。

　　明清时期，不但高雅的文学艺术世俗化了，传统中自视清高的文人自身也变得世俗化了。进入清代，文人似乎对自己的地位并不像过去那样在意，并不以为自己是一个文人就高人一等，文人与农工商之间也不再像过去那样泾渭分明了，甚至在这一时期，服务于享乐主义的"行"

―――――――――

　　① 参见樊美筠《中国传统美学的当代阐释》，北京大学出版社 2006 年版，第162 页。

　　② 北京大学哲学系美学教研室编：《中国美学史资料选编》（下），中华书局1981 年版，第 226 页。

　　③ 同上书，第 301 页。

也摆脱了重农抑商的束缚，得到了发展，催生了大量的行业组织。① 清初傅山就曾经为我们描述了这样一种新的文人形象：诸生李大垣出身仕宦之家，本人也颇具文才，但对功名利禄却并不热心，"不沾沾诸生业"，是君子，却并不远庖厨，醉心于庖厨烹饪之术，"欲为伊尹代庖"，"馋好自制肥浓，恣大嚼，复时饮酒"。"友朋有宴集要之，亦往。时常戴绒小团帽，缀玉花，携都承。至即指挥釜鬵，结裙鼓刀如真。"其夫人认为这样做有失身份，但他却不以为然，反而自号为"帽花厨子"②。

袁宏道也坦言自己不是真的不爱富贵，他还为自己解释说："孔子曰'富而可求者，虽执鞭之士吾亦为之，'又曰'爵禄可辞也，白刃可蹈也'，将知爱富贵如此之急，而辞爵禄如此之难。弟何人也？欲作孔子以上人邪？"（《答吴本如仪部》）他甚至认为"人生三十岁，何可食囊无余钱，囷无余米，居住无高堂广厦，到口无肥酒大肉也？可羞也"（《与毛太初》）。他还认为人生"真乐有五"，并且"士有此一者，生可无愧，死可不朽矣"，他说："真乐有五，不可不知。目极世间之色，耳极世间之声，身极世间之安，口极世间之谭，一快活也。堂前列鼎，堂后度曲，宾客满席，男女交舄，烛气熏天，珠翠委地，皓魄入帏，花影流衣，二快活也。箧中藏万卷书，书皆珍异；宅畔置一馆，馆中约真正同心友十余人。人中立一识见极高，如司马迁、罗贯中、关汉卿者为主，分曹部署，各成一书，远唐宋酸儒之陋，近完一代未竟之篇，三快活也。千金买一舟，舟中置鼓吹一部，妓妾数人，游闲数人，泛家浮宅，不知老之将至，四快活也。然人生受用至此，不及十年，家资田地荡尽矣。然后一身狼狈，朝不谋夕，托钵歌妓之院，分餐孤老之盘，往来乡亲，恬不知耻，五快活也。士有此一者，生可无愧，死可不朽矣。"③ 这些言辞完全不像是出自一个文人士大夫之口，更像是出自一个土财主或暴发户之口。

---

① 张兆林等：《非物质文化遗产保护领域社会力量研究》，中国社会科学出版社2017年版，第134页。

② （清）傅山：《傅山诗文选注》，侯文正等编注，山西人民出版社1985年版，第396页。

③ 张法：《中国美学史》，四川人民出版社2006年版，第218页。

张岱也在《自为墓志铭》中说自己是"少为纨绔子弟，极爱繁华。好精舍，好美婢，好娈童，好鲜衣，好美食，好骏马，好华灯，好烟火，好梨园，好鼓吹，好古董，好花鸟，兼以茶淫橘虐，书蠹诗魔"①。这种艺术、文人的世俗化有受到当时社会风气影响的原因，但更多的还是文人自身主动追求世俗化的结果。所谓文人的世俗化，实质上也就是文人像一般世俗之人一样追求日常生活中的吃喝玩乐，如张岱所说的"好精舍，好美婢，好娈童，好鲜衣，好美食"等，而不是像传统思想所要求文人的那样"不食人间烟火"。艺术的世俗化也是艺术题材的世俗化，传统认为"经国之大业，不朽之盛事""载道"的文学或只能写雅事的诗词歌赋绘画等艺术也开始以日常生活琐事为题材。所以文人、艺术的世俗化，实质上就是追求艺术与生活、审美与享乐的统一，追求一种即生活即审美、即审美即生活的境界。

另外，还有一种极端化、庸俗化、狭隘化的享乐主义，它不但只追求身体的、物欲的享乐，而且过分地追求享乐和刺激，总是和物质主义、利己主义、消费主义等相联系，有时甚至滥情纵欲、荒淫无度，这种享乐主义和生活审美相违背。美感中有快感的成分，美感以快感为基础，但是如果过分地追求肉体的、物欲的快感，美感也就无处安身，美感要以合理的快感为基础。过度地追求欲望的满足，不但不能给身体带来真正的快乐，反而会给身体带来伤害和痛苦，也就不会有美感，是不可取的。因此，我们应该合理地满足身体的欲望，而不能沦为欲望的奴隶。如果在生活中能以一种审美的态度对待生活，就可以享受生活的快乐，而不会沦为欲望的奴隶。我们也可以追求享乐主义的生活方式，追求享受生活的快感，但是还要更进一步追求享受生活的美感，这样才不会滑向快感的深渊，因此享乐主义生活要想健康发展，需要追寻生活审美的方向。生活审美可以促进生活享乐的健康、合理发展。健康、合理的生活享乐不但应当追求物质生活的享乐，还应当超越物质追求精神生活的享乐。

---

① （清）张岱：《琅嬛文集》，岳麓书社 1985 年版，第 199 页。

第五章

李渔生活审美意义

李渔生活审美作为明清生活审美的突出个案，对当代大众生活审美实践与当代美学理论研究都具有重要的借鉴和启发意义。

第一节 李渔生活审美对大众生活审美实践之意义

李渔生活审美对于当代大众生活审美实践是否具有意义，有什么样的意义，这是研究李渔生活审美应该考虑的一个重要问题。要想说明这个问题，就要分析当代大众生活审美实践存在哪些问题，李渔生活审美思想可以为当代大众生活审美实践提供哪些借鉴。

一 当代大众生活审美实践存在问题——表层审美化

首先，我们承认当前中国也面临着"日常生活审美化"问题。如果找一个词来描述当代大众生活审美实践现状的话，"日常生活审美化"无疑是最恰当的。"日常生活审美化"以及随之而来的文艺学、美学问题曾经是新世纪之初学界最热门的话题。在中国美学史上，除两次"美学大讨论"外，21世纪之初这次有关"日常生活审美化"问题的讨论无疑是参与人数最多、涉及范围最广的一次讨论。

这次讨论从21世纪之初开始到2005年左右达到高峰，讨论范围从文艺学蔓延到美学，内容涉及文艺学、美学的很多问题。学界对这一问题大致有三种看法：

一是承认中国现在面临"日常生活审美化"的问题，并积极地为之唱赞歌，认为这是一种新的美学原则，如王德胜的《回归感性意义——日常生活美学论纲之一》《视像与快感——我们时代日常生活的美学现实》等。

二是认为中国并不存在"日常生活审美化"的问题，"日常生活审美化"在中国是个伪问题，或者强烈批判"日常生活审美化"导致的审美异化、庸俗化。如童庆炳认为对于中国依然比较贫穷的现实来说，消费文化的审美更是一个舶来品，中国的现实是大量的工人与农民还处在刚刚解决基本生活需求的阶段，日常生活的审美这个话题对于绝大多数中国人来说是没有意义的。童庆炳还批判日常生活审美化因为民众审美鉴赏能力的缺失导致审美的庸俗化，现代消费社会中的审美实践虽然在数量上有了很大的增长，但是数量的增加并不意味着质量的提高，相反，暴发户们常常表现出审美的粗鄙倾向。他还提出了"现代社会日常生活的丑陋化"命题①。鲁枢元继承法兰克福学派对大众文化批判的观点，他提出一组对立的概念："审美的日常生活化"与"日常生活的审美化"，他认为："'审美的日常生活化'，是技术对审美的操纵，功利对情欲的利用，是感官享乐对精神愉悦的替补，而'日常生活的审美化'，则是技术层面向艺术层面的过渡，是精心操作向自由王国的迈进，是功利实用的劳作向本真澄明的生存之境的提升，二者的不同在于，一是精神生活对物质生活的依附；一是物质生活向精神生活的升华。这样说并不否定二者之间的有机联系，但其价值的指向毕竟还是不同的。"② 通过这种对比，他把纯精神活动与所谓商品审美的资本主义逻辑区分开，并对后者提出强烈批判。

三是承认中国现在面临"日常生活审美化"问题，应当对之作出分析研究，不作价值评判，如陶东风认为"面对这种现象，美学与文艺学工作者应该突破审美活动的自律性观念，打破美学研究的传统对象，关

---

① 参见童庆炳《"日常生活中审美化"与文艺学的"越界"》，《人文杂志》2004年第5期。

② 鲁枢元：《评所谓"新的美学原则"的崛起——"审美日常生活化"的价值取向析疑》，《文艺争鸣》2004年第3期。

注日常生活的审美化并寻找美学研究的新的生长点。"① 也有学者对之采取一种辩证分析的态度，既肯定这一现象的合理性，又能看到其中存在的问题。如赵勇一方面肯定对日常生活的审美经验作为社会现实加以研究的合理性，另一方面强调必须保持批判性的价值立场。既要客观研究，也要价值判断，面对消费社会，知识分子必须同时担当"阐释者"和"立法者"。他肯定了大众审美经验的意义："现行的文学理论体系是建立在对文学经典的阐释基础之上的，但由于与现实的脱节，文学理论面对当今的文学与泛文学（尤其是面对大众文化）已丧失了应有的阐释能力，一旦发言，即意味着错位和扑空。所以，文学理论只有把那种面向经典的阐释模式转换为直面现实的阐释模式，进而介入到大众文化的研究中，才能拓展其生长空间。"② 但是他对这一研究所可能导致的价值判断则更为担忧："从价值判断的层面上看，日常生活审美化这个命题的深层含义其实就是对现实的粉饰和装饰。它隔断了人与真正的现实的联系，并让人沉浸在一种虚假而浮浅的审美幻觉当中，误以为他所接触的现实就是真正的现实。"③

现在我们重新回过头来冷静地梳理"日常生活审美化"及相关问题。对于中国是否面临"日常生活审美化"的问题，要从两点入手：一是"日常生活审美化"现象的一些特点在中国是否已经出现；二是西方"日常生活审美化"出现的语境条件中国是否已经具备，如果答案都是"是"的话，显然在中国探讨"日常生活审美化"的问题也是具有合理性的。

关于第一个问题，首先要厘清"日常生活审美化"的特点。英国教授迈克·费瑟斯通和德国后现代哲学家沃尔夫冈·韦尔施对"日常生活审美化"的理解应该是对"日常生活审美化"的经典阐释了。费瑟斯通认为"日常生活审美化"有三层含义：第一是指那些艺术的亚文化，即在第一次世界大战和 20 世纪 20 年代出现的达达主义、先锋派及超现实主

---

① 陶东风：《日常生活的审美化与文艺学的学科反思》，《中南大学学报》（社会科学版）2005 年第 3 期。

② 赵勇：《谁的"日常生活审美化"？怎样做"文化研究"？——与陶东风教授商榷》，《河北学刊》2004 年第 5 期。

③ 同上。

义运动，他们追求消解艺术与日常生活之间的界限，一方面挑战艺术品的传统地位，另一方面认为艺术可以出现在任何地方和任何事物上；第二是指将生活转化为艺术作品的谋划；第三是指充斥于当代社会日常生活的迅捷的符号和影像之流，消费社会就是通过影像再生产着人们的欲望，消解了实在和影像之间的差别。① 简单地说，费瑟斯通认为"日常生活审美化"就是指传统的高雅艺术精英文化走向日常生活、日常生活向艺术靠拢和充斥于当代社会日常生活中符号与影像对当代审美和生活的影响。显然这三个方面在当代中国也是普遍存在的。韦尔施更是明确指出当今生活中存在一个明显的"美学转向"或"转向美学"的过程，而且这是一个由表及里逐步深入的过程，"首先，锦上添花的日常生活表层的审美化；其次，更深一层的技术和传媒对我们物质和社会现实的审美化；再次，同样深入的我们生活实践态度和道德方面的审美化；最后，彼此相关联的认识论的审美化。"② 不论"锦上添花的日常生活表层的审美化"，还是"更深一层的技术和传媒对我们物质和社会现实的审美化"，这些审美化也在不断地改变着我们的日常生活，同时也在改变着我们对日常生活的认识和理解。事实上，"日常生活审美化"的核心有两点：一是日常生活正在逐步艺术和审美化；二是艺术和审美正在逐步日常生活化，这是两个相互的过程。权威工具书对"日常生活审美化"的解释也是如此："日常生活审美化有两层含义：第一，艺术家们摆弄日常生活的物品，并把它们变成艺术对象。第二，人们也在将他们自己的日常生活转变为某种审美规划，旨在从他们的服饰、外观、家居物品中营造出某种一致的风格。日常生活审美化也许达到了这样一种程度，亦即人们把他们自己以及他们周遭环境看作是艺术的对象。"③ "日常生活审美化"所包含的这两方面在中国都很大范围地出现，这是一个不争的事实。

---

① 参见［英］迈克·费瑟斯通《消费文化与后现代主义》，刘精明译，译林出版社 2000 年版，第 95—99 页。

② ［德］沃尔夫冈·韦尔施：《重构美学》，陆扬、张岩冰译，上海译文出版社 2002 年版，第 4—11 页。

③ 转引自周宪《"后革命时代"的日常生活审美化》，《北京大学学报》（哲学社会科学版）2007 年第 4 期。

关于第二个问题，"日常生活审美化"现象和问题在西方出现的时代、社会背景有三个突出的特点：一是科学技术高度发达、物质产品极大丰富，以至于商家为了促销自己的商品，不得不运用各种各样的手段宣传美化自己的产品，人们也更愿意去选择美的产品，于是美的因素渗透到人们日常生活的方方面面；二是产业结构发生了深刻变化，服务产业、文化产业、休闲娱乐产业在整个产业结构中的比重越来越大，人们有更多时间，可以选择更多方式进行休闲、审美；三是信息传播技术的大发展，使古典音乐、世界名画走出了音乐厅、博物馆，为大众接触到高雅艺术提供了可能，也为大众文化的发展和传播提供了条件。科学技术的高度发达、产业结构的调整、信息传播技术的大发展等"日常生活审美化"在西方出现的语境条件，中国也基本具备，只是程度不同而已，所以"日常生活审美化"问题中国同样存在，也就是说中国确实已经出现了"日常生活审美化"现象，并且随着技术进步、产业结构进一步调整，审美化的范围会越来越广，程度会越来越深。

有人认为在中国只有极小的一部分中产阶层实现了"日常生活审美化"，对于大多数农民工和低收入者来说不具有有效性，如朱国华认为中国大部分人还在为基本生活所困，日常生活审美化只是少数人的话语表达[1]；姜文振认为从中国广大百姓如城市低收入者、农民工的生活现实出发，日常生活审美化颇有粉饰现实之嫌[2]等。如果以人数多少来衡量美学研究的合理性、有效性的话，那么中国传统美学从来就没有有效过，因为历史上，审美、文学艺术等从来都是少数文人士大夫的专利，所以这不是一个可以用人数多少来衡量的问题。还有人认为现在的"日常生活审美化"艺术走向了日常生活，日常生活审美化艺术化了，艺术在生活中的数量是变多了，但是质量却下降了。其实，之所以认为现在的艺术和审美质量下降，还是用传统审美雅俗对立的标准来衡量现在的艺术和审美，这实际是审美观念没有跟上审美实践。作为一代文学的

---

① 参见朱国华《中国人也在诗意地栖居吗？——略论日常生活审美化的语境条件》，《文艺争鸣》2003年第6期。

② 参见姜文振《谁的"日常生活"？怎样的"审美化"？》，《文艺报》2004年2月5日。

宋词、元曲、明清传奇小说等哪一个不是从起初被看为"俗"、为文人雅士所不齿而发展起来的呢？另外，任何事物都有一个从量变到质变、从不完善到完善的过程，我们不能因为起初的不完善就把它一棍子打死。

再者，"日常生活审美化"是个过程。"化"本身就包含"改变""转变""变化"之意，而"改变""转变""变化"等是需要一个过程的，顾名思义，"日常生活审美化"就不能理解成一下子完成的一个动作，而应该理解成一个逐步变化的过程，所以有人说中国已经"审美化"了或者说中国还没有"审美化"，这种说法本身就会贻笑大方。应该说中国的"日常生活审美化"才刚刚开始，我们的日常生活正在逐步地审美化，并且以后将更进一步地审美化，这不只是中国将要面临的问题，也是世界正在面临的一个问题。按照历史唯物主义来看，贫穷和落后最终总会被消灭，哪怕是世界上最落后的国家和地区迟早有一天都将面临这个问题。事实上，"日常生活审美化"的权威论者费瑟斯通和韦尔施也都是强调要从过程上看待审美化，而不是把它作为一个既定的结果来看待。韦尔施说："当前的审美化既不应当不加审度就作肯定，也不应该不加审度就作否定。两者都是轻率且错误的。……惟有审美化过程原则上的合理性、对某些审美化形式的有的放矢的批评，以及情感化机遇的充分发展，才能使我们在审美化的大潮中有所收获。"① 这就是说既不能不加考虑地把审美化作为一个业已完成的结果，也不能不加考虑地否定面临着审美化的现实，而是应当着重分析审美化过程中的合理性和问题。费瑟斯通也认为："不应该将生活的审美当作是一个给定的东西，或者是人类知觉品性中的某种必然的东西，它不是说一旦被发现，就可以用来复述所有以前的人类存在状况。相反，我们要研究的是它的形成过程。"② 这同样是说"生活的审美"是个不断发展变化的过程而不是一个"给定"的东西。

----

① ［德］沃尔夫冈·韦尔施：《重构美学》，陆扬、张岩冰译，上海译文出版社2002年版，第45页。

② ［英］迈克·费瑟斯通：《消费文化与后现代主义》，刘精明译，译林出版社2000年版，第103页。

反对"日常生活审美化"的学者总是用历史上的"仕宦之家""文人士大夫"说事，童庆炳就认为："日常生活的审美化的现象并不是今天才有的。古时候，中国的仕宦之家，衣美裘，吃美食，盖房子要有后花园，工作之余琴、棋、书、画不离手，等等，这不是'日常生活审美化'吗？谁喜欢这个话题，谁肯花精力去研究它，完全是可以的。为什么'日常生活审美化'突然之间，会成为一个话题或问题呢？"① 黄紫红也认为："回望中国历代的文化生活，我们发现日常生活审美化现象并不稀少：中国古代士大夫的诗意生存，文人士大夫的园林生活；李渔《闲情偶寄》中所叙生活情趣；《红楼梦》中所记妙玉的茶经，宝钗的药经，茄子上百种配料的做法；以及周作人的生活情趣：'我们看夕阳、看秋水、看花、听雨、闻香、喝不求解渴的酒，吃不求饱的点心，都是生活上必要的——虽然是无用的装点，而且愈精练愈好。'"② 这显然都是没有很好地理解"日常生活审美化"的内涵，历史上"仕宦之家"和"文人士大夫"只是进行日常生活中的审美，而不能称为"日常生活审美化"，因为他们既不具备产生"日常生活审美化"的历史语境，也不具备当代"日常生活审美化"的审美特点。不过也有学者认识到了中国传统美学上的生活审美和当今"日常生活审美化"的不同，"这种'日常生活审美化'是不同于有的学者所说的，早在20世纪50年代以前中国就有过的'生活艺术化'的现象，也不同于远古的人们在有了审美意识后就向往的生活审美化的理想。因为那个时代的生产力还没有发达到后工业社会的水平"③。简言之，"日常生活审美化"是描述后工业社会科学技术高度发达条件下人们日常生活普遍发生的一些变化，它描绘的是一种整体变化的趋势，而不是某些个案。

　　其次，我们承认面临"日常生活审美化"的问题，并不表示我们就

---

　　① 童庆炳：《"日常生活审美化"与文艺学》，《中华读书报》2005年1月26日。

　　② 黄紫红：《"日常生活审美化"争论综述》，《淮阴师范学院学报》2007年第5期。

　　③ 张弓、苏颖：《"日常生活审美化"理论溯源》，《天津师范大学学报》（社会科学版）2005年第3期。

可以无视或掩盖当前"日常生活审美化"存在的问题，相反，我们应该正视"日常生活审美化"中存在的问题，并积极努力地解决它。当前"日常生活审美化"中存在的最大问题就是生活审美化还只是"表层的审美化"。在有关"日常生活审美化"问题的讨论中，肯定者大唱赞歌只看到优点，否定者只看到弊端，恨不得把它打入十八层地狱。虽然有的反对者的观点有些极端，但是多数反对者提出的问题，还是值得深思的。比如童庆炳指出的中国的现实是大量的工人与农民还处在刚刚解决基本生活需求的阶段，民众审美鉴赏能力的缺失导致审美的庸俗化，现代消费社会中的审美实践数量上有增长，质量上却并没有提高等问题。其他对于"日常生活审美化"进行批判的观点还有很多，在此不一一赘述。其实所有这些批判基本都可以归结为"表层的审美化"。"表层的审美化"主要表现在以下两个方面：一是能实现"日常生活审美化"的人还是少数，大多数人还处在刚刚解决基本生活需求阶段，甚至还有一部分人基本生活需求尚未能解决。正如许多反对者指出的一样，中国当前的审美化还只是少数人的审美化，多数人还在为基本的生存需求而奔波，没有条件和资本进行生活的审美化。二是当前的"日常生活审美化"还只是技术、传媒带来的物质的审美化。随着技术的进步，人们的衣食住行等生活条件得到了较大改善，但是人们的精神生活、审美能力并不一定随之得到提高。受当代消费文化的影响，贵的东西就是美的。电视、电脑中天天广告宣传的东西就是品位的象征。因此在这个消费文化、媒体宣传占主导地位的时代，人的主体性是缺失的，当代人的审美是异化的、庸俗化的。

学界对"日常生活审美化"的批判已经比较全面，但是对于该如何解决这些问题却鲜有涉及。对于"日常生活审美化"的出路问题，朱希祥有所思考，他说："总体而言，目前学术界对日常生活审美化和审美的日常生活化除客观承认为现实应正视的观点外，持担忧、批评的居多，原因还在于认为离开了传统的美与审美的内涵，离开了人文精神与心灵世界。此外，还有不少人认为，这一争论已没有新意。退回去（回传统和经典）不行；向前走，又觉得无路。对此话题，要么重复以往的讨论，要么无话可说而强为之说。这是尴尬而难堪的学术研讨境地。"① 鉴于此，他认为："倘若我们换一个思路和视野，引入民俗概念，将'日常生活'转换为'民俗生活'，并集中讨论文学艺术理论和创作中的民俗审美，那就可能解决以往在讨论日常生活审美化和审美的日常生活化中难以回答和偏颇较多的一些问题。"根据他的分析，如果将"日常生活"转换为"民俗生活"，是可以解决一些问题，但是也会产生一些新的问题。首先"民俗生活"不能全部代替"日常生活"，这是两个不同的概念，"民俗生活"只是日常生活的一部分，因此也就不足以说明"日常生活"的问题。也许完全用"民俗生活"代替"日常生活"不一定可行，但是从"民俗生活"的审美中吸取有益的营养成分来解决"日常生活审美"中的问题，未必不是一条思路。对于"日常生活审美"的研究，"退回去（回传统和经典）"肯定是不行的，这也不符合事物发展的客观规律，但是完全抛弃"过去"肯定也是不行的，只有在继承中才能发展，所以从传统和经典中借鉴与吸收一些有益的成分，完全可以作为一种尝试。

张勤也认为侗族人民的日常生活审美对当前的大众生活审美有一定的借鉴作用，她说："不管是生产劳动、居住环境还是衣着服饰，侗族人民的日常生活蕴含着对美的创造和对美的追求，体现了侗族人民的审美意识、审美观念、审美情感和审美理想。当代社会的大众审美文化中，日常生活的审美化趋势主要以消费、休闲和消遣为主，具有科技性和消费性特征，而侗族人民的日常生活审美化则体现出传统性和艺术性的特征，我觉得这对于当下大众审美文化的世俗化、直观化、平面化的不良倾向是个有益的借鉴，它保持了民族审美文化的艺术性和诗性的一面，体现了人们健生、乐生、美生的审美理想。"② "日常生活审美化"中存在的问题，不仅出现在中国，也出现在西方发达的国家，这可以说是一个世界性问题。在艺术和审美上，"越是民族的，越是世界的"，从各民族的生活审美中吸取营养成分不失为解决日常生活审美化存在问题的一

---

① 朱希祥、李晓华：《文艺民俗与日常生活审美化》，《文艺理论研究》2007 年第 6 期。

② 张勤：《当代审美文化走向及侗族日常生活审美化》，《广西民族大学学报》（哲学社会科学版）2007 年第 6 期。

个途径。研究李渔生活审美可以发现，其生活审美思想对于解决当代
"日常生活审美化"中存在的一些问题具有借鉴意义。

二 从表层走向深入

李渔代表了明清审美的一种新风尚——生活审美，这种对生活进行
审美的审美实践在宋代已经初露端倪，明末清初发展到高峰，明清生活
审美的盛状在当时许多小说、散文等文学作品中都有体现。《闲情偶寄》
就是李渔生活审美经验的总结。前面说过，对于解决当今"日常生活审
美化"中的一些问题，虽然不能完全回归传统，但是从传统中借鉴一些
有益的成分，未尝不是一条值得尝试的途径。既是如此，那么李渔的生
活审美思想对于当今"日常生活审美化"有哪些借鉴意义呢？下面从李
渔对审美主体的认识、对审美对象的认识和他的辩证审美观三个方面分
析之。

其一，李渔审美主体观可以实现"日常生活审美化"中人的审美化。

传统生活审美认为审美是文人士大夫或有闲阶级的专利，日常生活
审美化的今天，也有不少人认为审美是中产阶级的专利。"日常生活审美
化"为人所诟病的主要原因之一就是人们认为它是少数中产阶级的专利，
如童庆炳认为中国是一个发展很不平衡的低收入国家，其远远没有进入
发达国家消费社会的境地，大多数人的消费状况处于较低层次的实用阶
段，审美化的"日常生活"离他们还十分遥远，所谓能够享受"日常生
活审美化"的人，只是北京、上海、广州等少数发达地区的部分中高收
入阶层人士，只是"北京三环以内的富人们"，而大多数人的生活水平还
处于温饱型阶段。[①] 朱国华认为所谓中产阶级或小资在中国只是集中于大
中城市的民众中的少数，因此，他们作为伦理先锋或流行趣味制定者，
其影响的有效性局限在一个相当有限的范围里。因为，我们所熟知的与
日常生活审美化联系在一起的那些典型场所，例如高级购物中心、主题
公园、度假村、健身房、美容院、茶楼、酒吧，对占人口更大比例的民
众而言，并不具有任何意义。即使看起来共享的一些资源，例如电视广

---

① 参见童庆炳《"日常生活中审美化"与文艺学的"越界"》，《人文杂志》
2004 年第 5 期。

告所传送的优雅的邀请，或者上海淮海路橱窗的斑驳陆离对过路人视觉的强烈刺激，由于普通人缺乏相应的消费能力，也只可能成为一种诱人而虚假的慷慨承诺。因为实际情况可能是，除了少数例外（例如职业司机或汽车爱好者），只有能够买得起汽车的人才会对汽车的各项功能指数或美学指数发生兴趣。① 姜文振也认为："城市平民的低工资低收入，进城干活的民工拿不到应得的报酬，多年来农民的收入增长缓慢，都使得这些被称为'弱势群体'的广大人群辛苦地徘徊于贫困的边缘，哪里有足够的经济力量去'审美化'自己的'日常生活'？……将定位于'城市居民'（准确地说，是城市中产以上阶层）的都市消费文化描述成'日常生活的审美化'，想象成'我们时代日常生活的美学现实'，颇有些粉饰太平的味道。"② 其他表示相同或相近看法的学者还有很多，总而言之，就是他们认为日常生活审美只是中产阶级的专利，中产阶级才有物质资本和文化资本去过审美化的生活，中产阶级的生活方式才是审美的生活方式。因为审美主体只是少数中产阶级而对这种生活方式嗤之以鼻，甚至说缺少普遍性而无视它的存在，这种做法到底是不是恰当呢？因为有不少人持这样的观点，所以也使得一些没有真正去思考这一问题的人把它作为自明的真理，但是如果引入李渔的审美主体观，事情就会大为不同。

李渔审美主体观认为，审美并不是某一部分人的专利，只要具有审美心态和审美能力，贵人、富人和贫贱之人等人人都可以审美。前文已经对这一观点进行论证，兹不赘述。如今这种认为审美只是中产阶级专利的认识仍有一定市场，甚至把这当作一种错误而归咎于"日常生活审美化"，这无疑是人文工作者、美学工作者的悲哀。首先认为审美只属于中产阶层这种认识就是错误的，把这当作错误归咎于"日常生活审美化"更是错上加错。张法的《中国美学史》从社会结构方面把中国美学整体

① 参见朱国华《中国人也在诗意地栖居吗？——略论日常生活审美化的语境条件》，《文艺争鸣》2003年第6期。

② 姜文振：《中国文学理论现代性问题研究》，人民文学出版社2005年版，第253页。

分为"朝廷美学、士人美学、民间美学和市民美学"①，这也就是说各个阶层有各个阶层的审美，审美在过去也并不能为某一部分人所垄断，现在更是如此。"我们所熟知的与日常生活审美化联系在一起的那些典型场所，例如高级购物中心、主题公园、度假村、健身房、美容院、茶楼、酒吧，对占人口更大比例的民众而言，并不具有任何意义。"② 事实固然如此，高级购物中心、主题公园、度假村、健身房、美容院、茶楼、酒吧等确实是与日常生活审美化联系在一起的典型场所，但是"日常生活审美化"绝不是如此狭隘，而是有着更广泛的内容。除高级购物中心之外，一般村镇还有更多的集贸市场。除主题公园、度假村之外，一般市民还可以去街心花园、人民公园（这些都是由以前的便宜收费变为不收费了）。除健身房之外，一些公共健身设施越来越多地出现在街边广场、小区花园。另外，这些固然是中产阶级的生活审美，现在社会已经多元化了，而对待审美却仍用这种狭隘的眼光，实在让人匪夷所思。除了中产阶级的生活审美之外，普通大众也是能够进行生活审美的。不是只有健身房才能练出健康的身体，街头的健身器材，或者骑自行车甚至步行上下班等，也可以作为锻炼身体的一种方式，锻炼出健康、健美的身体。

另外朱静燕详细分析了中产阶级与日常生活审美化的关系，指出日常生活审美化的实质是中产阶级生活方式在现实中的反映。③ 中产阶级审美化的生活方式可以说是日常生活审美化的突出表现，认为日常生活审美化的实质就是中产阶级生活方式在现实中的反映显然是狭隘的、片面的，日常生活审美化这一现象必须在广阔的社会背景下，从经济、政治、文化等多方面综合去考虑。日常生活审美化的反对者们在批判别人片面、不具有普遍性的同时，自己也同样犯了片面、狭隘的错误。由于日常生活审美化在中产阶级身上得到比较突出的表现，所以容易让人误认为只

---

① 张法：《中国美学史》，四川人民出版社 2006 年版，第 291 页。

② 朱国华：《中国人也在诗意地栖居吗？——略论日常生活审美化的语境条件》，《文艺争鸣》2003 年第 6 期。

③ 参见朱静燕《中产阶级与日常生活审美化之关系探讨》，《齐鲁艺苑（山东艺术学院学报）》2004 年第 4 期。

有中产阶级审美化了。事实并非如此。她准确地概括了中产阶级的特点：有钱、有时间、有文化修养，简言之，并不是所有有钱人都可以算是中产阶级的，投机商、暴发户等就不是。持有相同观点的人并不在少数。其他认为日常生活审美化的审美主体是中产阶级的还有：洪幸娥认为日常生活审美化的审美主体是中产阶级，认为中产阶级的价值观念对整个社会的同化，也是自身的普泛化①；张贞认为："日常生活审美化是中产阶层文化的意识形态表述"②；和磊认为审美主体是资本主义内部阶层的角逐，即是中间阶层和下层民众③等。除了审美的主体是中产阶级这种认识以外，还有一些其他说法，如费瑟斯通认为日常生活审美化的行为主体是新的文化媒介人；韦尔施的"美学人"；陶东风所说的"新型文化媒介人""新型知识分子"等，不论中产阶级、中产阶层，还是美学人、新文化媒介人、新型知识分子等，他们都有着共同的特点，即有钱、有时间、有较高的文化素养。但是中产阶级所具备的这些条件只是审美发生的充分条件，并不是必要条件。所以在一部分人责备日常生活审美化只是给中产阶级带来审美化的同时，也有人指出：

　　金字塔上层的人并不每天都唱卡拉 OK。因为种种社会矛盾加剧，中国富豪中自杀倾向日益严重，所以北大医院心理咨询每 50 分钟 1200 元还排不上号（注：http：//www. sina. com. cn，2005 年 1 月 29 日，《光明网》）。并且中国红十字会调查显示中国白领处于亚健康状态人数日益增多。除了工作竞争、高消费的压力等，一个影响心理健康的原因在于，"过分审美化"导致的不是真正"美的艺术过剩"造成的"审美疲劳"，而是在审美文化垃圾和心灵鸦片包围中失去了对真正美的理想和崇高事物的判断力与追求，以至精神失去强

————————————

　　①　参见洪幸娥《"日常生活审美化"的主体问题》，《美与时代》（下半月）2006 年第 7 期。

　　②　张贞：《日常生活审美化：中产阶层大众文化的意识表述》，《黑龙江社会科学》2006 年第 5 期。

　　③　参见和磊《意识形态中的日常生活审美化》，《首都师范大学学报》2003 年第 6 期。

有力的支撑（这在《快感》看来是"逃避了理性的压力"），一旦受到来自外部的高压或打击就容易崩塌。①

由此可见，李渔人人可以审美的审美主体观在日常生活审美化的今天还是很有意义的，因为还有很多人没有认识到这一点。"日常生活审美化"条件下，也不是只有中产阶级才可以审美地生活，中产阶级也并不是都在审美地生活，能否审美地生活的关键因素是李渔所强调的"闲情"与"慧眼"。认识到这一点，人人都可以审美，也不会一味地指责日常生活审美化只是少数人的、中产阶级的审美化。认识到这一点，就应该努力发挥主体的积极性、主动性和创造性，改变影响生活审美的不利因素，充分利用日常生活审美化为审美创造的良好的条件，创造更美好的生活。学习李渔的"退一步"法，调整自己的审美心态，培养自己的审美能力，使自己从一个非审美的人转化为一个审美的人，自己是不是一个中产阶级及其他外在条件就都变得不重要了。

其二，李渔审美对象观可以实现"日常生活审美化"中物的审美化。

与中产阶级的审美主体观相联系，日常生活审美化语境中的审美对象观认为，花钱多的才是审美、名牌才是审美、审美就是消费、消费就是审美等。正是这些观点才给日常生活审美化招来很多非议。不过，这些认识的形成有着多方面的因素：迅速提高的生产力水平为人们的日常生活提供了较高的物质条件，使人们可以在衣求蔽体、食求果腹之外还可以选择名牌时尚、美味佳肴；电视、网络、广告等媒体"狂轰滥炸"告诉人们什么才是"美"；进入消费社会，美成了商家推销商品的手段和工具，美和商品联姻，人们误认为审美就是消费、消费就是审美。所以日常生活审美化语境中审美主体观基本是能成为审美主体的都是有钱、有时间、有较高文化素养的中产阶层或者是类似的一部分人，这种对中产阶层的规定看起来有三点：有钱、有时间、有较高的文化素养，但是事实上起根本作用的还是有钱这一点。有钱，不用为生活奔波忙碌，就会有时间，另外有钱可以住洋房、开豪车、穿名牌，所谓文化素养有时

———————

① 毛崇杰：《知识论与价值论上的"日常生活审美化"——也评"新的美学原则"》，《文学评论》2005 年第 5 期。

是可以被遮蔽的，所以在日常生活审美化语境中，有钱才可以审美，花钱多的东西才是美的东西，花园洋房才是美，温馨小窝就不美；去健身房才是时尚，去公园跑步就不是时尚。如此这般，不知究竟是日常生活审美化本身的错，还是我们的认识出了问题。

显然李渔对审美对象的认识就不同于以上所述，李渔认为事事都可以成为审美对象，如果能像李渔这样以一种审美的态度看待周围的一切，也就不会出现像一些学者所说的现象了：一些农民工或者是普通工薪阶层不能体验生活审美，只有中产阶层才达到了日常生活审美化，而还有学者认为即使是中产阶层也不能以审美的态度对待生活，很多人要去看心理医生，有的甚至还想着自杀。以农民工为例，毛崇杰认为：金字塔最底层"日常生活"最不"审美化"者倒也有诗，但这与吟风弄月者是两种截然不同的诗。这是另一条公式"愤怒出诗人"的产物。在民工们书写自己生存状态的诗歌里，他们也没有把自己作为"人"，他们自喻为"老鼠""青蛙""蚂蚁""蚯蚓"，比如在一首《老鼠》的诗中写道：我很卑微，让不该人诗的老鼠/爬进纸格，然后对它们大加赞赏/我早已被它们感动/看它们日以继夜，找寻求生门路/迫于无奈，干些偷鸡摸狗的事。① 如果这些农民工不能以一种审美的态度面对生活的话，在城市里讨生活，天天看着中产阶层、有钱人住着别墅开着宝马，自然会觉得自己过的是非人的生活。但是对一个没有见到过高楼大厦的传统农民来说，"两亩地，一头牛，孩子老婆热炕头"就是怡然自得的幸福生活了。现在农民种地基本实现了工业化，国家不但打破了实行了上千年"种地纳粮缴税"的传统，免除了农民的各种税收，而且还有各种补助。农民种地的收入已经可以维持基本生活需要，农闲时节还可以到城里挣点外快，贴补家用。说现在的农民赶上了空前的好时候应该不算过分。

李渔审美对象观认为只要具有"闲情"和"慧眼"，一切都可以成为审美对象，一个东西能不能成为审美对象关键不在外物，而在人心。而在"日常生活审美化"批判者看来，"日常生活审美化"语境中的审美是以物品本身的交换价值去衡量的，花钱多的，就是美的，媒体宣传的就

① 参见毛崇杰《知识论与价值论上的"日常生活审美化"——也评"新的美学原则"》，《文学评论》2005年第5期。

是好的。这种观点如果不能改变，所谓的中产阶层，甚至是一些极少数的富豪去看心理医生甚至自杀的现象就不会避免。如薛富兴教授所言：

> 在当代中国，物质温饱解决之后，精神问题，即大众心理健康与精神幸福问题将浮出水面，并日益成为最艰巨的社会问题。脱离物质贫困后，人生幸福感并非随时能拥有，幸与不幸有物质的下限，却无精神边界。在现代化的生活条件下，物质利益追逐中的孤独、紧张和空虚感将是每个中国人都要面对的人生经验，解决这些精神痛苦则是当代文化之主题，当代人文工作者、人文学科的主要责任。……精神幸福问题是我们正面临的全新课题，对政治家与人文工作者来说都如此，因为我们几乎没有这方面的历史文化资源。收拾人心将是新世纪中国文化建设之核心课题，它需要政治家、人文科学工作者、宗教家的全面合作。社会正呼唤全面、细致的人文关怀。①

在物质极度匮乏、温饱尚不能解决的时代，人们只是为了解决温饱问题而努力奋斗，人们的物质文化需求是主要矛盾，精神文化需求相对来说处于次要位置。但是解决了温饱问题以后，人们的物质文化需求会退到一个次要位置，精神文化需求会上升到主要位置，而且人们的精神文化需求如果不能得到满足的话，后果也会相当严重，甚至超过物质匮乏所带来的后果。"请不要小看这种心理危机，这种纯精神现象量的累积达到一定程度，演化为无数实实在在的人生悲剧，演化为一股巨大的非理性社会激流，演化为社会法制危机和政治危机，全社会最终将为此而付出高昂的代价。"② 这绝不是危言耸听、耸人听闻。因此，解决现代人生活中的孤独、紧张和空虚感是当代文化之主题，是当代人文工作者、人文学科的主要责任，美学作为直接关系人们现世生活幸福的学科，自然也是责无旁贷。如果每个人都能审美地生活，诗意地栖居于世，那么

---

① 薛富兴：《生活美学——一种立足于大众文化立场的现实主义思考》，《文艺研究》2003 年第 3 期。

② 同上。

个人的精神健康、幸福指数等问题就会迎刃而解，由此导致的一些社会问题也会随之得到解决。要想诗意地、审美地生活，就需要借鉴李渔的"退一步"法淡化心中的功名利禄之心。李渔认为生活中的审美创造就像"垒雪成狮，伐竹为马"一样，"三尺童子皆优为之"，而一些成年人之所以没去做或做不好，是因为"未尝竭思穷虑以试之"。成年人的心思都用在汲汲于功名利禄了，自然没有心思进行生活中的审美欣赏与创造了。尤其在当代社会，技术突飞猛进，各种媒体狂轰滥炸，很多人在生活的大潮中不知不觉地迷失了方向。因此，我们需要借鉴李渔的"退一步"法，用审美的眼光和态度观察体验生活，发现生活中的美。我们无法改变世界，却可以改变自己。

其三，李渔辩证审美观对培养大众健康、正确生活审美观有借鉴意义。

一些反对者之所以对日常生活审美化持批判意见，是因为日常生活审美化语境中，有很多打着审美的旗号而实质却是非审美的现象，也就是他们所说的审美"异化"现象，比如以价钱贵的为美，以名牌为美等。要想克服日常生活审美化语境中的审美"异化"现象，需要从传统美学中汲取一些有益的养分。吸收李渔的辩证审美观对改变目前的一些非审美现象大有裨益。他的辩证审美观主要表现在实用与审美结合、自然与创新统一、创造与欣赏并重、通俗与高雅共赏四个方面。其辩证审美观对于培养当代大众健康、正确的生活审美观，实现"日常生活审美化"从表层向内在的提升具有重要的启发意义。

生活审美与艺术审美最大的不同在于它的生活性，所以进行生活审美，不能脱离生活实际。李渔的辩证审美观就是站在普通大众的立场，紧密结合大众生活的实际，从生活出发探讨大众的生活审美，所以其思想对于普通大众也就更加珍贵。

首先是实用与审美。生活审美可以说是生活向审美的延伸或提升，是生活与审美的结合，如此，生活审美就不能脱离实用性。生活审美应注重实用与审美相结合。比如一些有钱人买衣服只看价钱或品牌，而不管这件衣服是否适合自己；买房子也只选高档小区、大房子，哪怕只是一个人居住。在李渔看来，不论是买衣服还是买房子都要从人自身出发，要与人相称。衣服不在于显示自己的身份、地位，重要的是适合自己的肤色、身材等。房子太大或太小都不好，能满足需要就好。在生活中，过于追求审美而脱离实用，最终只能走向审美的反面。有些现代女性在寒冬时节还是裙舞飞扬，虽然看起来很美丽，但确实也很"冻"人，她们为了美，而不顾寒冷天气对身体造成的伤害。身体的健康都不能保证，美又从何谈起？李渔所反对的"抱小姐"亦是如此。当时以小脚为美，但是由于脚过小，甚至到了影响走路的程度，也就不美了。《韩非子·外储说左上》中记载的楚人"买椟还珠"的故事表明，韩非并不是一味地反对追求审美，而是反对过分地追求审美，以至于让人"买椟还珠"，舍本逐末，颠倒了实用与审美的关系。当前生活中存在的商品过度包装问题也是如此。一些商品生产者为了更好地吸引客户总是把产品包装得看起来很精致、很高档，也很漂亮，而事实上东西并不一定好，有的甚至包装花费超过了物品本身价值，不仅欺骗了客户，而且还造成不必要的浪费。如果大家都能借鉴吸收李渔实用与审美结合的生活审美观，这些问题应该会得到一些改善。

其次是自然与创新统一。当代日常生活中，创新原则在有些方面得到了实现。比如一些商家为了赚取更多利润，总是努力设计、制造出更加美观、更加人性化的产品。一些电子产品，从款式到功能，更新换代，日新月异；服装款式也是一年有一年、一季有一季的流行风格。有些方面就不尽如人意了。比如现在很多城市街道两旁都是修剪整齐的四季常青植物，街头广场也都是喷泉、雕像、修剪成各种造型的花草，几乎千篇一律，处处都显示着人工雕琢的精巧。古人所说的"五里不同俗，十里改规矩"的感觉再也没有了。坐上火车，走上几千里路，从一个城市到另一个城市已经没有陌生感了，因为面对的是同样的高楼大厦、同样拥挤的人群，基本看不出相差几千里甚至上万里的地方有什么地域之别。当前生活审美中还存在一种现象就是一味求新、求异而不顾自然，这最突出地表现在人们的穿衣化妆打扮、美容美发等方面，尤其是表现在一部分青少年身上。这些所谓的"非主流"青少年，穿衣服男生越来越保守、女生越来越暴露；头发染得或黄，或红，或白，或紫，总之是头发在自然情况下所最不应有的颜色，再加上如鬼魅、幽灵一样的妆容，还有什么耳环、鼻环、舌环、脐环等，能穿孔的地方都穿上孔，更有甚者有的男生越来越女性化而女生越来越男性化，总之，从他们身上找不到一点自然的地方。而且生活审美中基本没有自己的思想，"欧风"来了随"欧"倒，"韩流"来了跟"韩"跑。这是与传统审美最格格不入的地方，也是最为日常生活审美化的反对者们所嗤之以鼻的地方。

李渔在日常生活审美中，非常注重创新，可谓是处处求新，但是在追求创新的同时，他还有一个要求，就是创新不能违背自然原则，否则创新就会流于搞怪、就会失真。他认为女性梳妆打扮要追求自然，叠石造园要追求自然，甚至生活中的一些装饰品也要追求自然，李渔设计的"梅窗""床令生花"、厅壁装饰可谓是巧夺天工之作，也是自然与创新统一的典范。而当代大众生活审美实践中有些人不知创新，只是跟随潮流，有些人则是一味求新，为求新而求新，抛弃了自然原则。抛弃了自然原则也就抛弃了真实原则，不真实、不自然的东西也就很难具有美了。当代日常生活审美中，我们可以有具有时代特色的审美观，但是我们要知道什么才是美，要对美有正确的认识，要树立正确的、健康的、积极向上的审美观，而不能独以新奇、诡异为美。李渔在追求创新的同时，又兼顾自然的生活审美思想对此就很有启发。

再次是创造与欣赏并重。传统艺术审美认为，艺术品是少数艺术家创造的，大多数非艺术家只能对艺术作品进行审美欣赏，甚至很多人连这种欣赏能力都没有，审美创造能力就更不用说了。在艺术审美中，基本上是艺术家创造艺术作品，普通人只能欣赏艺术作品，创造与欣赏是分离的。在日常生活审美化语境中，审美创造、审美设计方面的专门从业人员大量增多，各种各样的审美创造和审美设计都有专人去做：我们住的房子，有专门人员设计出户型，连房子的室内布置用什么家具以及怎么摆放，都有专门的装饰公司设计装修；我们穿的衣服，也是专业设计师设计、机械化甚至自动化加工制作完成，其他如家用电器、交通工具等都是如此。触目所及，都能欣赏到美，可以毫不夸张地说，我们被美包围着。面对琳琅满目的商品，我们只需作出选择，所以我们承担的也只是审美欣赏的部分。而且，更可悲的是我们的审美欣赏只是做"Yes"或"No"的选择题。虽然有些选择可以代表我们部分的审美意愿，但它毕竟不能完全代表我们的想法和意图。我们的选择毕竟是在一个既定范围内，受到很大限制。这些专门、专业的分工，先进的机械化、自动化为我们的生活审美提供了便利条件，但在很大程度上，它们也滋生了我们的惰性，使我们成了它们的附庸和傀儡，所以有时候很多选择并非出于我们的本意，而是出于世俗的眼光、媒体的宣传引导等。因此，在日常生活审美化的今天，面对人们日常生活物质日益审美化的现实，有人担心人们的审美能力不是提高了，而是下降了。

在生活审美中，李渔认为审美欣赏与审美创造是并重的，甚至他更推崇审美创造，而且他认为每个人都有能力去进行审美创造。与艺术创造不同，在日常生活中进行审美创造就像"垒雪成狮，伐竹为马"一样，"三尺童子皆优为之"，"有耳目即有聪明，有心思即有智巧"，只要肯花心思，就可以进行生活中的审美创造。李渔的人生经历也证明了这一点，他出身中医世家，小时候也是学习经史子集、八股文等，目标也是"学而优则仕"，但是由于社会动荡，阴差阳错他不得不靠写小说、写剧本、组团演剧等挣口饭吃，而同时他也对垒山叠石、建园造物、吃穿住用行等都很有研究，甚至和专业人员不相上下，这都是他自己用心思的结果。日常生活审美化为我们提供了优越的物质条件，我们为什么不能在这些优越条件的基础上，充分发挥我们的积极性、主动性、创造性，使它们为我们所用，而不是相反呢？以房屋装修为例，在专门设计人员为你从数据库里精挑细选的设计方案的基础上，你完全可以大胆地融入自己的意见和想法，充分地展现你的个性，而不是被动地接受。家里的家具、摆设，穿的衣服不要总是买现成的，偶尔也可以"DIY"一下。总而言之，我们既然已经认识到了日常生活审美中我们很多时候处在被动状态，多是审美欣赏，有时甚至是完全被动的"审美"，被潮流追着跑，我们就应该加强主动意识，在生活审美中充分发挥个人的主动性、创造性，使生活审美清晰打上自己的烙印，我们真正成为生活审美的主人、成为潮流的引导者。只要肯花心思，我们就能在日常生活审美中化被动为主动，这样也更有利于生活审美健康发展。

最后是通俗与高雅共赏。传统美学一般认为俗与雅是水火不容的，俗的东西就不能登大雅之堂，雅的东西就是阳春白雪，非下里巴人可企及。事实上俗与雅又是可以互相转变的，起初看似俗的东西，后来可以转变为雅，如宋词、元曲，而雅的东西一旦多了也会变为俗。另外，外表看似俗的东西如果具有一定的内涵也可以成为雅，而外表看似雅的东西如果没有一定的内涵，顶多也只能算是附庸风雅，不是真正的雅，而是俗了。现代人普遍感觉生活、工作压力大，业余时间只想放松、休闲、娱乐，喜欢感官享受，拒绝"深刻"，所以通俗的东西很流行。工作累了，休闲放松一下，本也无可厚非。但是通俗要有个限度，那就是不能走向低俗。有人认为日常生活审美化的直接后果就是通俗文化的"猖獗"、高雅文化的"消亡"、人们审美能力的下降等。这一担心不无道理，但是笔者认为通俗并不可怕，因为通俗中可以有雅，雅中也可以有俗，但是我们整个社会的审美文化、审美趣味不能走向低俗。为了避免这种现象的出现就需要用雅来牵制、平衡俗，李渔的生活审美在这方面也可以说是成功的个案。他的生活审美从目标上追求雅，但是又兼顾生活这一现实基础也就是俗，所以能做到雅与俗的统一。比如对于女性的穿衣打扮、佩戴饰物，他主张少而精，多了反而庸俗。因条件所限买不起饰物的，篱边的时花一朵也能增添几分雅致。对于女人的欣赏，他不是只停留在外表，而是追求内在的韵致。对于房舍建筑，他认为要"贵精不贵丽，贵新奇大雅，不贵纤巧烂漫"，甚至庭中小路、墙壁、生活用具等事无巨细，能求其雅者，绝不姑且。但是他所追求的雅不是不食人间烟火的阳春白雪的雅，而是时花一朵或取瓮之碎裂者联之，所呈歌窑冰裂之纹带来的雅，是建立在现实生活基础上的雅，所以他的雅不是拒人于千里之外，而是人人可为。

总之，李渔辩证审美观如既注重实用又注重审美、既注重自然又注重创新、既注重创造又注重欣赏、既注重通俗又兼顾高雅等思想对于培养大众健康、正确审美观具有重要借鉴意义。同时这一思想与他的审美主体观、审美对象观等对于实现日常生活审美化由表层走向深入都具有重要启发意义。

第二节 李渔生活审美思想对当代美学之理论启示

李渔生活审美对于当代美学理论研究也具有重要的启示意义。李渔生活审美作为生活审美的活生生的范例，使我们看到当代美学发展走出困境的前进方向。传统的艺术中心论和理论美学极大地限制了美学研究的视野和美学对人们的现实生活所应有作用的发挥。对李渔生活美学进行研究使我们更加深刻地认识到美学研究应该立足于现实生活，走出艺术审美、走向生活审美，走出观念研究、走向实证研究的必要性。这样的美学研究才更加切合审美实践发生的实际，也才能更好地对人们的现实生活发挥应有的作用，这样的美学研究也才更有意义、更有价值。

一 走出艺术中心论，走向生活审美

传统西方美学一直把艺术作为主要研究对象，20世纪以前中国有"美"无"学"，20世纪以后，从西方引入了美学，自然也是以艺术为主要研究对象。虽然艺术审美作为人类审美意识中最精致的部分，审美领域中精英文化的典型代表，在美学研究中占有重要位置，但是艺术毕竟不是审美发生的全部。把美学等同于艺术、艺术等同于美学的"艺术中心论"狭隘思想的形成是因为审美观念中的精英意识在作祟，这种精英意识遮蔽了美学研究者的视线，使他们不能看到除艺术审美之外还有着多种多样的审美活动。美学理论不等于审美实践，人们的审美实践活动是多种多样的，既有少数精英人士的艺术审美实践，也有广大普通群众的非艺术审美实践。作为"艺术哲学"的美学除了不符合审美实践活动发生的实际情况外，还存在如下两个问题：其一是导致"审美主体一分为二：只有极少数能成为艺术家的幸运儿从事积极的审美创造，绝大部分人只能是被动的接受者和欣赏者，极少数艺术天才的荣耀以无意识中牺牲最大多数人审美创造趣味、能力为代价，直到现代文明高度发达的今天，有条件成为艺术家和艺术欣赏行家里手的人仍是极少数"①；其二是"审美的专门化将人类现实经验与审美经验、生活与审美严格地判然二分，给人类的心灵造成巨大伤害，艺术审美经验的精致化与理想化更反衬出现实经验的平淡无奇，审美与现实间形成精神上的紧张与分裂，逻辑上在审美与现实生活间划了一条鸿沟，不利于人们的心理健康，不利于美学与当下大众审美现实的联系"②。随着艺术的不断发展，一些先锋艺术家提出了艺术走向生活的理念，同时也产生了所谓"艺术终结论"的说法，所以艺术本身也面临着各种各样的问题，那么与艺术密切相关

---

① 薛富兴：《文化转型与当代审美》，人民文学出版社2010年版，第28页。
② 同上书，第28—29页。

的"艺术哲学"——美学也要随之不得不对一些问题重新加以思索。另外，蓬勃发展的大众日常生活审美实践也令学界再也不能熟视无睹，这些也为美学研究关注的对象由艺术转变为生活提供了契机。

对于生活审美的关注，中国古典美学可以提供一些有益的参考资料。薛富兴认为，从人类审美诸形态发展的均衡性上来看，中国古典美学做得更好。他说："依理，人类审美诸形态——自然审美、工艺审美、生活审美、艺术审美地位相当，当均衡发展。西方美学却一直是艺术中心传统，故而习惯地以美学为艺术哲学或艺术理论。比较而言，中国古典审美似呈现出诸形态全面铺开，均衡发展，因而也更合理的格局。认真梳理这一传统，有助于当代美学走出艺术中心论，充分认识非艺术类审美形态的人文价值，有利于促进当代审美格局的健康、均衡，有利于深化当代美学之审美形态研究，有利于当代美学提出一种更全面、合理的审美理论。"[①] 张法通过对比中西审美理论发现：

　　西方美学存在于四类著作中：一是一般美学理论体系性著作，如黑格尔《美学》、桑塔耶那《美感》、丹纳《艺术哲学》；二是论某一个或几个主要概念的著作，如柏克《论崇高与美》、沃林格《抽象与移情》；三是对两个或多个艺术部门进行比较的著作，如莱辛《拉奥孔》；四是仅为某一艺术门类的著作，如亚里士多德《诗学》、汉斯立克《论音乐的美》。中国的理论也存于四种类型中：①几个审美领域同时论述的著作，如刘熙载《艺概》（把文学各类和书法并在一书中讲）、李渔《闲情偶寄》（把戏曲、建筑和各种生活审美放在一起讲）。②部门艺术专著，如荀子《乐论》、孙过庭《书谱》、石涛《画语录》。③以诗品画品书品这类特殊形式表达的理论，其中又有两类，其一是如谢赫《古画品录》，形式松散但论题集中，是专门的"品"；其二是如欧阳修《六一诗话》，形式和论题全都松散，是闲时的"话"。④以诗论诗，如杜甫《戏为六绝句》和司空图《诗品》。正是西方的第一、二类著作，使西方学术有一面美学的大旗，

---

① 薛富兴：《山水精神：中国美学史文集》，南开大学出版社 2009 年版，第 29 页。

从而第三、四类著作都能被名正言顺地归入美学的旗帜下，成为美学；中国没有西方的前两类著作，从而未能树起美学的大旗。①

通过此比较张法总结了中国没有美学的原因。中国虽然没有系统的美学理论，但是审美实践活动却非常丰富。中国有着历史悠久的美食文化、茶文化等，如袁枚的《随园食单》、陆羽的《茶经》等都是生活审美的具体呈现。"任何时代、任何事物的发展往往是由当时居于社会主导地位的政治精英与知识精英规划，并吸引普通大众积极参与并共同奋斗来实现的"②，艺术审美也不例外。中华民族原本就是个注重现世生活的民族，上层士大夫的艺术审美活动与下层民众的日常生活审美活动都是丰富多彩的。不过，掌握话语权的多是上层士大夫，或所谓精英人士，再加上他们或隐或现的精英意识，下层民众的日常生活审美活动自然很难进入他们的关注视野，这就导致我们有丰富的审美实践活动，却少有美学理论著作。对生活审美活动的记载或研究更是少之又少。

在这样的大环境下，李渔的《闲情偶寄》也就更加意义非凡，他为审美实践活动开辟了一个新领域——生活审美，他为美学研究提供了一个新视角——生活美学。诚如张法所言，《闲情偶寄》的八个部分，是"围绕着人的生活展开，是一部生活美学，以现代的学术分类标准来说，里面有三个部分属于艺术，词曲部和演习部是戏曲，居室部是建筑。然而，居室部讲建筑，不谈宫殿陵寝等制度性建筑，而只谈生活型的个人家居建筑。词曲和演习两部的戏曲，也是从个人享乐角度讲的。元明清戏曲大盛，戏曲既是公共艺术，又属于个人生活，明代封王，从明初到明末，都有家乐戏班，享受着娱乐新潮，一般的仕宦豪门，同样养家乐戏班，欣赏着流行趣味，富商大贾，也养家乐戏班，追逐着时髦新潮"③。李渔的《闲情偶寄》就是地道的谈生活审美的书，即使现在看来是属于

---

① 张法：《中国美学史》，四川人民出版社 2006 年版，第 2 页。

② 张兆林等：《非物质文化遗产保护领域社会力量研究》，中国社会科学出版社 2017 年版，第 247 页。

③ 张法：《中国美学史上的体系性著作》，北京大学出版社 2008 年版，第 275 页。

艺术的词曲部、演习部和居室部，李渔也是从生活出发、立足于生活去谈论的，他不是把它们当作纯粹的艺术品去看，而是把它们看作生活中的艺术品，或者是生活化的艺术品，所以张法认为"以个人性的生活为出发点，《闲情偶寄》强调的是人情，即人在娱乐、居家、赏花、玩器、饮食中的日常生活之情"①。张法还认为："李渔的《闲情偶寄》正好与刘熙载《艺概》形成一种逻辑上的互补。从时间上说，李渔在前而刘熙载在后，从而使这种互补显得特别有意味。《艺概》从古典的核心去把握美学，《闲情偶寄》则从转型的新质去总结美学。《艺概》由道而艺，这艺是以文字为主体的艺，由此而延伸到曲，到经义，《闲情偶寄》从生活出发，从人情立论，对鲜活的生活样态进行总结，让宋代以来文化转型中的新领域得到了一个体系性的总结。《艺概》延伸到了曲，但是没有进入曲中之戏，停留在转型思想的边上，《闲情偶寄》从戏曲开始，抓住了戏曲的新质，而向生活领域扩展，具有了不同于《艺概》的趣味。"② 张法的这个对比很好地说明了传统美学与李渔所代表的新的生活美学的不同特点，《艺概》可以看作传统美学的代表，它从"艺"延伸到"经义"，李渔也谈到"艺"——戏曲，但是他看到的却是戏曲的新质，也就是"乐"，并从戏曲的"乐"延伸到生活的"乐"，即"从生活出发，从人情立论，对鲜活的生活样态进行总结，让宋代以来文化转型中的新领域得到了一个体系性的总结"。

《闲情偶寄》提倡一种审美的生活态度。也许李渔的生活审美对他来说只是一种生活态度，但从美学研究的角度看，他的这种生活态度就是一种审美的生活态度，而且从《闲情偶寄》也可以知道，李渔的生活审美是以个人为中心、以生活为半径画出的一个圆，这个圆包括词曲、演习、选姿、居室、器玩、饮馔、种植、颐养，这些基本是他生活的全部内容，也是他的生活审美对象。由此可见，所谓的艺术和居室、器玩等一样，都是他生活的一部分。这表明人们的审美活动，除艺术审美外，还有广阔的空间。艺术审美只是人们众多审美活动中的一部分，对许多

① 张法：《中国美学史上的体系性著作》，北京大学出版社 2008 年版，第 276 页。

② 同上书，第 274—275 页。

普通百姓来说甚至只是众多审美活动中很小的一部分。李渔生活审美实践不但开拓了艺术审美之外的广阔空间，他的生活审美甚至还自成体系。在传统美学以艺术为主要研究对象的语境中，学界把本为一个整体的《闲情偶寄》中关于戏曲的词曲部和演习部单独拿出来，这也可以理解。不过王意如在 20 世纪 80 年代就提出了异议，他认为：只是从戏曲研究的角度来说，这两部分才较其他部分更有意义罢了。①

　　王意如对《闲情偶寄》各部分之间关系的认识还是非常独到的，但是这一观点并没有引起学界的重视，这可能和重艺术审美轻生活审美的传统有关。美中不足的是王意如并没有说明李渔为什么会把戏曲理论和生活其他方面的内容放在一起。对于《闲情偶寄》的体系问题，也有人认为李渔并没有刻意去建立什么体系。如冯保善就说："李渔的谈戏曲，并不是旗帜鲜明地建构自己的什么理论体系，他只是将戏剧作为艺术生活、生活情调的一个不可或缺的内容，其美学建构，也只是其全书'生活美学'体系中的一个有机组成部分，是属于娱乐文化的范畴。其所谓的体系，完全是无心插柳柳成荫的客观显示。"② 事实也许如此，不过从美学研究的角度看，有心还是无意并不重要，重要的是李渔的生活美学确实客观地以这样一个系统存在着。冯保善还说："李渔著《闲情偶寄》，正是从诗意人生，或者说是从'诗意地栖居'这个角度，来建构他的理论体系的。从这一角度而言，他有关戏剧的论述，也只是他教授世人观剧赏曲的门径，使人能够更充分地享受娱乐而已。"③ 于此，冯保善已经看出了李渔戏剧的特点，即李渔的戏剧既不是传统的"为艺术"，也不是"为人生"，而是为娱乐。对此，如前所述，张法也认为李渔所讨论的戏曲和建筑与别的戏曲和建筑不同，李渔是立足于生活的。或许我们可以更进一步补充，李渔所谈论的戏曲和建筑及其他不是立足于少数士大夫、贵人或富人的生活，而是立足于普通百姓的日常生活。冯保善还对李渔

① 王意如：《生活美的审视和构建——论李渔〈闲情偶寄〉中的审美理论》，《西藏民族学院学报》（社会科学版）1997 年第 8 期。
② 冯保善：《"玩"出来的文化与"玩"的文化——李渔的另类文化建构》，《文史知识》2009 年第 8 期。
③ 同上。

所有的活动进行了总结，他认为李渔进行的是另类的文化建构，李渔的另类文化建构是通过"玩"建构起来的，是关于"玩"的文化。他说：

> 　　入清以后，李渔即放弃了举业，不复走读书—科举—做官这千百年来被视为读书人正道的"仕途学问"，却选择了在世人皆视作"不务正业"的"丧志玩物"中，进行着他的另类文化建构。其筑伊山别业、芥子园、层园，是在"玩"中进行着自己的艺术实践；他的小说、戏曲创作，"惟我填词不卖愁，一夫不笑是吾忧"（《风筝误》尾声），自娱娱人，是在"玩"中进行着文化建树；他的《闲情偶寄》，则诚如林语堂的《中国人》里所评："在李笠翁的著作中，有一个重要部分专门研究生活的乐趣，是中国人生活艺术的袖珍指南，从住宅与庭园、屋内装饰、界壁分隔，到妇女的梳妆、美容、施粉黛、烹调的艺术和美食的导引，富人穷人寻求乐趣的方法，一年四季消愁解闷的途径，性生活的节制，疾病的防治，最后是从感觉上把药物分成三类：'本性酷好之药'、'其人急需之药'和'一生钟爱之药'，这一章包含了比医科大学的药学课程更多的用药知识。这个享乐主义的戏剧家和伟大的喜剧诗人，写出了自己心中之言。"（林语堂《中国人》，学林出版社，2000）如此，这竟是一部"玩"的文化大全，是一部"生活美学"的艺术专著。①

这里所谓"另类"文化是说它是不同于封建正统"修身齐家治国平天下"的文化，"玩"是一种生活态度，"玩"是一种手段，最终目的是达到身、心的"乐"。看了《闲情偶寄》每个人都会深有感触，原来生活中可以有这么多的乐趣，原来生活中处处可以审美。告诉人们什么是美，在生活中如何欣赏美与创造美，这才是美学所应具有的根本作用。

韦尔施曾经说过："衡量一位美学工作者是否合格的标准，并不在于他掌握了多少美学理论。当然这也是一个必要的条件，但是却处于次要的位置，至少我的看法是如此。我认为，美学工作者应具备的首要条件，

---

　　① 冯保善：《"玩"出来的文化与"玩"的文化——李渔的另类文化建构》，《文史知识》2009 年第 8 期。

在于能够对具体生活现象进行审美分析与阐释，而到了这个时候原先所学的美学理论就往往显得不够用或起不了什么作用了。"① 相对于死板地掌握书本美学理论来说，能够运用所学书本理论对具体生活现象进行审美分析与阐释固然更高一筹，但如果只是对具体生活现象进行分析与阐释的话，这样的美学工作者最多只能算是生活审美现象的"跟屁虫"，显然这不应是一个美学工作者的最大诉求。能在对具体生活现象审美分析与阐释的基础上，对大众的生活审美有所启发或者引导，才是美学工作者、美学理论研究更加理想的状态。要实现对大众生活审美的启发与引导就需要美学研究走出艺术中心论，走向蓬勃发展的生活审美。同时，理论应以实践为基础，艺术中心论的研究远不足以概括审美发展的实际情况，它还制约着当代美学的现代性诉求和审美价值的实现。当代美学应走出传统美学艺术审美的狭小天地，走向广大人民群众的审美现实生活。随着社会政治、经济、生活方式的发展变化，人们的日常生活也发生了很大的变化，人们的日常生活中包含了大量的鲜活的审美实例。当代美学研究应该真正地去关注现实生活中各种各样丰富多彩的审美活动，对大众的生活审美真正地有所帮助，充分发挥一个人文学科应有的作用。

二 走出观念研究，走向实证研究

早在 1876 年德国心理学家、美学家费希纳就提出了两种美学研究方法："自上而下的"美学和"自下而上的"美学。美学研究的理想状态应该是二者互相结合的，没有"自下而上的"美学，美学研究就会缺乏坚实的实证根基；没有"自上而下的"美学，美学研究就不能上升到应有的理论高度，二者缺一不可，相对来说，"自下而上的"美学应该更为根本，因为理论必须建立在实证的基础之上。但是由于传统美学隶属于哲学，美学又叫艺术哲学，所以多"自上而下"的研究，而少"自下而上"的研究。韦尔施对此也提出需要"拓展美学的疆域"，他说："我提出'拓展美学的疆域'这一观点，呼吁应当对日常生活的审美现象给予足够的重视，我始终认为，把握世界的方式必须是自下而上的，于是，美学

---

① 王卓斐：《拓展美学疆域关注日常生活——沃尔夫冈·韦尔施教授访谈录》，《文艺研究》2009 年第 10 期。

也应当通过自下而上的途径建立起来。"① 韦尔施所强调的通过自下而上的途径建立起来的美学，实际上也是强调美学建立的基础应是日常生活的审美现象，对日常生活的审美现象作实证的、经验的研究。

美学研究的这种缺陷中国美学同样存在。21 世纪之初，薛富兴对中国美学研究作了系统的反思，他在充分肯定 20 世纪中国美学研究所取得成绩的基础上，也指出了 20 世纪后期中国美学研究的不足。他说："20 世纪后期中国美学研究亦有很大局限，最主要者有二：一曰基础薄弱。依理，一门学科之建立当从具体、微观的专题实证研究开始，只有专题研究量的积累达到一定程度，才会出现通史式的宏观总结成果；但是，20 世纪后期中国美学研究正好相反，一开始便是通史式研究占主导的宏观研究阶段。著者积数年之功言说数千年审美传统，其粗疏程度可想而知。即使是单篇学术论文，也以大话题居多，中国美学研究缺乏扎实的专题实证研究基础，有先天不足之症。二曰观念研究。现行中国美学研究，大多停留在审美观念梳理阶段，总在审美理论文本中讨生活；但是，观念只是人类审美活动的最后阶段、最抽象形态，审美研究若只是停留于审美观念，无更质朴、更丰富的审美实践材料之支撑，将始终是无根之苗。"② 这实际是一个问题的两个方面，正是因为多观念研究，总是在审美理论文本中讨生活，所以才缺乏具体、微观的实证基础，导致基础薄弱。

薛富兴还把 20 世纪后期的中国美学称为"理论美学"，20 世纪后期中国美学是一种"理论美学"，美学家总是致力于用一些美学观念去建构宏大的美学体系，这就必然导致美学研究出现重宏观轻微观、重观念轻实证的本末倒置的现象。这种研究看似规模宏大，而实际上这些美学家所辛苦创立的体系却如海市蜃楼，看着漂亮却没有实证根基。"观念研究"也好，"理论美学"也罢，其实质都只是美学家个人把玩的玩意儿，看得见，摸不着，经不起实证的检验，不能有效地解释生活中丰富的审

---

① 王卓斐：《拓展美学疆域关注日常生活——沃尔夫冈·韦尔施教授访谈录》，《文艺研究》2009 年第 10 期。

② 薛富兴：《山水精神：中国美学史文集》，南开大学出版社 2009 年版，第 22 页。

美现象，更不能对大众的生活审美发挥应有的作用。

薛富兴为中国当代美学研究开出的药方也是要对大众审美实践作具体、实证的专题研究，他认为中国美学研究要想自我深化要做到三点，其中两点分别是：一是化宏观为微观，走出通史情结，重新回到具体、实证的专题研究，重新作断代史、专题史的研究工作，补先贤之未足，为中国美学的健康发展奠定一个较为扎实的基础；二是化观念为活动，走出理论文本，回到生动、丰富的大众审美实践，回到更质朴、更具体的有关审美活动的器物、文字材料中，重新作系统的分类整理工作。① 对比这两点，第二点应是更基础的东西，因为"美学史首先当是现实的审美活动史"②。对于当代美学研究来说，就是要对大众当下的审美活动作实证分析研究；对于古典美学研究来说，不可能直接面对过去人们的现实审美活动，古人的审美活动只能通过现存的文献、器质等资料去反映或体现，所以这些当是美学研究的重点，而不是仅仅局限于理论文本。不论是中国美学的通史研究，还是中国自然审美史、工艺审美史、生活审美史等专门问题的研究，都必须建立在对现实的审美活动进行分析的一手资料基础上。

如前所述，张法认为中国美学的理论存在于四种类型中：几个审美领域同时论述的著作，部门艺术专著，以诗品、画品、书品这类特殊形式表达的理论，以诗论诗。史鸿文的《中国艺术美学》认为中国的艺术审美资源也不仅仅存在于艺术领域，除艺术作品、艺术理论、艺术题跋及评点、艺术掌故之外，哲学著作、宗教文献、人物品藻等材料中也有着艺术美学成分。③ 只从艺术审美角度看，中国古典美学研究就有如此丰富的材料。如同艺术审美资料不仅仅存在于艺术领域一样，中国古典美学研究资料也不仅仅存在于美学理论文本，而是存在于哲学、宗教、经济、政治、文化、历史等丰富的文献资料中，甚至其他一些图片、考古、器质文化等资料中也有着对古人审美生活的体现，这就需要当代美

---

① 参见薛富兴《山水精神：中国美学史文集》，南开大学出版社 2009 年版，第 23 页。

② 同上。

③ 参见史鸿文《中国艺术美学》，中州古籍出版社 2003 年版，第 6—8 页。

学研究者进行更深入的挖掘。中国古典美学理论方面有所欠缺，但是有着丰富的审美活动资料。这也是所谓的中国古典美学的缺点：理论性系统性差、体验性感悟性强；轻理性、重感性等。从这个角度看是缺点，换个角度可能会成为优点，所以分析梳理中国古典美学材料，并对之进行具体、实证研究，发挥中国古典美学在材料方面的优势，为中国美学甚至世界美学的发展做出自己的贡献，当是中国当代美学研究者的一个方向。

《闲情偶寄》记载了作者的生活审美实践、生活审美感受和体验，为研究明清生活审美提供了一个鲜活的实证。它启示我们除了艺术审美、自然审美之外，生活中也有很多美可以供我们欣赏。它还启示我们，如果以审美的眼光观察生活，生活会呈现出另一番不同的面貌。从艺术方面看，文章可以是"经国之大业、不朽之盛事"，也可以只是博我们一乐。在其他文人士大夫看起来很神圣的艺术，在李渔看来也只是给日常生活带来快乐的工具。以戏剧为例，别人"首重音律"，他却"独先结构"。相对来说，音律是美妙的旋律，它带给人更多的是精神的美感，而结构则主要是情节的安排，强调的是趣味性，是快感。他创作戏剧也是为了取乐观众，对他来说，"一夫不笑是吾忧"，通过看戏的欢笑，暂时忘掉生活中的烦恼和忧愁。古希腊的悲剧是使人的心灵得到净化，他的戏剧是为了使人欢笑，这也是他选择创作喜剧而不是创作其他种类戏剧的原因。从艺术审美的角度看，戏剧有着更多的审美风格，也可以发挥更多的作用，但是立足于日常生活，仅仅是为普通百姓的日常生活服务，那么喜剧博人一笑也就足够了。

以建筑为例，为了明确、维护政治秩序，建筑格局有着严格的规定，如《周礼·冬官考工记》明确规定，"周天子之国，方九里，诸侯之国方七里，士卿大夫方三里"，《礼记·王制》也规定，"天子七庙，三昭三穆，与大祖之庙而七；诸侯五庙，二昭二穆，与大祖之庙而五；大夫三庙，一昭一穆，与大祖之庙而三；士一庙；庶人祭于寝"。皇室的宫殿要能显示皇家独一无二的地位与威严，其他王公大臣是不能僭越的。从生活审美角度看，"土木之事，最忌奢侈"，"房舍与人，欲其相称"，房子过大或过小都不好，与人相称最好。

其他诸如传统服饰审美也是建立在封建等级、地位贵贱等礼制基础上。《周礼》《礼记》及历代《舆服志》等对不同等级的服饰也有着具体而明确的规定,"非其人不得服其服"(范晔《后汉书·舆服志》),"贵贱有级,服位有等……天下见其服而知贵贱"(贾谊《新书·服疑》),可以说"中国服饰审美文化的形式美形态,是礼乐文化的鲜明物化形式"①,"中国服饰制度,始终与中国礼制思想紧密联系"②。传统服饰的审美功能是完全从属于其礼制功能的。从生活审美出发,李渔认为女性的服饰"不贵与家相称,而贵与貌相宜",与强调服饰应该表明贵贱等级相比,他更看重衣服与人的自然形体及内在的精神气质、文化修养的协调。

总之,以审美的眼光观察生活,生活会呈现出一番不同的景象。李渔生活审美的本质就是追求生活的快乐、闲适、舒适。如张法所说,"乐贯穿于《闲情偶寄》全体,但作为一种系统的乐的理论,则主要体现在四个方面:一是从戏曲中得到的艺术之乐,二是从建筑中通过心理距离变现实之心为审美之心的乐,三是从花木欣赏中通过移情心理得到的审美之乐,四是在现实中通过心理调整而得到的人生颐养之乐。"③ 一提到"乐",就好像降低了审美的层次。事实并非如此,美的必然是能带给人快乐的。审美理应是一件快乐的事情。一个东西如果不能给人带来快乐,它也不可能是美的。李渔正是看到了人生追求快乐的合理性,所以才在《闲情偶寄》中大书特书他欣赏、创作喜剧的快乐,制造各种窗户的快乐,欣赏所爱之花的快乐,吃食"本性酷好之物"的快乐,甚至是裸体避暑的快乐。

李渔的《闲情偶寄》鲜明地体现了明清时代人们在生活的各个方面追求现世生活之乐的生活审美特点。李渔还只是中国古典美学众多资源中的沧海一粟,可资研究的实例还有很多,因此,中国当代美学走出观念研究、走向实证研究,应是一条切实可行的有效途径。

---

① 蔡子谔:《中国服饰美学史》,河北美术出版社 2001 年版,第 13 页。
② 华梅:《服饰与中国文化》,人民出版社 2001 年版,第 145 页。
③ 张法:《中国美学史上的体系性著作》,北京大学出版社 2008 年版,第 277 页。

第三节　两种生活美学(代结语)

前文探讨了生活审美、李渔生活审美实践、李渔生活审美观念以及李渔生活审美意义等问题，目前生活美学也是个比较热门的话题，那么生活审美与生活美学有着怎样的关系，我们该怎么认识生活审美与生活美学呢？

生活美学是最近几年比较热门的一个话题，事实上，中国美学史上对生活美学的探讨从 20 世纪 80 年代就已经开始了。系统考察生活美学研究可以发现，从研究方法与研究目的上看，大约有两种生活美学，这两种生活美学姑且称为认识论生活美学和本体论生活美学。

一　认识论生活美学

现当代的生活美学研究多数属于认识论生活美学。从研究方法上看，认识论生活美学是把生活作为审美对象，从生活出发，对生活审美作实证研究。从研究目的上看，认识论生活美学通过揭示生活审美现象、分析生活审美规律，从而提升人们生活审美水平，服务人们的生活审美。简言之，生活审美是认识论生活美学的实践基础，认识论生活美学是生活审美的理论呈现。这种生活美学是中国传统生活审美的延续。

最早对生活美学探讨的论文是 1987 年吴世常的《生活美学研究的几个问题》，这篇文章系统地阐述了生活美学研究的地位、任务、对象、内容、方法等问题。它还对生活美学研究的对象作了详细的解释，"如何欣赏生活美和创造生活美，就是生活美学所要解决的问题，也就是生活美学研究的对象。生活美学研究的对象有广义、狭义之分。广义的，研究文艺美学以外的一切美学问题，包括自然美、社会美和日常生活美。……生活美学研究的狭义对象，就是研究人们日常生活中的美学问题，它涉及到劳动美、环境美、行为美和装饰美等领域。"①

1993 年傅其三的《生活美学》对生活美与生活美学作了如下解释，

---

① 吴世常：《生活美学研究的几个问题》，《上海师范大学学报》1987 年第 2 期。

他说："生活美是指社会生活领域中的美，它是美的主要形态之一。生活美广泛地存在于社会生活、社会事物和自然事物中，是人类最重要、最普遍、最直接同时也是最基本的美的实体，它构成人类审美对象的重要方面。生活美也叫现实美，包括自然美和社会美。"① 他还详细地说明了生活美包含的范畴，"人们在社会生活斗争中，无时不感受到自然、人类和社会事物所具有的审美属性。无论是在和平劳动中，还是在艰苦的革命斗争或平凡的日常生活中，我们都能触及到无比丰富深刻而又多姿多彩的生活美。例如广阔的自然山水的美，伟大的革命斗争的美，以及重大的科学实验的美等。不过，更重要的是作为社会生活主体的人的美，人的崇高的理想、深沉的感情、坚强的性格、高雅的情趣所蕴含的极富超力的美。总之，凡是具有进步意义和人生价值的令人愉悦的生活形象，都属于生活美的范畴。"② 他说得非常明确，生活美包括自然美和社会美，具体地说，人们在社会生活中感受到的自然的美、社会的美和人类自身的美，都属于生活美。在此书展开的论述中，他把生活美具体分为自然美学（包括山水美学、园林美学、人体美学）和社会美学（包括工艺美学、建筑美学、技术美学、服饰美学、烹调美学、精神文明美学）。他对生活美学的解释是，"美学作为一门独立学科，基本可分为两大类：理论美学和应用美学。理论美学以美的哲学为中心，主要研究美和美感的一般规律，也叫基础美学。应用美学是美学在各门学科的具体运用，以生活美学和文艺美学为主体，主要研究物质生活与精神生活领域的审美活动，也叫应用美学。这样看来，生活美学属于应用美学的分支学科，是研究人在现实生活中的审美活动的一门科学。"③

2003 年薛富兴的《生活美学——一种立足于大众文化立场的现实主义思考》一文也对生活美学进行了探讨，他认为："所谓'生活美学'，是指美学应当以大众现实审美现象为自己的理论出发点，以造福大众的现实生活为最后目的。"他还认为："'生活美学'绝非创新，不过是回顾传统智慧，回归生活常识而已。车尔尼雪夫斯基、杜威早有高论，中国

---

① 傅其三：《生活美学》，知识出版社 1993 年版，第 1 页。

② 同上。

③ 同上。

的先贤则更是如此。孔子的'兴、观、群、怨'，庄子的'逍遥游'，均是从人生幸福与心理健康立论，绝无艺术至上或理论自足之意。"他反复强调："'生活美学'不是提出一种新的观察人类审美活动的理论原点或观念体系，它不过是要提醒美学家的现实感与人文使命感，不过是要美学家走出观念世界，立足于当下现实提出问题、思考问题，切实解决当代大众审美实际中的迫切问题，不过是要美学家走出精英文化情结，关心大众精神健康，在服务大众中找回自己的职业尊严与文化价值。"①

另外，2010年王确的《茶馆、劝业会和公园——中国近现代生活美学之一》指出茶馆、劝业会和公园是近现代老百姓重要的审美形式和途径。② 陈雪虎的《生活美学：当代意义与本土张力》认为在当代中国，至少有三种传统的生活美学，为具体的人们所分别执持或共同执持。其一，基于前现代宗法社会、残留于当代，而为人们所追忆和利用的传统生活和文化的美学，因为"一切已死的先辈们的传统，像梦魇一样纠缠着活人的头脑"。其二，基于百年现代中国民众革命斗争的革命生活美学，这种生活美学传统极有可能是"久受崇敬的服装"，而被人们"在忙于改造自己和周围的事物并创造前所未闻的事物"（尤其是致力于公平正义的斗争的时候）时所利用，并注入新的时代情势中的更新活力而发挥巨大的威力。其三，基于当代世界资本主义整体语境而在当代中国迅速发育的、基于市场和消费的"经验的生活"及其生活美学。③

此类文章和专著还有：1990年王修和的《家庭生活美学构想》、1993年傅其三的《生活美学的理论构架》、1996年王佑夫的《西施与生活美学》、1993年傅其三的《家庭生活美学》、1993年秋湘的《生活美学入门》、1997年王佑夫的《生活美学》、1998年周培聚的《生活·审美·哲理》、2000年吴旭光的《美学导论》等。由上述可知这种生活美学研究

---

① 薛富兴：《生活美学——一种立足于大众文化立场的现实主义思考》，《文艺研究》2003年第5期。

② 参见王确《茶馆、劝业会和公园——中国近现代生活美学之一》，《文艺争鸣》2010年第7期。

③ 参见陈雪虎《生活美学：当代意义与本土张力》，《文艺争鸣》2010年第7期。

从 80 年代至今从未间断。从以上内容可以大致了解认识论生活美学研究的特点：

第一，生活美和认识论生活美学含义基本相同。这些专著和论文的题目大多是谈生活美学的，但是文中所谈具体内容都是生活美、生活审美。对生活美的探讨多是谈生活美的分类，生活美具体包括哪些内容。生活美学基本等同生活美，生活美即是生活中的美，生活中的具体对象的美，也就是生活中的审美活动，或对现实生活的审美，所以生活美学、生活美、生活审美基本是等同的。这种生活美学就是从生活出发、以生活为归宿、以生活为审美对象、对人们生活中的审美活动进行研究的美学。

第二，认识论生活美学研究不是抽象的形而上的研究，而是具体的形而下的研究；不是理论美学，是实证美学。认识论生活美学是对生活美的研究，是对现实生活中的人及人们的现实生活的审美，研究的是具体的审美对象、审美活动。它不是从抽象的生活概念出发，推理演绎一个周密的逻辑体系，而是从具体的人、具体的生活审美活动出发，研究具体的人的现实的审美活动，所以这一时期的生活美学不是哲学美学，是科学美学，是实证研究。

第三，认识论生活美学研究是中国传统生活审美研究的延续，没有西方理论背景的介入。他们对生活美的分类虽是五花八门，但也大同小异，诸如服饰美学、烹调美学、精神文明美学，形体美、心灵美、演讲美、交际美、服饰美、饮食美、居室美、旅游美，劳动美、环境美、行为美和装饰美等，这些分类可以在中国传统美学中找到它们的影子，在西方美学中出现却不多。尽管当代学人对生活美学的理解可能还不尽相同，但是中国古典美学有着深厚、悠久的生活美学传统，这一点基本达成了共识。

二　本体论生活美学

从研究方法上看，本体论生活美学是从"生活"这一概念出发，对之进行逻辑分析。其研究目的是为美建立形而上的、最终的哲学依据——"生活"。对本体论生活美学进行研究的主要是刘悦笛，为建构生活美学体系，他发表了一系列的文章和两部专著。2005 年《日常生活审美化与审美日常生活化——试论"生活美学"何以可能》论证了生活美学形成的合理性①。2008 年《日常生活美学的哲学反思——以现象学、解释学和语用学为视角》分别从现象学、解释学和语用学的角度分析了美与生活构成的"对话的辨证法"关系②。2008 年《艺术终结：生活美学与文学理论》认为欧美美学要力图摆脱占据主流的分析美学传统，特别还要面对"艺术终结"之后的美学境遇，而当代中国美学建构也面临实践美学及其后的问题，或者说面临着"实践与生命的张力"的现实语境，这都要求生活美学的出场，并且对生活美学加以解释，"生活美学"里面的生活实际上是一种"民生的"生活，而不是个体化的超越的生活，或者回到本能的生命，他还认为"艺术终结之后"会迎来生活的复兴，艺术终结于生活，艺术回到生活母体本身，反而是向更广阔的生活世界的回归，以此可以来为中西文化和美学架设桥梁。③

2009 年《回归生活世界的"生活美学"——为〈生活美学〉一辩》对日常生活、非日常生活、美的活动作了界定，并介绍了生活美学理论的思想来源，他认为从人类活动论的角度看，日常生活就是一种"无意为之"的、"自在"的、"合世界性"的生活，非日常生活则是一种"有意为之"的、"自觉"的、"异世界化"的生活。在这个意义上，作为一种特殊的生活，美的活动虽然属于日常生活，但却是与非日常生活最为切近的；它虽然是一种非日常生活，但却在非日常生活中与日常生活最切近、最亲密。美的活动，介于日常生活和非日常生活之间，并在二者之间形成了一种必要的张力。"生活美学"的理论合法性在于，不仅马克思、海德格尔、维特根斯坦、杜威这些哲学家本人的哲学思路中存在着回归生活世界的取向，而且在中国本土的思想传统中，历来就有"生活

---

① 参见刘悦笛《日常生活审美化与审美日常生活化——试论"生活美学"何以可能》，《哲学研究》2005 年第 1 期。

② 参见刘悦笛《日常生活美学的哲学反思——以现象学、解释学和语用学为视角》，《上海师范大学学报》（哲学社会科学版）2008 年第 5 期。

③ 参见刘悦笛《艺术终结：生活美学与文学理论》，《文艺争鸣》2008 年第 7 期。

美学化"与"美学生活化"的传统。① 2009 年《"生活美学"建构的中西源泉》认为"生活美学"在中国本土的建构,一方面力图摆脱"实践美学"的基本范式,另一方面又不同于"后实践美学"或者"生命美学",它力求回归到现实生活来重构美学。同时,生活美学并不等同于欧美的"日常生活美学",而是一种介于"日常性"和"非日常性"之间的美学新构。从思想源泉上看,生活美学主要来源于晚期胡塞尔的"生活世界"理论和原始儒道两家的思想,儒家美学在一定意义上就是以"情"为本的生活美学。这种回归生活的思想取向,在分析哲学、实用主义和存在主义的三位哲学家维特根斯坦、杜威与海德格尔那里是共通的②。

除此之外,他还出版了两部生活美学的专著。2005 年《生活美学:现代性批判与重构审美精神》一书在对"艺术否定生活论"理论和当代审美泛化的现实进行反思的基础上,得出要回归"生活世界"、建构"生活美学"现象学的结论,并且通过回归生活,重构一种审美、道德、真理相互统合的"现代审美精神"③。2007 年《生活美学与艺术经验——生活即美学,艺术即经验》认为"生活美学"认定"生活即美学",当代艺术走向"艺术即经验"。随着当代"审美泛化"——"生活审美化"与"艺术生活化"——愈演愈烈,我们亟须回归"生活世界"来重构一种"活生生"的当代美学和艺术论。……在此意义上,中国古典智慧、后现代主义与新实用主义恰恰在同一条道路上颉颃并行,"生活化的美学"与"审美化的生活"也许是东西文化的共同归宿④。除上文列举的文章外,这类文章还有《马克思的"生活美学"——兼与维特根斯坦、杜威比较》《儒家生活美学当中的"情":郭店楚简的启示》《"生活美学"的兴起与康德美学的黄昏》《儒道生活——中国古典美学的原色与底

---

① 参见刘悦笛《回归生活世界的"生活美学"——为〈生活美学〉一辩》,《贵州社会科学》2009 年第 2 期。

② 参见刘悦笛《"生活美学"建构的中西源泉》,《学术月刊》2009 年第 5 期。

③ 参见刘悦笛《生活美学:现代性批判与重构审美精神》,安徽教育出版社2005 年版。

④ 参见刘悦笛《生活美学与艺术经验——生活即美学,艺术即经验》,南京出版社 2007 年版。

色》。刘悦笛认为生活美学是在"艺术终结论"的理论背景、对康德美学的反驳和"日常生活审美化"的现实条件下出现的，不论在西方还是在中国都可以找到生活美学理论的源头。另外他还大力提倡生活美学，他的《重建中国化的"生活美学"》《生活美学：全球美学新路标》和《"生活美学"：建树中国美术观的切近之途》都是对生活美学的呼吁。

此外，仪平策也是从本体论的角度研究生活美学的。他认为，作为一种新的美学形态，生活美学是以人类的"此在"生活为动力、为本源、为内容的美学，是将"美本身"还给"生活本身"的美学，是消解生活与艺术之"人为"边界的美学，是将美的始源、根底、存在、本质、价值、意义等直接安放于人类感性具体丰盈生动的日常生活世界之中的美学，"美本身"和"生活本身"在本真的意义上也可以说是天然一体、浑然不分的，生活美学是敞开"此在"、普照生命、拥抱人类、快乐众生的美学，是真正落实美学特有的人类终极关怀使命的美学。① 他还分析了生活美学产生的原因，"作为一种新的美学形态，'生活美学'的产生绝对不会是源自某种个人化的玄思妙想，也并非一个偶然的学术事件，而是美学学科发展的一种内在要求，是现代思维范式的美学产物，在中国也同时是传统文化资源和当代审美文化的必然发展指向。"② 另外，陈雪虎也说："目前国中对'生活美学'的诉求，主要是从对康德以来的主流美学传统的反拨这一角度来阐述的"③，这表明他也认为这种本体论的生活美学是从对康德美学的批判开始。他还说："从学理渊源上看，在美学、哲学和文化领域，将美、美感和审美，与所谓计算、科学、观念世界、理性形而上学疏离开来，而与生活沟通起来或转回到生活世界来，其实也是 20 世纪尤其是 20 世纪下半叶欧洲哲学思想界的主要特色之一。在这个过程中，现象学、存在主义乃至形形色色的批判理论都发挥了非常重要的作用。"④ 由此可见，这种生活美学不但是对康德美学的批判，同时也是对 20 世纪欧洲哲学、美学和文化领域回归生活转到生活世界思想的

① 参见仪平策《生活美学：21 世纪的新美学形态》，《文史哲》2003 年第 2 期。
② 同上。
③ 陈雪虎：《生活美学：当代意义与本土张力》，《文艺争鸣》2010 年第 7 期。
④ 同上。

继承。

由上述可知，本体论生活美学与认识论生活美学虽可统称为生活美学，其实质却截然不同。本体论生活美学是传统哲学美学的延续，其来源是西方分析哲学、实用主义、存在主义等与中国儒道美学、实践美学等的逻辑推演。认识论生活美学则是中国传统生活审美的延续，其来源是鲜活的生活本身。本体论生活美学的"生活"所指为抽象的生活概念，认识论生活美学"生活"所指为具体的生活实践。本体论生活美学以"生活"概念作为美的本体，认识论生活美学以生活实践作为审美对象，并服务于生活审美。

"生活审美是人类以自身现实生活为对象的审美形态，它主要指人们对自身现实生活能起一种满足感、享受感，能起一种即时性的感性精神愉悦。它是以审美的形式对自己现实人生的价值肯定。"① 简言之，生活审美是一种审美形态，它相对于自然审美、艺术审美等而存在。也可以说生活审美是生活美学研究的对象，反过来也可以说研究生活审美的美学就是生活美学，不过此生活美学是指认识论生活美学，而非本体论生活美学。本体论生活美学旨在建立以"生活"为美之本体的逻辑体系。

三 提倡认识论生活美学

通过上文对两种生活美学的分析可以发现，这两种生活美学还是有很大区别的。在此，我们提倡认识论的生活美学研究。

本体论生活美学仍是传统的理论美学、观念美学、哲学美学。它虽然提出了"生活"的概念，但此"生活"只是个抽象的概念。"生活"是"美"的本体、本原，是建构生活美学哲学体系的核心范畴。这种做法实际上和实践美学、生命美学等是相同的，只不过是用"生活"代替了"实践""生命"等范畴而已，因此它仍是传统的理论美学。如刘悦笛认为生活美学理论的提出，是"艺术终结"理论发展的必然结局，事实上，所谓"艺术的终结"，所谓"艺术终结"之后在生活中的复苏，仍是一种逻辑的推演，并不能真正地反映现实生活中艺术与审美的实际状况。

---

① 薛富兴:《中国生活审美传统及其当代意义》,《民族艺术研究》2004年第3期。

他还认为生活美学理论是对康德美学的反驳，对实践美学的解构，不论是反驳还是解构，从逻辑上看，都是另一种形式的"继承"。另外，刘悦笛还孜孜以求生活美学的理论资源，从西方的现象学、分析哲学、实用主义、存在主义、马克思到中国的儒家、道家等都是生活美学的理论源头，这些源头仍是形形色色的主义，而不是"活泼泼"的现实生活。因此刘悦笛的生活美学研究并没有走出理论美学的畋域。这也许是美学作为理论学科、作为哲学分支的传统太根深蒂固的原因吧。

刘悦笛的生活美学体系既想建立生活美学形而上的根基，又不想脱离蓬勃发展的现实生活审美实践，所以他建构的生活美学有时有调和理论美学与生活美学之嫌，但是这种调和则显得捉襟见肘。如王江松所说，刘悦笛致力于从本体论上论证生活与美之间的本质关系，并由此出发解释各种美学现象，但是作者从生活艺术化、日常生活审美化和艺术生活化、审美日常生活化这一历史事实出发来建立他的"生活美学"，这是难以达到目的的，因为从这一审美（艺术）社会学的路线出发，只能建立一种要求美学更直接、更密切地与生活相结合的广义的"生活美学"，而不能建立一种狭义的、本体论的"生活美学"——后者只能从哲学的路线，通过对生活本身的本体论理解才能建立起来，他认为作者既然想要建立一种狭义的、与实践美学和生命美学等不同的本体论"生活美学"，就有必要严格区分广义的和狭义的"生活美学"，并且放弃从外在的、审美（艺术）社会学视角出发建立"生活美学"的努力，而致力于探讨生活与审美（艺术）的内在的、本质的关联。①

与本体论生活美学不同，认识论生活美学不把自己看作一种新美学。中国古典美学有着丰富的生活审美资料。在哲学美学占统治地位的近现代中国美学中，生活美学研究传统也从未中断，当代社会中更有着大量生活审美现象的涌现。首先，从生活实践看，提倡认识论生活美学，是提倡一种审美的生活态度与生活方式。审美的生活态度是指用审美的态度面对生活、以审美的眼光看待生活。只有以审美的态度面对生活，才能获得生活的快乐。如叔本华所说，一切生命在本质上都是痛苦的，人

---

① 参见王江松《"生活美学"是这样可能的——评刘悦笛的〈生活美学〉》，《贵州社会科学》2009 年第 2 期。

的全部本质是欲求与挣扎。人之所以痛苦，是因为物质欲望不能得到满足，一个欲望得到了满足，立刻就会有新的欲望产生，人的欲望是无止境的。要想摆脱痛苦，就要舍弃欲求。直接舍弃欲求是非常困难的，最好的办法就是用审美的态度逐渐代替功利的态度。艺术可以拯救人的痛苦，但艺术的拯救是暂时的。只有在沉浸于艺术世界的短暂时刻，人才可以忘掉痛苦，享受审美带来的快乐。人如果能以审美的态度面对生活，那么生活中就可以忘掉物质欲求的痛苦，就能快乐、幸福地生活。审美的生活方式是指积极欣赏、创造生活中的美。不是每个人都能创作名垂千古的艺术作品，但是每个人都可以用自己的双手创造审美化的生活。多动脑、多动手，就可以使我们的生活变得更美好。只要善于发现、善于创造，生活中美无处不在。

其次，从美学理论看，提倡认识论生活美学，即是提倡美学向生活的回归，提倡美学研究当从生活出发，服务于生活。认识论生活美学研究应注意以下三点：

从研究对象看，认识论生活美学研究要走出艺术中心论，走向生活审美。艺术中心论是人类审美意识不断精致化、精英化的产物，艺术审美只是人类审美活动的一部分，对艺术审美的研究不能代替对人类艺术审美活动之外其他审美活动的研究。艺术中心论一方面造成了对大众审美活动的忽视，另一方面也造成了审美与现实生活的脱节。这既不符合人类审美活动发生的实际，也违背了人文学科当有益于人类现实生活、精神幸福的宗旨。因此中国当代生活美学研究当走出艺术中心论、艺术审美的小天地，走向更广阔的人类审美生活，到人类现实生活中去拓展更丰富的审美对象、审美形态研究。另外，对人类现实生活审美活动的关注也不应仅仅局限于当前的现实生活，还要从古人的现实生活审美中挖掘有益于当前及未来的成分。在日常生活审美化的今天，美学研究当充分利用祖先为我们遗留下来的宝贵资源。

从研究方法看，认识论生活美学研究要走出观念研究，走向实证研究。中国当代美学是理论美学，多观念研究，逻辑推理，体系建构。这种研究模式所带来的后果就是：从学理上看，导致美学研究基础薄弱，缺乏具体的、实证的理论根据；从实践上看，多是观念推理，脱离大众审美现实。从理论上讲，美学研究应当从人类审美活动的事实出发，从对人类审美活动朴素材料的研究中得出结论，这样得出的结论才是有根据的，这样的美学研究才能对大众的审美生活发挥切实的作用。另外，在认识论生活美学研究走出观念研究、走向实证研究的过程中，也要注意发挥中国古典美学为我们提供的丰富的经验资料。

从美学观念看，认识论生活美学研究要走出哲学美学，走向科学美学。从源头上看，西方美学孕育于哲学。整个古希腊，直到1750年鲍姆嘉通命名"美学"之后一个多世纪的近代西方美学一直都是哲学的一个分支，是哲学体系的一个组成部分，以艺术为中心的美学研究也被称为"艺术哲学"。既然美学孕育于哲学，是哲学的一部分，那么美学研究采取哲学的、观念的、思辨的逻辑推演的方法，也就不足为怪了。但是美学家们早就意识到美学不能仅仅满足于作哲学的附庸，而是要成为独立的学科。因为哲学只是一种"前科学"，而人类科学发展的必由之路则是从总体到部分、由抽象到具体，所以，早在1876年德国心理学家、美学家费希纳就于《美学入门》中提出了两种美学："自上而下的"美学与"自下而上的"美学，这就表明除"自上而下"哲学美学的研究思路之外，还有"自下而上"的科学美学的研究路子。20世纪50年代，美国美学家托马斯·门罗更是直接指出整个美学均应走自下而上的"科学美学"之路。薛富兴对20世纪后期中国美学进行反思发现，作为当代美学的20世纪后期中国美学并不是真正意义上的现代美学，它尚处于走出古典、走向现代的路途中，因为20世纪中国美学在总体上仍属于哲学美学。之所以如此，主要原因就是美学是哲学一部分的美学观念根深蒂固。要想真正实现中国当代美学的现代化，从思想上改变美学属于哲学的美学观念当是第一要务。对美学的认识改变了，研究方法自然也会随之改变。我们应该明白，除哲学美学外，还有科学美学。认识论生活美学应走出哲学美学，走向科学美学。

除以上三点外，笔者还想强调一点，就是要辩证地看待以上问题。本文所提倡的走出艺术中心论，走向生活审美，并不是完全否定对艺术的研究；走出观念研究，走向实证研究也并不是完全排除观念研究，同理，走出哲学美学，走向科学美学也并不是全部驱除哲学美学研究，而是说在当前的美学研究中应以生活审美、经验或实证研究、科学美学为主要任务。薛富兴在谈论美学与哲学关系的时候指出："科学时代的美学，要想获得深入、具体的新知，只能走形而下的科学实证的道路；但是，其内部又必须有自我知识整合的功能与环节，必须有以哲学思维为基本工具的基础美学"①，也就是说科学美学获得实证知识，哲学美学整合所获知识，两者各有分工，都是必不可少的。王确在谈到对生活美学的认识的时候也说道："我们重提生活美学，不是要颠覆掉经典美学的所有努力，而是要使美学返回到原来的广阔视野；我们讨论生活美学，不是要把被现代文化史命名为艺术的那些东西清除美学的地盘，而是要打破自律艺术对美学的独自占有和一统天下，把艺术与生活的情感经验同时纳入美学的世界；我们再度确认生活美学，不是为了建构某种美学的理论，而是在亲近和尊重生活，承认生活原有的审美品质。"② 总而言之，我们不能从一个极端走向另一个极端，而是应该辩证地看待这些问题。

---

① 薛富兴：《文化转型与当代审美》，人民文学出版社 2010 年版，第 5 页。
② 王确：《茶馆、劝业会和公园——中国近现代生活美学之一》，《文艺争鸣》2010 年第 7 期。

附　录

李渔年谱简编

明万历三十九年辛亥 (1611)

渔农历八月初七日生于江苏如皋，初名仙侣，字谪凡，号天徒；中年改名渔，字笠鸿，号笠翁。祖籍浙江兰溪下李村，渔祖有二子，长子如椿，次子如松。父亲李如松在如皋做药材生意，伯父李如椿为如皋"冠带医生"。渔父有三子，长子茂，次子渔，季子皓。

明万历四十四年丙辰 (1616)

李渔六岁，在江苏如皋。自谓"襁褓识字"，"乳发未燥"即随伯父登"大人之门"。

努尔哈赤在赫图阿拉即位，建元天命，号金，为清太祖。

明万历四十六年 (1618)

李渔八岁，在如皋。自谓髫龄能诗，尝于梧桐树上刻诗纪年。

明天启五年乙丑 (1625)

李渔十五岁，在如皋，作《续刻梧桐诗》。

三月，努尔哈赤迁都沈阳。魏忠贤专权，锢杀东林党人。

明天启六年丙寅 (1626)

李渔十六岁，在如皋。据传李渔曾在如皋西北数十里的老鹳楼苦读。

八月，努尔哈赤卒。皇太极即位，改元天聪，为清太宗。

明天启七年丁卯 (1627)

李渔十七岁，在如皋。作七律《丁卯元日试笔》。自谓于诗书六艺之文，已"浅涉一过"，下笔千言矣。

明崇祯元年戊辰 (1628)

李渔十八岁，在如皋。约在此年娶妻徐氏。

高迎祥、李自成等在陕西起义。

明崇祯二年己巳 (1629)

李渔十九岁，在如皋，父病逝。作《回煞辩》，驳回煞之谬。

皇太极大举攻明。太仓张溥等成立复社。

明崇祯三年庚午 (1630)

李渔二十岁，可能仍在如皋。五月，全家先后染疫疠。《闲情偶寄·颐养部》之"本性酷好之药"款自谓此次疾病乃食杨梅而愈。

明崇祯七年甲戌 (1634)

李渔二十四岁，约在此年回兰溪下李村，准备应童子试。

七月，皇太极四路攻明。

明崇祯八年乙亥 (1635)

李渔二十五岁，在兰溪。赴金华应童子试，中秀才。在金华入府学。

明崇祯九年丙子 (1636)

李渔二十六岁，在金华、兰溪。以"五经童子"而名扬乡里。

四月，皇太极受宽温仁圣皇帝尊号，建国号大清，改元崇德。五月，清军入居庸关，逼燕京。

明崇祯十年丁丑（1637）

李渔二十七岁，在金华，为府学生。

明崇祯十二年己卯（1639）

李渔二十九岁，在金华、兰溪。夏，赴省城杭州应乡试，落榜，作七律《榜后柬同时下第者》。三月，清军入山东，生擒明宗室德王由枢。

明崇祯十五年壬午（1642）

李渔三十二岁，在金华、兰溪。再应乡试，中途闻警归。作五律《应试中途闻警归》。不久，母亲去世。

二月，明总督洪承畴降清。

明崇祯十六年癸未（1643）

李渔三十三岁，在金华、兰溪。与明宗室朱梅溪结交，赠七律。

八月，清太宗皇太极卒。十二月，浙江东阳诸生许都反，聚众数万，直逼金华，历时三月始平。

明崇祯十七年、清顺治元年甲申（1644）

李渔三十四岁，在金华。时局大变，李渔家乡受兵匪两害，与乡亲至山中避乱。作《甲申纪乱》等诗记之。

李自成称帝，三月十九日破京，崇祯帝朱由检自缢煤山。张献忠入四川，据成都，号大西国王，建元大顺。五月，福王朱由崧在南京即位。十月，福临入关，定都北京，改元顺治。

清顺治二年乙酉（1645）

李渔三十五岁，在金华，避兵山中。作七古《避兵行》、七律《婺城乱后感怀》等。入金华府通判许檄彩幕，十月，纳妾曹氏。

五月，清兵屠扬州，入南京，杀明弘光帝朱由崧。六月，清兵入杭州。明鲁王以海称监国于绍兴。闰六月，明唐王聿键称帝于福州，改元隆武。九月，李自成亡。六月，明总兵方国安率兵攻金华，至闰六月二十五日方解围。

清顺治三年丙戌 (1646)

李渔三十六岁，在金华。六月二十六日至七月十六日清兵围金华，破西门入，总督朱大典率子孙、宾僚等二十余人殉难。城中数万百姓被杀。李渔作诗悼念丙戌死难者。清兵至，李渔归兰溪。

清廷始开科举。

清顺治四年丁亥 (1647)

李渔三十七岁，在兰溪作"识字农"。

清顺治五年戊子 (1648)

李渔三十八岁，在兰溪建伊山别业。

清顺治六年己丑 (1649)

李渔三十九岁，在兰溪。被推为祠堂总理，在乡兴办公益事业，修石坪坝，建且停亭，结交金华地方官绅。

清顺治七年庚寅 (1650)

李渔四十岁，卖掉伊山别业，移居杭州。开始创作传奇、小说，"卖赋以糊其口"。

十二月，摄政王多尔衮卒。

清顺治八年辛卯 (1651)

李渔四十一岁，在杭州。《怜香伴》传奇问世，虞巍为之序。是年夏游东安等地，作《黑山记》《东安赛神记》。

顺治帝福临亲政。郑成功取福建同安诸郡。

清顺治九年壬辰 (1652)

李渔四十二岁，在杭州。《风筝误》传奇此年问世，虞镂作序。

清廷颁布《书坊禁例》，规定坊间书商，只许刊行理学政治有益文业诸书，其他琐语淫词，及一切滥刻窗艺社稿，通行严禁，违者从重究治。科场之狱兴起。

清顺治十年癸巳 (1653)

李渔四十三岁，在杭州。游江南通州（今江苏南通）。完成《意中缘》传奇，女诗人黄媛介为之作序。顺治十六年（1659）再版，范骧又为之作序。与汪然明交好，时有诗词唱和，为不系园常客。

清顺治十一年甲午 (1654)

李渔四十四岁，在杭州。结识杭州南关监督卫澹足。与浙江巡抚秦世祯、浙江按察使佟国器等亦有交游。十二月，清廷命世子济度为定远大将军，率师征讨郑成功，未克。郑成功屡攻福建兴化、福州等府，并破舟山而据。

清顺治十二年乙未 (1655)

李渔四十五岁，在杭州。《玉搔头》传奇问世，黄鹤山农戊戌作序。

清顺治十三年丙申 (1656)

李渔四十六岁，在杭州。结交浙江左布政使张缙彦。与陈麓屏游。小说《无声戏》一集问世，杜濬（于皇）为之作序。

清顺治十四年丁酉 (1657)

李渔四十七岁，往来于江宁、杭州。结交卫澹足、王汤谷、张瑞征等高官。《奈何天》传奇问世，胡介作序。《无声戏》二集出版，杜濬（于皇）作序。《肉蒲团》刊行，如如居士为之序。

八月，郑成功占领浙江台州府。顺天、江南乡试发生舞弊案。

清顺治十五年戊戌 (1658)

李渔四十八岁，在江宁、杭州。《玉搔头》传奇问世，黄鹤山农为之序。小说《无声戏合集》出版。小说《十二楼》（又名《觉世名言》）问世，署名觉世稗官，杜濬作序。

五月，郑成功占领浙江瑞安。清廷重治科场舞弊案、贪腐案等。

清顺治十六年己亥 (1659)

李渔四十九岁，在江宁、杭州。七夕，方文（尔止）来杭州拜访李渔。纂辑《古今史略》告成。李渔第一部传奇集《李氏五种》问世，包括《怜香伴》《风筝误》《意中缘》《蜃中楼》《玉搔头》五部，"西泠十子"之一孙治（宇台）为之作序。"十子"之中有八九都与李渔有交往，不过并非相识于一时。正月，清兵三路入滇，明永历帝走缅甸。六月，郑成功攻取镇江，进逼江宁，东南大震。

清顺治十七年庚子 (1660)

李渔五十岁，在杭州。八月初七，李渔庆五十大寿。妾纪氏生第一子将舒（陶长）。纂辑《尺牍初征》告成。李渔到太仓梅村请吴伟业为之作序。与丁耀亢、张忽、丘象随、胡介同游西湖。沈因伯入赘。

正月，清廷严禁结社订盟。六七月间，大学士刘正宗被弹劾，连及前浙江左布政使张缙彦。八月，湖广道监察御史萧震弹劾张缙彦"守藩浙江，刻有《无声戏二集》一书，诡称为不死英雄，以煽惑人心"。十一月定案，刘正宗被革职，张缙彦革职流放宁古塔，罪状未及《无声戏》。

清顺治十八年辛丑 (1661)

李渔五十一岁，在杭州。夏，李渔于杭城之适轩拜访钱谦益。钱谦益为之作《李笠翁传奇序》。八月，游桐庐严陵西湖，作《严陵西湖记》。《比目鱼》传奇问世，山阴才女王端淑作序。

第二子将开（信斯）诞生，母纪氏，李渔妾室。

正月，顺治帝福临卒。玄烨即位，为康熙帝。郑成功赶走荷兰殖民者，占领台湾。清廷申严海禁，绝其交通。三月，苏州哭庙案发。五月，杀秀才倪用宾、金人瑞（圣叹）等十八人。十二月，庄廷鑨《明史稿》案发。

清康熙元年壬寅 (1662)

李渔五十二岁，从杭州移居江宁。在金陵闸附近创办翼圣堂书坊。游湖州、苏州。到苏杭等地打击盗版。第三子、第四子诞生。

二月，明永历帝被俘杀。五月，郑成功卒于台湾。

清康熙二年癸卯 (1663)

李渔五十三岁，在江宁。游扬州，筹钱还债，结识王士禛兄弟。纂辑《资治新书》初集告成，王士禄等作序、题词。编辑《求生录》并作序。

清廷发布《书坊禁例》，禁私刻琐语淫词。

清康熙三年甲辰 (1664)

李渔五十四岁，在江宁。《凰求凤》传奇印行，杜濬作序；《笠翁论古》问世，后改名《笠翁别集》。

游粤筹款营建书坊，同时为《资政新书》二集、《尺牍二征》约稿。

钱谦益、胡介卒。王士禄下狱。

清康熙四年甲辰 (1665)

李渔五十五岁，在江宁。春，再游扬州。与杜于皇、王阮亭等人交游。冬游杭州。无钱过年，衣物典当殆尽。《笠翁增订论古》问世。《凰求凤》传奇完成。

清康熙五年丙午 (1666)

李渔五十六岁，在江宁。远游京师、燕、秦等地。春，北游京师，结交权贵，拜会礼部尚书龚芝麓和大学士魏贞庵等高官。同年秋，由京师出发游晋、秦，受到陕西巡抚贾汉复、甘肃巡抚刘斗、提督张勇等人的热情款待。李渔出游，一为筹款，二为《资治新书》集稿。在平阳，纳乔姬。第五子将芬出生。

清康熙六年丁未 (1667)

李渔五十七岁，在江宁。李渔继续游秦。《慎鸾交》问世，郭传芳为之作序、评。仲春，为朱石钟作《古今笑史序》《智囊序》。赴皋兰（兰州），为甘肃巡抚刘斗座上客。纳王姬。至甘泉，受到甘肃提督张勇盛情款待。游西岳华山。出潼关、入河南。孟冬，周亮工为《资治新书》二集作序。岁末，到徐州。七月，康熙帝玄烨亲政。四月，江南沈天甫等人以诗词案被斩首。陆圻出家归佛。

清康熙七年戊申 (1668)

李渔五十八岁，在江宁。元旦，在徐州。秦游结束，春来花发时节抵家。游秦后，继续游粤。过临江，作诗和施闰章。过十八滩、虔州、庾岭、南雄、英德、广州、苍梧、桂林等地均有诗作。出游期间，李渔仍笔耕不辍。此间，《巧团圆》传奇问世，杜濬作序。《尺牍二征》在编纂中。《笠翁传奇十种》单行本至本年出全。

七月，清廷恢复八股取士。

清康熙八年己酉 (1669)

李渔五十九岁，在江宁。春，游粤归，再过十八滩，作七古《后过十八滩行》。四月初，抵江宁。四月，为潘永因《宋稗类钞》作序，署名"湖上李笠翁"。初夏，芥子园落成，龚鼎孳为之写"芥子园"碑文额。芥子园既是李渔的书坊，又是住宅。李渔因其地止一丘，不足三亩，而名之曰"芥子"。文友则谓此园有"芥子纳须弥之义"，盖指其地虽小，而笠翁园林艺术于此俱见。芥子园书铺更是闻名中外。丁澎南归，方文、冯如京卒。

清康熙九年庚戌 (1670)

李渔六十岁，在江宁，游闽。携《一家言》稿，入闽谋刻资，众姬随行。仲秋，友包璿为《一家言》作序。在福州度六十寿辰。受旧识福建总督刘耀薇等热情款待。仲冬，六子将芳出生，母妾室汪氏。

清康熙十年辛亥 (1671)

李渔六十一岁，在江宁，游宝应、苏州。初夏，李渔由江宁出发，游苏州，与尤侗、余怀、宋澹仙诸友观摩戏剧。立秋，请余怀为《闲情偶寄》作序。为尤侗校雠《钧天乐》。十月，《四六初征》问世。《闲情偶寄》亦于冬季成书。腊月，遣使赴京，赠送友人《闲情偶寄》数十部。冬，乔姬生一女，致病。

康熙十年议准，京师内城，不许开设戏馆。城外戏馆，如有恶棍借端生事，该司坊官查拿。魏裔介乞休。吴伟业、方以智、丁耀亢卒。

清康熙十一年壬子 (1672)

李渔六十二岁，在江宁，游楚。梅花盛开时节，乘舟游楚，二月抵汉阳，初登黄鹤楼。三月，游荆南、荆门。在楚结交当地官员，游览名胜。编辑《一家言》初集。八月七日，作《一家言释义》，即《一家言》诗文集自序。拟自楚入晋，自晋往京。无奈诸妾罹病，爱妾乔姬染病去世，时年十九，于是不得不自汉阳载柩而返。

周亮工、陈允衡卒。六月，康熙帝颁布训谕十六条。

清康熙十二年癸丑 (1673)

李渔六十三岁，在江宁，游燕。夏初，沿运河北上，再游京帅。为贾胶侯设计半亩园。许茗车登门拜访。相国索愚庵挽留卒岁。腊月，为冀公冶祝寿，岁末，与太史李湘北集字成诗之会。王姬于京师病故，亦年十九。《一家言》初集约在此年出版。随着乔、王二姬离世，李渔家班亦告解体。

夏，李之芳任浙江总督。十一月二十一日，平西王吴三桂反。龚鼎孽、宋琬、王士禄卒。

清康熙十三年甲寅 (1674)

李渔六十四岁，在江宁。初春，自燕南归，途中第七子将蟠出生。

寒食后一日抵家。夏，游芜湖，为曹石臣作《曹细君方氏像赞》。秋，再游杭州，为恩师许豸遗作《春及堂诗》写跋。遇丁药园。拜访钱塘知县梁冶湄，并结识其幕僚徐电发。为毛稚黄作《朱静子传》。访武林旧居。遇老友孙宇台，请为《一家言》初集作评。归江宁后，致书徐电发，作迁家避乱之谋。为《笠翁诗韵》作序，纂辑《名词选胜》。

二月，广西将军孙延龄反。三月，靖南王耿精忠反。

清康熙十四年乙卯 (1675)

李渔六十五岁，在江宁，游浙。赴杭为浙江巡抚陈司贞祝寿。送长子将舒、次子将开赴严陵应童子试。秋，送浙江乡试考官徐秉义、王垓回朝。后抱疴在床。

正月，封尚可喜为平南亲王。十一月，郑经入福建漳州。

清康熙十五年丙辰 (1676)

李渔六十六岁，在江宁，准备移家杭州。

二月，广东讨寇将军尚之信反，幽禁其父尚可喜。九月十六，耿精忠缢杀福建总督范承谟。十月初四，耿精忠投降。郑经谋取福州，失败。十月二十一，李之芳捷报浙江省平定。

清康熙十六年丁巳 (1677)

李渔六十七岁，在杭州，游湖州。正月，李渔移家杭州，居层园。夏初，跌伤。仲夏，送长子将舒往婺州就试。舆疾而返。八月初七寿诞，父女和诗。八月十三启程游湖州，知府胡子怀热情接待。旅途中编辑《一家言》二集，请孙宇台、毛稚黄二好友序、评。贫病交加，向都门故人求助，作《上都门故人述旧状书》。丁泰岩赐金卒岁，并赠诗。

六月初八，清廷定于当年九月乡试。

清康熙十七年戊午 (1678)

李渔六十八岁，在杭州。春，层园草成。病中为徐冶公《香草亭》传奇作序写评。立秋日，为《笠翁别集》撰写弁言。葵月，丁澎作《笠翁别集序》。中秋前十曰，作《耐歌词自序》。冬，尤侗为《名词选胜》作序。

正月，诏举博学鸿儒。二月，郑经围攻福建海澄，大捷。三月，吴三桂于衡州称帝。

清康熙十八年己未 (1679)

李渔六十九岁，在杭州。一病经年，不能出游。仲冬朔，为《千古奇闻》作序。十一月四日，冬至，为《芥子园画传》作序。十二月，为毛声山评《四大奇书第一种》（《三国志演义》）作序。

三月初一，康熙帝亲试博学鸿儒于体仁阁。

清康熙十九年庚申 (1680)

李渔七十岁，在杭州。正月十三日病逝，钱塘令梁冶湄资助，葬于杭州方家峪外莲花峰，九曜山之阳。坟丁沈殿武。梁冶湄题其碣曰："湖上笠翁之墓，弟梁允植立。"

二月清廷始开海禁。

参 考 文 献

一 著作

[1]（清）李渔：《闲情偶寄》，浙江古籍出版社 1985 年版。

[2]（清）李渔：《李渔全集》，浙江古籍出版社 1991 年版。

[3]（清）李渔：《笠翁一家言诗词集》，浙江古籍出版社 1992 年版。

[4] 黄强：《李渔研究》，浙江古籍出版社 1996 年版。

[5] 沈新林：《李渔新论》，苏州大学出版社 1997 年版。

[6] 张晓军：《李渔创作论稿——艺术的商业化与商业化的艺术》，文化
艺术出版社 1997 年版。

[7] 沈新林：《李渔评传》，南京师范大学出版社 1998 年版。

[8] 俞为民：《李渔评传》，南京大学出版社 1998 年版。

[9] 杜书瀛：《李渔美学思想研究》，中国社会科学出版社 1998 年版。

[10] 赵文卿、李彩标主编：《李渔研究》，中国文联出版公司 2000 年版。

[11] 黄果泉：《雅俗之间：李渔的文化人格与文学思想研究》，中国社会
科学出版社 2004 年版。

[12] 胡元翎：《李渔小说戏曲研究》，中华书局 2004 年版。

[13] 万晴川：《风流道学——李渔传》，浙江人民出版社 2005 年版。

[14] 李彩标：《李渔思想文化研究》，大众文艺出版社 2005 年版。

[15]［美］张春树、骆雪伦：《明清时代之社会经济巨变与新文化——
李渔时代的社会与文化及其"现代性"》，王湘云译，上海古籍出
版社 2008 年版。

[16] 林胜华：《李渔饮食及其养生文化》，浙江工商大学出版社 2013
年版。

［17］杜书瀛：《戏看人间——李渔传》，作家出版社 2014 年版。

［18］周辅成编：《西方伦理学名著选辑》，商务印书馆 1964 年版。

［19］北京大学哲学系外国哲学史教研室编译：《十八世纪末—十九世纪初德国哲学》，商务印书馆 1975 年版。

［20］中央编译局：《马恩全集》（第 42 卷），人民出版社 1979 年版。

［21］［俄］车尔尼雪夫斯基：《艺术与现实的审美关系》，周扬译，人民文学出版社 1979 年版。

［22］朱光潜：《西方美学史》，人民文学出版社 1979 年版。

［23］北京大学哲学系美学教研室编：《中国美学史资料选编》（上、下），中华书局 1980 年版。

［24］杨伯峻：《论语译注》，中华书局 1980 年版。

［25］北京大学哲学系美学教研室编：《中国美学史资料选编》（下），中华书局 1981 年版。

［26］［英］罗素：《西方哲学史》，商务印书馆 1981 年版。

［27］郝铭鉴：《朱光潜美学文集》（第 1 卷），上海文艺出版社 1982 年版。

［28］中国社会科学院语言研究所词典编辑室：《现代汉语词典》，商务印书馆 1983 年版。

［29］［英］达尔文、潘光旦：《人类的由来》，胡寿文译，商务印书馆 1983 年版。

［30］陈鼓应：《庄子今注今译》，中华书局 1983 年版。

［31］（明）文震亨：《长物志》，陈植校注，杨超伯校订，江苏科学技术出版社 1984 年版。

［32］［德］沃尔夫冈·韦尔施：《重构美学》，陆扬、张岩冰译，上海译文出版社 2002 年版。

［33］（清）张岱：《琅嬛文集》，云告点校，岳麓书社 1985 年版。

［34］（清）傅山、侯文正等编注：《傅山诗文选注》，山西人民出版社 1985 年版。

［35］李泽厚：《中国古代思想史论》，人民出版社 1985 年版。

［36］朱光潜：《朱光潜全集》（第 2 卷），安徽教育出版社 1987 年版。

［37］［美］埃里希·弗罗姆：《占有还是生存——一个新社会的精神基础》，关山译，生活·读书·新知三联书店 1989 年版。

［38］敏泽：《中国美学思想史》，齐鲁书社 1989 年版。

［39］［法］安德列·勒鲁瓦 – 古昂：《史前宗教》，俞灏敏译，上海文艺出版社 1990 年版。

［40］俞正山：《应用美学》，华中师范大学出版社 1990 年版。

［41］张海仁主编：《西方伦理学家辞典》，中国广播电视出版社 1992 年版。

［42］张家骥：《园冶全释——世界最古造园学名著研究》，山西古籍出版社 1993 年版。

［43］傅其三：《生活美学》，知识出版社 1993 年版。

［44］王佑夫：《生活美学》，新疆人民出版社 1997 年版。

［45］罗筠筠：《审美应用学》，社会科学文献出版社 1998 年版。

［46］［英］迈克·费瑟斯通：《消费文化与后现代主义》，刘精明译，译林出版社 2000 年版。

［47］吴旭光：《美学导论》，人民交通出版社 2000 年版。

［48］樊美钧：《俗的滥觞》，河南人民出版社 2000 年版。

［49］张法：《中国美学史》，上海人民出版社 2000 年版。

［50］蔡子谔：《中国服饰美学史》，河北美术出版社 2001 年版。

［51］华梅：《服饰与中国文化》，人民出版社 2001 年版。

［52］朱光潜：《西方美学史》，人民文学出版社 2002 年版。

［53］史鸿文：《中国艺术美学》，中州古籍出版社 2003 年版。

［54］程俊英：《诗经译注》，上海古籍出版社 2004 年版。

［55］岳毅平：《中国古代园林人物研究》，三秦出版社 2004 年版。

［56］陈宝良：《明代社会生活史》，中国社会科学出版社 2004 年版。

［57］刘悦笛：《生活美学：现代性批判与重构审美精神》，安徽教育出版社 2005 年版。

［58］姜文振：《中国文学理论现代性问题研究》，人民文学出版社 2005 年版。

［59］叶朗：《中国美学史大纲》，上海人民出版社 2005 年版。

［60］周纪文：《中华审美文化通史·明清卷》，安徽教育出版社 2006 年版。

［61］樊美筠：《中国传统美学的当代阐释》，北京大学出版社 2006 年版。

［62］刘悦笛：《生活美学与艺术经验——生活即美学，艺术即经验》，南

京出版社 2007 年版。

[63] 赵连君：《生活境界研究》，吉林人民出版社 2007 年版。

[64] 陈望衡：《中国古典美学史》（第 2 版），武汉大学出版社 2007 年版。

[65] 金跃军、才永发：《中华趣味饮食》，金城出版社 2008 年版。

[66] 张法：《中国美学史上的体系性著作研究》，北京大学出版社 2008 年版。

[67] 祁志祥：《中国美学通史》，人民出版社 2008 年版。

[68] 北京鲁迅博物馆编：《鲁迅译文全集》（第 2 卷），福建教育出版社 2008 年版。

[69] 余源培等编著：《哲学辞典》，上海辞书出版社 2009 年版。

[70] 薛富兴：《山水精神：中国美学史文集》，南开大学出版社 2009 年版。

[71] 宗白华：《宗白华美学与艺术文选》，河南文艺出版社 2009 年版。

[72] 薛富兴：《文化转型与当代审美》，人民文学出版社 2010 年版。

[73] 陈鼓应：《老子注释及评价》，中华书局 2014 年版。

[74] （清）袁枚：《随园食单》，沈阳万卷出版公司 2016 年版。

二 期刊、学位论文及报纸、网络文献

[1] 吴国钦：《理论上的巨人，行动上的矮子》，《戏剧艺术资料》1981 年第 4 期。

[2] 张谷平：《自出手眼 标新创异（一）——李渔造园美学思想掇要》，《古建园林技术》1985 年第 4 期。

[3] ［日］冈晴夫、仰文渊：《李渔的戏曲及其评价》，《复旦学报》（社会科学版）1986 年第 6 期。

[4] ［日］冈晴夫：《李渔的戏曲与歌舞伎》，《文艺研究》1987 年第 8 期。

[5] 张长青：《李渔的戏曲美学理论体系》，《中国文学研究》1987 年第 10 期。

[6] 计文蔚：《李渔论妆饰打扮》，《艺术百家》1988 年第 2 期。

[7] 冯焘、冯熹：《论李渔的工艺美学思想》，《临沂师专学报》1989 年

第 3 期。

[8] 冯杰:《浅论李渔的工艺美学思想》,《山东社会科学》1989 年第 3 期。

[9] 埃里克·亨利、徐惠风:《李渔:站在中西喜剧的交叉点上》,《戏剧艺术》1989 年第 3 期。

[10] 刘达科:《李渔的园林审美观》,《山西大学师范学院学报》(文理综合版) 1990 年第 12 期。

[11] 杜书瀛:《仪容美学》,《文艺研究》1991 年第 3 期。

[12] 张谷平:《李渔的烹饪美学思想》,《无锡轻工业学院学报》1991 年第 4 期。

[13] 沈新林:《李渔品格评议》,《南京师大学报》(社会科学版) 1991 年第 10 期。

[14] [日] 伊藤漱平:《李渔戏曲小说的成立与刊刻——以移居南京前后为中心》,姜群星译,载《李渔全集》第二十卷,浙江古籍出版社 1991 年版。

[15] [美] 韩南:《创造一个自我》,单小青译,郁飞校订,载《李渔全集》第二十卷,浙江古籍出版社 1991 年版。

[16] [德] 马汉茂:《〈李渔全集〉弁言》,载《李渔全集》第 20 卷,浙江古籍出版社 1991 年版。

[17] 王家范、冯杰:《论李渔的园林建筑美学思想》,《中国园林》1992 年第 12 期。

[18] 钟明奇:《耕云钓月 绿野娱情——试论李渔对渔樵人生的艳羡企慕》,《苏州大学学报》1993 年第 6 期。

[19] 张谷平:《语迹异途而妙理归一——李渔的剧论与造园论比较探析》,《固原师专学报》1993 年第 10 期。

[20] 谢柏梁:《李渔的戏曲美学体系(上、中、下)》,《戏曲艺术》1993 年第 10、12 期,1994 年第 2 期。

[21] 罗筼筼:《李渔工艺思想四题》,《装饰》1994 年第 2 期。

[22] 姜仁达:《李渔生活美学思想述评》,《蒙自师范高等专科学校学报》1994 年第 3 期。

[23] 陈静勇:《对李渔〈一家言居室器玩部〉中传统住宅室内陈设艺术

理论与设计的评析》,《北京建筑工程学院学报》1995 年第 1 期。

[24]［日］冈晴夫:《李笠翁与日本的"戏作者"》,郁栞、敏洁译,《中国典籍与文化》1995 年第 8 期。

[25] 刘琴:《重评李渔的婚恋妇女观》,《重庆师院学报》1996 年第 3 期。

[26] 杜书瀛:《李渔和造园环境学》,《中国文化研究》1996 年第 12 期。

[27] 王意如:《生活美的审视和构建——论李渔〈闲情偶寄〉中的审美理论》,《西藏民族学院学报》(哲学社会科学版) 1997 年第 3 期。

[28] 杜书瀛:《李渔论"修容"》,《中国文化研究》1998 年第 4 期。

[29]［日］冈晴夫:《明清戏曲界中的李渔之特异性》,季林根、郁刊、敏浩译,《中国比较文学》1998 年第 8 期。

[30] 杜书瀛:《关于园林美——〈闲情偶寄〉评点(十)》,《河北学刊》1998 年第 11 期。

[31] 王意如:《桃花能红李能白——论李渔小说中的一种特殊现象》,《西藏民族学院学报》(社会科学版) 1998 年第 11 期。

[32] 杜书瀛:《〈闲情偶寄〉的女性审美观》,《思想战线》1999 年第 2 期。

[33] 朱希祥:《有点特别的世俗美食品味——李渔随笔中的饮食文化》,《食品与生活》1999 年第 4 期。

[34] 胡冬蕾:《从李渔的〈闲情偶寄〉看其家具设计》,《家具与环境》1999 年第 4 期。

[35] 黄果泉:《李渔家庭戏班综论》,《南开学报》(哲学社会科学版) 2000 年第 2 期。

[36] 曾翔云:《析李渔的饮食营养卫生观》,《扬州大学烹饪学报》2000 年第 4 期。

[37] 王红梅:《李渔的妇女观》,《首都师范大学学报》(社会科学版) 2000 年第 6 期。

[38] 羽离子:《李渔作品在海外的传播及海外的有关研究》,《四川大学学报》(哲学社会科学版) 2001 年第 3 期。

[39] 雷晓彤:《李渔的婚恋、女性观》,《九江师专学报》(哲学社会科学版) 2001 年第 4 期。

［40］钟筱涵：《论李渔的自适人生观》，《华南师范大学学报》（社会科
    学版）2002 年第 2 期。

［41］梁春燕：《〈十二楼〉的道艺追求与李渔的人生定位》，《人文杂志》
    2002 年第 5 期。

［42］王正兵：《李渔小说通俗论》，《文史杂志》2002 年第 5 期。

［43］孙福轩：《李渔饮食文化略论》，《山东社会科学》2002 年第 5 期。

［44］蒋艳、方百寿：《李渔与袁枚的饮食观比较及其现实意义》，《九江
    师专学报》2003 年第 2 期。

［45］司敬雪：《李渔的妇女观》，《大舞台》2003 年第 5 期。

［46］叶琦：《“渐近自然”的饮食之道——从〈闲情偶寄〉看李渔的饮
    食文化观念》，《杭州医学高等专科学校学报》2003 年第 5 期。

［47］刘士林：《〈闲情偶寄〉与江南文化的审美情调》，《江苏行政学院
    学报》2003 年第 6 期。

［48］张海燕、管莉莉：《李渔〈闲情偶寄〉中的生活美学对〈红楼梦〉
    的影响》，《吉林工程技术师范学院学报》2003 年第 8 期。

［49］肖培弘：《近于自然　善于调摄——李渔的饮食之道》，《养生月
    刊》2003 年第 8 期。

［50］秦燕春：《略论笠翁和随园——以“饮食·男女”为中心》，《中国
    海洋大学学报》（社会科学版）2004 年第 1 期。

［51］龚德慧：《李渔〈闲情偶寄〉中的居室设计思想》，《湖北美术学院
    学报》2004 年第 2 期。

［52］邱春林：《设计生活——论李渔的设计艺术宗旨》，《湖北美术学院
    学报》2004 年第 2 期。

［53］孙福轩：《论李渔的装饰美学》，《装饰》2004 年第 3 期。

［54］邵晓舟：《浅谈李渔园林美学思想中的“取景在借”观点》，《艺术
    百家》2004 年第 5 期。

［55］岳毅平：《李渔的园林美学思想探析》，《学术界》2004 年第 6 期。

［56］胡元翎：《李渔及其拟话本艺术精神新解》，《文学评论》2004 年第
    6 期。

［57］黄果泉：《回归世俗：〈闲情偶寄〉生活艺术的文化取向》，《文学
    评论》2004 年第 11 期。

[58] 钱晓田：《简评李渔"生活美学"观》，《五邑大学学报》（社会科学版）2005 年第 1 期。

[59] 符晓黎：《李渔饮食观探析》，《无锡商业职业技术学院学报》2005年第 1 期。

[60] 王功龙、刘东：《李渔的居室美学思想》，《美与时代》（下半月）2005 年第 3 期。

[61] 刘永涛：《〈闲情偶寄〉中窗栏设计的美学思想》，《装饰》2005 年第 4 期。

[62] 冯盈之：《"洁、雅、宜"——略论李渔对于女子服饰的审美理想》，《宁波大学学报》（人文科学版）2005 年第 4 期。

[63] 赵勤、邓少海：《一切从"自我需要"出发——浅析〈闲情偶寄〉以人为本的生活美学思维》，《江西师范大学学报》2005 年第 10 期。

[64] 张筱园：《〈闲情偶寄〉与日常生活审美化》，《社会科学家》2005年第 12 期。

[65] 张成全：《论李渔养生思想与杨朱学派养生哲学》，《河南社会科学》2006 年第 2 期。

[66] 沈贻炜：《李渔的文化经营之道》，《艺术百家》2006 年第 2 期。

[67] 沈新林：《论李渔的"怪异"——兼论其启蒙思想与人文精神》，《明清小说研究》2006 年第 2 期。

[68] 张秀玉：《悲雾迷漫的女性世界——李渔小说的女性观解读》，《宁德师专学报》（哲学社会科学版）2006 年第 3 期。

[69] 张成全：《论李渔的园林实践对文学创作的影响》，《洛阳师范学院学报》2006 年第 4 期。

[70] 赵洪涛：《"以心为乐"：李渔的养生美学观》，《湖南科技学院学报》2006 年第 7 期。

[71] 施新：《论李渔的休闲美学思想》，《名作欣赏》2006 年第 11 期。

[72] 王萍：《论李渔设计及其中的商业因素》，《艺术百家》2007 年第 1 期。

[73] 沈新林：《李渔园林美学思想探微》，《艺术百家》2007 年第 2 期。

[74] 张乾坤：《从"取景在借"看李渔的环境美学思想》，《江苏大学学

报》（社会科学版）2007 年第 4 期。

[75] 张智艳：《诗意地栖居——李渔〈闲情偶寄〉中的家居设计思想》，《襄樊职业技术学院学报》2007 年第 5 期。

[76] 赵洪涛：《"秀外慧中"：李渔的女性审美观》，《商业文化》（学术版）2007 年第 9 期。

[77] 刘辉成：《建立在死亡意识上的生活美学——〈闲情偶寄〉新释》，《柳州师专学报》2007 年第 9 期。

[78] 杜书瀛：《李渔论园林艺术中的山石花木之美》，《中华艺术论丛》2008 年第 1 期。

[79] 欧阳丹丹：《论李渔的服装美学观——以当代服装美学为参照》，《淮北煤炭师范学院学报》（哲学社会科学版）2008 年第 2 期。

[80] 傅承洲：《商业型文人与文化型商人——李渔的人生角色》，《古典文学知识》2008 年第 4 期。

[81] 潘立勇、胡伊娜：《生活细节的审美与休闲品味——李渔审美与休闲思想的当代启示》，《浙江师范大学学报》（社会科学版）2008 年第 4 期。

[82] 陆庆祥：《为乐三途——读李渔〈闲情偶寄〉有感》，《浙江师范大学学报》（社会科学版）2008 年第 4 期。

[83] 李敬科：《"享乐自适"——李渔休闲思想漫谈》，《浙江师范大学学报》（社会科学版）2008 年第 4 期。

[84] 黄宝富：《李渔的后现代意识》，《浙江师范大学学报》（社会科学版）2008 年第 4 期。

[85] 金伍德：《李渔论女性美》，《湖南涉外经济学院学报》2008 年第 4 期。

[86] 孙兴香：《李渔的世俗之"趣"》，《井冈山学院学报》2008 年第 5 期。

[87] 骆兵：《戏情与园景、曲意与画境——李渔的戏曲创作与园林艺术之关系》，《戏剧文学》2008 年第 6 期。

[88] 徐世中：《论李渔的创新求变心态》，《哈尔滨学院学报》2008 年第 6 期。

[89] 蓝天：《论李渔叙事美学中的市民意识》，《北方论丛》2008 年第

6 期。

[90] 潘立勇、胡伊娜：《生活细节的审美与休闲品味——李渔审美与休闲思想的当代启示》，《浙江师范大学学报》（社会科学版）2008 年第 7 期。

[91] 杜书瀛：《李渔论园林艺术中的山石花木之美》，《中华艺术论丛》2008 年第 8 辑。

[92] 史文娟：《一卷代山，一勺代水——谈李渔与〈闲情偶寄·居室部〉》，《华中建筑》2008 年第 10 期。

[93] 卢长怀、于晓言：《由〈闲情偶寄〉想到的中国古代休闲观》，《世纪桥》2008 年第 11 期。

[94] 王月洁：《中国传统美学思想对中国设计的主要影响——论明代李渔"宜简不宜繁，宜自然不宜雕斫"》，《内蒙古师范大学学报》（哲学社会科学版）2008 年第 S3 期。

[95] 曾婷婷：《试析李渔生活美学的精神主旨——以〈闲情偶寄〉为线索》，《名作欣赏》2009 年第 2 期。

[96] 李梅：《近十年李渔品格研究述评》，《攀枝花学院学报》2009 年第 2 期。

[97] 汪开庆：《李渔的服饰审美理论与日常生活审美化》，《设计艺术（山东工艺美术学院学报）》2009 年第 4 期。

[98] 李砚祖：《生活的逸致与闲情：〈闲情偶寄〉设计思想研究》，《南京艺术学院学报》2009 年第 6 期。

[99] 付善明：《〈闲情偶寄〉与〈金瓶梅〉中的女性美》，《宁夏师范学院学报》2009 年第 8 期。

[100] 冯保善：《"玩"出来的文化与"玩"的文化——李渔的另类文化建构》，《文史知识》2009 年第 8 期。

[101] 骆兵：《〈笠翁十种曲〉女性形象的审美文化阐释》，《四川戏剧》2009 年第 9 期。

[102] 仲凤娟：《诗意的栖居地——试论〈闲情偶寄〉之生存之道》，《今日南国》（理论创新版）2009 年第 10 期。

[103] 涂慕喆：《论李渔〈闲情偶寄〉中的自然观》，《安徽文学（下）》2009 年第 10 期。

[104] 李燕、张蔚：《从〈闲情偶寄〉看李渔的女性观》，《文史博览（理论)》2009 年第 10 期。

[105] 李砚祖：《生活的逸致与闲情：〈闲情偶寄〉设计思想研究》，《南京艺术学院学报》（美术与设计版）2009 年第 12 期。

[106] 林祖锐、周逢年：《李渔随意自适的造园思想》，《文艺研究》2009 年第 12 期。

[107] 杨岚：《土木之事，最忌奢靡——李渔的居室美学》，《美与时代（上旬刊)》2009 年第 12 期。

[108] 杨岚：《李渔对自然的审美》，《美与时代（下旬刊)》2009 年第 12 期。

[109] 林祖锐、周逢年：《适性人生，诗意栖居——李渔造园思想探微》，《艺术百家》2009 年第 S1 期。

[110] 宋昱：《大世若"渔"寄闲情——李渔〈闲情偶寄〉所折射出的现代意识魅力》，《东南大学学报》（哲学社会科学版）2009 年第 S1 期。

[111] 朱孝岳：《〈闲情偶寄〉中的家具美学》，《家具》2010 年第 1 期。

[112] 范晓莉：《从李渔〈闲情偶寄〉析中国传统窗饰的样式与特征》，《南京艺术学院学报》（美术与设计版）2010 年第 2 期。

[113] 杨岚：《李渔对女性的审美》，《美与时代（上旬刊)》2010 年第 3 期。

[114] 刘士林：《李渔〈闲情偶寄〉与江南文化的审美之门》，《廊坊师范学院学报》（社会科学版）2010 年第 3 期。

[115] 邬婷、刘士成：《李渔"生活美学观"与当下"日常生活审美化"之比较》，《三峡大学学报》（人文社会科学版）2010 年第 S2 期。

[116] 朱光潜：《车尔尼雪夫斯基的美学思想》，《北京大学学报》1963 年第 4 期。

[117] 杨恩寰：《评车尔尼雪夫斯基的"美是生活"说——兼与蔡仪同志商榷》，《河北师范大学学报》1981 年第 4 期。

[118] 杨景祥：《论马克思的"生活观"——兼评车尔尼雪夫斯基的"美是生活"说》，《河北师范大学学报》1982 年第 3 期。

[119] 吴世常：《生活美学研究的几个问题》，《上海师范大学学报》1987

年第 2 期。

[120] ［日］饭冢信雄:《装饰品的历史》,卢鼎珏译,《文化译丛》1992
年第 1 期。

[121] 傅其三:《生活美学的理论构架》,《湘潭大学学报》(社会科学
版) 1993 年第 2 期。

[122] 滕新才:《明朝中后期饮食文化探赜》,《三峡学刊》1995 年第
4 期。

[123] 王佑夫:《西施与生活美学》,《新疆师范大学学报》(哲学社会科
学版) 1996 年第 2 期。

[124] 刘志琴:《明代饮食思想与文化思潮》,《史学集刊》1999 年第
4 期。

[125] 薛富兴:《新世纪中国美学深化与拓展的三个方向》,《思想战线》
2003 年第 1 期。

[126] 仪平策:《生活美学:21 世纪的新美学形态》,《文史哲》2003 年
第 2 期。

[127] 薛富兴:《生活美学——一种立足于大众文化立场的现实主义思
考》,《文艺研究》2003 年第 3 期。

[128] 朱国华:《中国人也在诗意地栖居吗?——略论日常生活审美化的
语境条件》,《文艺争鸣》2003 年第 6 期。

[129] 和磊:《意识形态中的日常生活审美化》,《首都师范大学学报》
2003 年第 6 期。

[130] 薛富兴:《中国生活审美传统及其当代意义》,《民族艺术研究》
2004 年第 3 期。

[131] 鲁枢元:《评所谓"新的美学原则"的崛起——"审美日常生活
化"的价值取向析疑》,《文艺争鸣》2004 年第 3 期。

[132] 朱静燕:《中产阶级与日常生活审美化之关系探讨》,《齐鲁艺苑
(山东艺术学院学报)》2004 年第 4 期。

[133] 赵勇:《谁的"日常生活审美化"?怎样做"文化研究"?——与
陶东风教授商榷》,《河北学刊》2004 年第 5 期。

[134] 童庆炳:《"日常生活中审美化"与文艺学的"越界"》,《人文杂
志》2004 年第 5 期。

[135] 刘悦笛：《日常生活审美化与审美日常生活化——试论"生活美学"何以可能》，《哲学研究》2005 年第 1 期。

[136] 陶东风：《日常生活的审美化与文艺学的学科反思》，《中南大学学报》（社会科学版）2005 年第 3 期。

[137] 张弓、苏颖：《"日常生活审美化"理论溯源》，《天津师范大学学报》（社会科学版）2005 年第 3 期。

[138] 毛崇杰：《知识论与价值论上的"日常生活审美化"——也评"新的美学原则"》，《文学评论》2005 年第 5 期。

[139] 陈森：《初探缠足和束腰及其变异》，《安徽文学》2006 年第 12 期。

[140] 薛富兴：《元明清美学主潮》，《中州学刊》2006 年第 6 期。

[141] 张贞：《日常生活审美化：中产阶层大众文化的意识表述》，《黑龙江社会科学》2006 年第 5 期。

[142] 洪幸娥：《"日常生活审美化"的主体问题》，《美与时代》（下半月）2006 年第 7 期。

[143] 索松华：《美学是研究审美现象的科学——兼论生活美学的合法性建构》，《泉州师范学院学报》2007 年第 1 期。

[144] 李修建：《〈世说新语〉与魏晋士人形象》，《保定师范专科学校学报》2007 年第 1 期。

[145] 张勤：《当代审美文化走向及侗族日常生活审美化》，《广西民族大学学报》（哲学社会科学版）2007 年第 4 期。

[146] 周宪：《"后革命时代"的日常生活审美化》，《北京大学学报》（哲学社会科学版）2007 年第 4 期。

[147] 黄紫红：《"日常生活审美化"争论综述》，《淮阴师范学院学报》2007 年第 5 期。

[148] 朱希祥、李晓华：《文艺民俗与日常生活审美化》，《文艺理论研究》2007 年第 6 期。

[149] 梁惠娥、翟晶晶、崔荣荣：《从缠足透析我国传统文化的思想要素》，《纺织学报》2008 年第 5 期。

[150] 孙俊三：《净化与美化：西方古代审美教育的理想》，《湖南师范大学教育科学学报》2008 年第 5 期。

［151］ 彭富春：《技术时代的审美教育》，《郑州大学学报》（哲学社会科学版）2008 年第 6 期。

［152］ 刘悦笛：《艺术终结：生活美学与文学理论》，《文艺争鸣》2008 年第 7 期。

［153］ 王卓斐：《拓展美学疆域关注日常生活——沃尔夫冈·韦尔施教授访谈录》，《文艺研究》2009 年第 1 期。

［154］ 王江松：《"生活美学"是这样可能的——评刘悦笛的〈生活美学〉》，《贵州社会科学》2009 年第 2 期。

［155］ 戴毅华：《"日常生活审美化"学术争论的思想方法问题反思》，《现代传播》2009 年第 4 期。

［156］ 刘悦笛：《"生活美学"建构的中西源泉》，《学术月刊》2009 年第 5 期。

［157］ 胡兆娟：《从缠足和束腰谈中西服饰的精神需求》，《职业》2009 年第 11 期。

［158］ 王确：《茶馆、劝业会和公园——中国近现代生活美学之一》，《文艺争鸣》2010 年第 7 期。

［159］ 李中建：《论〈诗经·国风〉中的女性美》，《时代文学》2010 年第 2 期。

［160］ 刘悦笛：《"生活美学"的兴起与康德美学的黄昏》，《文艺争鸣》2010 年第 3 期。

［161］ 张佐邦：《原始人类审美意识生成的历史上限及其影响因素》，《贵州社会科学》2010 年第 4 期。

［162］ 陈雪虎：《生活美学：当代意义与本土张力》，《文艺争鸣》2010 年第 7 期。

［163］ 薛富兴：《"生活美学"面临的问题与挑战》，《艺术评论》2010 年第 10 期。

［164］ 徐虹：《从〈世说新语〉女性形象看魏晋女性观》，《时代文学》2010 年第 11 期。

［165］ 骆兵：《李渔的通俗文学理论与创作研究》，博士学位论文，华东师范大学，2003 年。

［166］ 黄春燕：《李渔的戏曲叙事观念与明末清初的江南城市文化》，博

士学位论文，北京师范大学，2007 年。

[167] 周粟：《周代饮食文化研究》，博士学位论文，吉林大学，2007 年。

[168] 张成全：《李渔研究》，博士学位论文，南开大学，2007 年。

[169] 高源：《李渔的整体戏剧观念及其理论研究》，博士学位论文，山东大学，2008 年。

[170] 陈建新：《李渔造物思想研究》，博士学位论文，武汉理工大学，2010 年。

[171] 任心慧：《试论李渔商业化"治生"方式对其曲论及剧作的影响》，硕士学位论文，四川师范大学，2002 年。

[172] 肖巧朋：《论〈闲情偶寄〉的休闲思想》，硕士学位论文，湖南师范大学，2003 年。

[173] 王淑萍：《试论李渔的生活美学》，硕士学位论文，暨南大学，2004 年。

[174] 赵洪涛：《李渔的家居美学观》，硕士学位论文，湖南师范大学，2005 年。

[175] 曾婷婷：《试论李渔生活美学的构建：以〈闲情偶寄〉为线索》，硕士学位论文，中山大学，2005 年。

[176] 高秀丽：《李渔关于"趣"的美学思想》，硕士学位论文，山东师范大学，2006 年。

[177] 王捷：《李渔〈闲情偶寄·种植部〉研究》，硕士学位论文，北京师范大学，2006 年。

[178] 段建强：《〈园冶〉与〈一家言·居室器玩部〉造园意象比较研究》，硕士学位论文，郑州大学，2006 年。

[179] 王燕燕：《从〈十种曲〉看李渔的女性观》，硕士学位论文，华东师范大学，2007 年。

[180] 张乾坤：《李渔与明清时期环境审美思想研究》，硕士学位论文，山东大学，2008 年。

[181] 李敬科：《道学风流合而为———试析李渔两重性生活哲学》，硕士学位论文，浙江大学，2008 年。

[182] 钱水悦：《李渔〈闲情偶寄〉生活美学思想初探》，硕士学位论文，浙江大学，2008 年。

[183] 孙兴香:《李渔世俗美学思想研究》,硕士学位论文,曲阜师范大学,2009年。

[184] 郝文静:《李渔拟话本小说中的女性形象研究》,硕士学位论文,浙江师范大学,2009年。

[185] 李娟:《消费文化视野下的〈闲情偶寄〉研究》,硕士学位论文,湖南师范大学,2009年。

[186] 赵鸽:《李渔〈闲情偶寄〉的美学思想解读》,硕士学位论文,四川师范大学,2010年。

[187] 李杰:《论李渔的园林美学思想》,硕士学位论文,扬州大学,2010年。

[188] 邱海珍:《〈连城璧〉、〈十二楼〉女子形象考察》,硕士学位论文,湘潭大学,2010年。

[189] 邓凯婷:《论晚明清初文人生活审美观——以袁宏道、张岱、李渔为例》,硕士学位论文,中山大学,2010年。

[190] 姜文振:《谁的"日常生活"?怎样的"审美化"?》,《文艺报》2004年2月5日。

[191] 童庆炳:《"日常生活审美化"与文艺学》,《中华读书报》2005年1月26日。

[192] 袁济喜:《国学与人生境界》(http://www.china.com.cn/book/txt/2009-06/29/content_18031949_2.htm)。

[193] 叶朗:《精神境界与审美人生》(http://www.chinadaily.com.cn/hqpl/yssp/2010-07-06/content_540380.html)。

后 记

此书在本人博士学位论文基础上修改而成。此书能够完成，首先要感谢我的恩师南开大学薛富兴教授，从最初的提纲，到初步成形，直到最后的定稿，每一步都离不开恩师的精心指导，每一步都凝结着恩师的心血和汗水！另外还要感谢北京师范大学刘成纪教授、天津社科院徐恒醇教授等，他们也都为书稿的进一步完善提出了诸多宝贵意见。

其次，此书能够完成并顺利出版，还要感谢聊城大学运河学研究院李泉院长、丁延峰副院长、吴欣副院长，没有他们的指导和帮助，就没有此书的完成与出版！

最后，我还要感谢我的父亲刘国文、母亲刘桂贞，感谢父母把我培养成了读书人！我的父母都是地道的农民，父亲"斗大的字不识一箩筐"，母亲更是一个字不识的"瞪眼瞎"，但是他们对文字、对知识有着最朴素的敬仰与崇拜。他们不论吃多少苦、流多少汗，都无怨无悔地支持着我的学业与事业。如今他们已年近古稀，而我从经济上还不能给他们以资助，在生活上也不能给他们以照顾，我只能在此郑重地写上他们的名字，也算是对他们略表孝心吧——我把他们的姓名变成文字，写进他们最为敬仰与崇拜的书里了，这也许是他们在梦里也不敢想象的事情。同时，在此我还要向我的爱人和儿子表达深深的歉意！为了把更多的时间投入到教学与科研工作中，我对爱人与家庭未尽到基本的应尽之责，在儿子最需要照顾的时候甚至不能给予最基本的陪伴！

还有其他很多曾给我以帮助与指导的亲朋师友，在此一并衷心地向你们说一声感谢——谢谢您！

　　虽然拙作经过无数次的认真修改，疏漏甚至错误之处仍是在所难免。恳请诸位读者、专家及同人不吝赐教，笔者不胜感激！

刘玉梅

2017 年 9 月